U0559178

普通高等教育"十一五"国家级规划教材

基础化学实验

（第二版）

刘汉兰　陈　浩　文利柏　主编

科学出版社

北　京

内 容 简 介

本书是普通高等教育"十一五"国家级规划教材,是教育部"新世纪教改工程——农科类实验课程体系教学改革研究"的研究成果。

全书共分三个部分:第一篇,介绍化学实验的基本知识、基本原理、基本方法和基本技术;第二篇,实验选编,按照"基础层次—提高层次—综合性设计性实验"等三个层次,选编了分离提纯实验、制备实验、物理量的测定、验证性实验、定量分析实验,以及综合性设计性实验等内容,并特别安排了研究型实验项目,为学生实现自主性探究研究搭建平台;第三篇,附录——包括化学实验中常用仪器的操作方法与常用数据。全书共编写了 70 个实验。

本书可以作为高等农林院校农、林、水及生物等相关专业和其他院校生物类专业化学实验教材,也可以作为相关专业科研人员的参考书籍。

图书在版编目(CIP)数据

基础化学实验/刘汉兰,陈浩,文利柏主编.—2 版.—北京:科学出版社,2009

普通高等教育"十一五"国家级规划教材

ISBN 978-7-03-025081-0

Ⅰ. 基… Ⅱ.①刘…②陈…③文… Ⅲ. 化学实验-高等学校-教材 Ⅳ. O6-3

中国版本图书馆 CIP 数据核字(2009)第 127512 号

责任编辑:赵晓霞　杨向萍　魏晓焱 / 责任校对:陈玉凤
责任印制:徐晓晨 / 封面设计:陈　敬

科 学 出 版 社 出版
北京东黄城根北街 16 号
邮政编码:100717
http://www.sciencep.com

北京京华虎彩印刷有限公司 印刷
科学出版社发行　各地新华书店经销

*

2005 年 9 月第　一　版　　开本:B5(720×1000)
2009 年 8 月第　二　版　　印张:23 1/2
2017 年 6 月第十三次印刷　字数:469 000

定价:39.00 元
(如有印装质量问题,我社负责调换)

《基础化学实验》(第二版)

编 委 会

主　编　　刘汉兰　　陈　浩　　文利柏

副主编　　李雪刚　　刘永红　　岳霞丽

　　　　　　　康勤书　　廖水姣

编　委（以姓氏拼音排序）

　　　　　　　陈　浩　　胡先文　　瞿　阳

　　　　　　　康勤书　　李　庆　　李胜清

　　　　　　　李雪刚　　梁建功　　廖水姣

　　　　　　　刘汉兰　　刘永红　　陆冬莲

　　　　　　　马宗华　　王嘉讯　　文利柏

　　　　　　　肖志东　　薛爱芳　　岳霞丽

　　　　　　　张新萍　　周媛媛　　朱书奎

主　审　　陈长水　　韩鹤友

第二版前言

本书是普通高等教育"十一五"国家级规划教材,是教育部"新世纪教改工程——农科类实验课程体系教学改革研究"和湖北省教学研究项目"农科基础化学实验研究性教学模式的构建与实践"的研究成果。

本书第一版于2005年出版,在4年的教学使用过程中得到了广大师生的大力支持与厚爱,他们对本书提出了许多中肯的意见与建议。本次再版,编者尽可能采纳这些意见与建议,并结合近几年教学研究与改革的成果,在保持原有特色和编排体系的基础之上,对第一版进行了修正与充实。

随着教育质量工程的不断深入,为了培养学生"探究式"学习习惯和创新意识,针对农林院校非化学专业低年级学生的特点和专业背景,本书增加了研究型实验内容,为学生搭建探究性学习平台,提高学生创新意识和综合运用知识的能力。在内容上注重结合农林科专业特点,体现绿色化学理念以及环境保护意识。

此外,针对实验技术的发展,增加了全二维气相色谱、拉曼光谱分析、现代光学探针技术以及纳米材料合成技术等内容的介绍,并提供了相关的参考文献,供学生了解科学技术的发展与应用。希望通过这次修订,使本书更加完善,适用性和针对性更强。

由于编者水平有限,难免出现错误和缺点,恳请读者批评指正。

最后,借本书出版之际,诚挚地向华中农业大学教务处、理学院和广大读者表示衷心的感谢!

编　者

2009年3月于武汉

第一版前言

本书是教育部"新世纪教改工程"重点研究项目——"农科类实验课程体系教学改革研究"和湖北省教学研究项目"农科基础化学实验教学改革的研究与实践"的研究成果。华中农业大学一贯重视并坚持开展教学研究与教学改革,特别重视实践教学环节,注重培养和提高学生的实践动手能力和创新能力。在教学改革的研究与实践中,结合农林高校化学实验的教学特点,更新并整合相关教学内容,改革教学方法,提高教学手段,并且将部分重要的基本操作实验内容实现了网络化。加强基本实验技能训练,减少验证性实验内容,增加综合性设计性实验内容,加强开放实验室等课外教学环节,以化学实验技术为主线统筹安排教学次序和教学内容,取得了良好的教学效果。"基础化学实验"课程被评为华中农业大学优质课程,并获得华中农业大学教学成果一等奖。

本书包括化学实验的基本知识、基本原理、基本方法和基本技术;按照"基础层次—提高层次—综合性设计性实验"三个层次,选编了分离提纯实验、制备实验、物理量的测定、验证性实验、定量分析实验、综合性设计性实验以及计算机模拟实验和外文原文引入实验等内容,共 63 个实验。使用本书的学校可以根据具体条件选择使用。

本书具有以下特点:①在内容编排上体现了以实验技术为主线,将原无机、分析和有机等实验内容进行整合,减少验证性实验内容,增加基本操作和综合性实验内容,以培养和提高学生的动手能力及创新精神。②微型化学实验内容占有一定篇幅,体现了多年来实验教学改革的成果,包括分离与提纯、制备以及滴定分析等实验内容。为了便于学生更全面地掌握知识及实验技能,部分实验内容中还编写了常规实验和微型实验,以寻求常规实验与微型实验协调发展的平衡点。③本书中引入外文原始文献实验及计算机模拟实验内容,体现了当前实验化学的发展潮流和趋势。④充分体现以人为本,因材施教的原则,将某些实验内容进行扩展。根据学科特点,按照不同基础、不同专业学生的要求,将实验分成基础性实验、提高性实验和综合性设计性实验,并开设选做实验、开放实验和计算机模拟实验,以满足不同层次、不同需求学生的要求,培养学生的创新思维和创新能力。

本书由刘汉兰、陈浩、文利柏任主编。编写人员有:岳霞丽、张新萍、李雪刚、马宗华、胡先文、刘永红、周媛媛、廖水姣、薛爱芳、李庆、王嘉讯、李胜清,余桂莲参加了部分绘图工作。

本书的编写,参阅了本校及部分兄弟院校已出版的教材及相关著作,从中借鉴或吸取了有益的内容。本书在出版过程中,受到华中农业大学教务处的大力支持和资助,理学院和化学系给予了极大的关心和帮助。华中农业大学陈长水教授和韩鹤友教授在百忙之中审阅了全部书稿,并提出许多宝贵意见;左贤云、王淑玉、王运、康勤书、陆冬莲、宁丽红、曹敏惠等老师对本书的编写提出过一些良好的建议,在此一并表示衷心的感谢。

　　由于编者水平有限,错误或不妥之处在所难免,敬请有关专家和读者批评指正。

编　者

2005 年 7 月于武汉

目　　录

第二篇 实 验 选 编

第三篇　附　　录

绪　　论

0.1　基础化学实验教学的目的和任务

基础化学实验是高等农林院校农、林、水产、食品科技、生物技术等专业的重要基础课,以介绍化学实验原理、实验方法、实验手段以及实验操作技术为主要内容。

基础化学实验课程的教学目的是适应 21 世纪高等农林院校对本科生的科学素质、知识能力和创新精神培养的要求,使学生获得相关化学实验的基本知识、基本操作技术和从事科学研究的规范训练。通过基础化学实验的教学过程要达到以下目的:

(1)以基础实验—提高实验—综合性设计实验三个层次的实验教学,配合开放实验室等课外教学环节,培养学生以化学实验为工具获取新知识的能力。

(2)培养学生百折不挠的科学精神,以及善于观察、勤于思考、敢于存疑的创新思想和创新能力。

(3)经过严格的实验技能训练,使学生具备一定的分析问题和解决问题的能力,收集和处理化学信息的能力,文字表达能力,以及团结协作的精神。

基础化学实验课程的教学任务:通过本课程的学习,使学生获取大量的实验事实,经过观察、思考、归纳、总结,从感性认识上升到理性认识。学生经过严格而系统的训练,规范地掌握基本操作技术。通过实验教学,了解无机化合物和有机化合物的一般制备、分离和提纯方法;了解确定物质组成和含量测定的一般方法;掌握常用化学试剂的使用、常用的定量分析方法和指示剂的使用;确定严格的"量"的概念;掌握常见离子和有机官能团的基本性质和鉴定方法;学会提取天然有机物的一般方法;学会运用误差理论正确处理实验数据。通过实验,提高学生的动手能力、观察能力、查阅能力、记忆能力、思维能力、想象能力和表达能力,从而使学生具备一定的分析问题和解决问题的能力,具备初步的科学研究的能力。

同时,在实验过程中培养学生求真务实、团结协作、勤奋不懈、百折不挠的精神,并且使学生养成节约、整洁、准确和有条不紊的良好实验习惯。

0.2　基础化学实验的学习方法

基础化学实验是一门实践性的课程。要学好它不仅要求学生具有端正的学习态度,而且需要学生具备正确的学习方法。

1. 实验预习

实验预习是做好实验的重要保证,是实验成败的关键之一。通过认真阅读实验讲义,明确实验目的,理解实验原理,熟悉实验内容、主要操作步骤以及数据的处理方法,确定实验方案。因此,要求每位学生必须准备一个实验记录本。预习内容包括以下几项:

(1) 阅读实验教材,明确实验目的与要求,理解实验原理。

(2) 查阅附录或有关手册,了解相关仪器的结构及使用方法,列出实验所需的物理化学数据。

(3) 了解实验药品、实验内容、实验步骤、操作方法以及注意事项。

(4) 根据预习情况,认真写出预习报告。

2. 实验过程

实验过程中,必须认真而规范地操作,仔细观察,勤于思考,如实记录,做到边实验、边思考、边记录。具体要求如下:

(1) 严格按操作规程及实验步骤独立操作,要既大胆,又心细。

(2) 将实验中所观察的实验现象,测定的实验数据准确、及时记录在实验记录本上(绝不允许随意记录在小纸片上)。记录必须做到简明扼要、字迹清晰,原始数据不得涂改,更不允许杜撰原始数据。

(3) 若实验现象出现异常时,可以通过对照实验,空白实验进行分析,查找原因。不允许在不明原因的情况下擅自重做。

(4) 若实验结果达不到要求,应认真检查原因,经教师同意后重做实验。

3. 实验结束

(1) 认真核对实验数据,清洗实验仪器。

(2) 认真完成实验报告。实验报告是总结实验情况,分析实验中出现的问题,整理归纳实验结果必不可少的环节。实验报告的格式与要求,在不同的学习阶段,不同的实验内容略有差异,但基本内容应包括:实验目的、实验原理、实验仪器(厂家、型号、测量精度)、实验药品(纯度等级)、实验装置、原始实验数据、实验现象及测量数据、实验结果(包括数据处理)、结果讨论等。具体实验报告格式见1.6节。

0.3　基础化学实验在大学生创新能力培养中的地位与作用

在围绕培养创新精神、增强实践能力的教学改革中,在全面推进素质教育的形势下,基础化学实验作为高等农林院校中农林生产类各专业重要的基础课,在培养"能力型农科通才"应具有的化学素质和能力方面起着重要作用。

化学实验教学同与之相适应的理论课的讲授一样,目的是使学生掌握化学知识,提高化学素质,发展智力,培养分析问题和解决问题的能力,培养学生创造性思维方法和严肃认真的科学态度的重要教学环节。此外,在基础化学实验教学中,对学生的动手操作能力、解决实际问题的能力和创造能力的培养和提高更加偏重,并引导学生结合自身专业的特点,运用化学实验技术进行科学研究工作,学会运用科学实验的方法验证和探索化学变化的规律,使学生掌握从事科学研究的基本技术和方法。所有这些化学实验教学功能是理论教学所不能代替的。

高等教育应是全面的素质教育。对于化学教育而言,如何实现全面的素质教育呢? 著名化学家戴安邦教授曾经指出:"全面的化学教育要求化学教育既要传授化学知识和技术,更要训练科学方法和思维,还要培养科学精神和品德。化学实验课是实施全面化学教育的一种最有效的教学形式"。实验过程中,通过手、眼、脑的合作性劳动,学生既巩固了所学的理论知识,又学到了新的实验技术,更培养了学生的动手能力以及客观、准确、细致的观察能力和运用所学知识分析问题和解决问题的能力。同时,实验还可以激发学生探索自然界物质结构和物质变化奥秘的兴趣,提高学生学习的主动性,培养学生实事求是、严肃认真的科学态度以及勇于创新的科学精神。

因此,大学化学教育应该将实验教育当作实施全面素质教育,达到全能培养目标的重要手段,教师和学生都应该充分认识到这一点,只有这样,才能充分调动教与学两个方面的积极性,全面提高学生的科学素质和智力因素。

第一篇
化学实验基本知识
与操作技能

第1章　化学实验基本知识

1.1　实验室规则及实验室的安全知识

1.1.1　实验室规则

（1）实验前应认真预习相关内容,明确实验目的,了解实验的基本原理、方法、操作步骤以及有关的注意事项。

（2）遵守纪律,不迟到,不早退,不大声喧哗,保持实验室安静。

（3）实验中应严格遵守水、电、煤气、易燃、易爆以及有毒、有害药品等安全使用规则,并注意节约水、电、煤气及试剂。

（4）实验过程中应听从教师的指导,按操作规程正确操作,仔细观察,积极思考,并将实验现象和实验数据及时、详实地记录在实验记录本中。

（5）实验时注意保持实验台及室内卫生,火柴梗、纸屑等废物只能丢入废物缸,反应后的废液只能倒入废液缸,严禁倒入水槽,以免堵塞和腐蚀下水管道。

（6）实验完毕后将玻璃仪器洗净,公用仪器、试剂药品整理干净后归还原处;值日生负责打扫整理实验室,检查水、电、煤气及门窗是否关好。

（7）实验后根据原始记录,认真分析实验现象,处理实验数据,根据不同类型的实验,按要求书写实验报告。

（8）对实验内容和安排、实验方法设计、实验仪器装置、重要现象及误差来源等应进行讨论,也可对实验提出进一步改进的意见。

1.1.2　实验室的安全知识

1. 化学实验室安全守则

（1）进入实验室,应了解实验室安全用具的存放地点、使用方法等。

（2）切勿任意混合化学药品,以免发生事故。

（3）浓酸、浓碱具有强腐蚀性,使用时勿溅到身上。稀释浓硫酸时,应将浓硫酸注入水中,并不断搅拌,而不能把水注入浓硫酸中。

（4）任何化学药品不得入口或接触伤口。$HgCl_2$ 和氰化物有剧毒,砷酸和可溶性钡盐有毒,应特别引起注意。

（5）一般有机溶剂易挥发、易燃,使用时必须远离明火,用完后应将瓶塞塞紧,放在阴凉的地方。

（6）制备和使用有刺激性的、恶臭的、有毒的气体或伴随产生此类气体时，必须在通风橱中进行。

（7）实验室电器设备功率不得超过电源负荷。使用电器时，仪器外壳应接地。不能用湿手接触电器插头。

（8）实验进行时，不得擅自离开岗位。水、电、煤气、酒精灯等使用完毕立即关闭。实验完毕，洗净双手，方可离开。最后离开实验室的人员还应检查水、电、煤气及门窗是否关好。

2. 实验室一般伤害的救护

（1）酸腐蚀伤。先用大量水冲洗，然后用饱和 $NaHCO_3$ 溶液或稀氨水冲洗，再用水冲洗。如果酸液溅入眼内，应立即用大量水长时间冲洗，然后用 2% 的硼砂溶液冲洗，最后再用水冲洗。

（2）碱腐蚀伤。先用大量水冲洗，再用 2% 乙酸溶液冲洗，最后用水冲洗。如果碱液溅入眼内，应立即用大量水长时间冲洗，然后用 3% 的硼酸溶液冲洗，最后再用水冲洗。

（3）割伤。先取出伤口内的异物，再用蒸馏水洗净伤口，贴上"创可贴"或涂上红药水、撒上消炎药后包扎。

（4）烫伤。切勿用水冲洗，可用万花油、烫伤膏或风油精涂抹烫伤处。

（5）吸入刺激性、有毒气体。吸入 Cl_2、HCl、Br_2 气体时，可吸入少量乙醇和乙醚的混合蒸气解毒。吸入 H_2S 气体时，应立即到室外呼吸新鲜空气。

（6）毒物误入口中，应立即呕吐排出毒物，用水冲洗口腔，并根据毒物性质服用解毒剂。

（7）起火。一般由酒精、乙醚、苯等引起的小火，可立即用湿抹布、石棉布或砂土覆盖扑灭。火势较大时，可用泡沫灭火器灭火。若电器或有机溶剂起火，应先切断电源，再用二氧化碳灭火器灭火。

1.2　常用试剂的分类

1.2.1　常用试剂的规格

化学试剂的规格是以其中所含杂质多少来划分的，一般可分为优级纯、分析纯、化学纯、实验试剂等四个等级，其规格和适用范围见表 1-1。此外，还有光谱纯试剂、基准试剂、色谱试剂等。

光谱纯试剂（S. P.）的杂质含量用光谱分析法已测不出或杂质的含量低于某一限度，这种试剂主要用作光谱分析中的基准物质。

表 1 - 1　试剂规格和适用范围

等级	名称	英文名称	符号	适用范围	标签标志
一级试剂	优级纯（保证试剂）	Guaranteed Reagent	G. R.	纯度很高,适用于精密分析工作和科学研究工作	绿色
二级试剂	分析纯（分析试剂）	Analytical Reagent	A. R.	纯度仅次于一级品,适用于多数分析工作和科学研究工作	红色
三级试剂	化学纯	Chemical Pure	C. P.	纯度次于二级品,适用于一般分析工作	蓝色
四级试剂	实验试剂	Laboratorial Reagent	L. R.	纯度较低,适用作实验辅助试剂	棕色或其他颜色
	生物试剂	Biological Reagent	B. R. 或 C. R.		黄色或其他颜色

　　基准试剂的纯度相当于或高于保证试剂。基准试剂用作容量分析的基准是非常方便的,可以直接用于配制标准溶液。

　　在分析工作中,选择试剂的纯度要与实验方法、实验用水和实验器皿相适应。若选用 G. R. 试剂,不宜使用普通的蒸馏水或去离子水,应使用重蒸蒸馏水或超纯水。对于所用器皿质地的要求较高,使用过程中不能有物质溶解到溶液中,以免影响测定的准确度。

　　选用试剂时,还要注意节约,不要盲目追求高纯度,应该根据工作要求选用。优级纯和分析纯试剂,虽然是市售试剂中的纯品,但有时由于包装不慎也会混入杂质,或运输过程中可能发生变化,或储藏过久而变质,所以应该具体情况具体分析。对所用试剂的规格有所怀疑时,应进行鉴定。若市售的试剂纯度不能满足要求时,分析者应自己动手精制试剂。

1.2.2　试剂的保管

　　试剂的保管是化学实验室非常重要的工作。有些试剂因保管不善而变质失效,这不仅是一种浪费,而且还会使分析工作失败,甚至引起事故。一般的化学试剂应保存在通风环境良好、干净、干燥的房子里,防止水分、灰尘和其他物质沾污。同时,根据试剂性质应有不同的保管方法。危险药品的管理见附录 12.9.3。

1.3　常用仪器及用具

1.3.1　化学实验基本仪器

化学实验基本仪器如表 1-2 所示。

表 1-2　化学实验基本仪器

仪器	规格	主要用途	使用注意事项
试管、离心管	以容积表示，如 10mL、15mL、25mL 等	普通试管用作少量试剂的反应容器，离心试管用于沉淀分离	普通试管可加热，盛装反应液体不能超过其容量的 1/3
烧杯	以容积表示，如 50mL、100mL、500mL 等	反应物较多时的反应容器，还可用于配制溶液	加热时底部需垫石棉网，使其受热均匀
试剂瓶	玻璃或塑料材质、无色或棕色、广口或细口。以容积表示，如 50mL、100mL、500mL 等	广口瓶盛装固体试剂，细口瓶盛装液体试剂	不能加热。取用试剂时瓶盖倒放在桌上。碱性物质用橡皮塞或塑料瓶。见光易分解的试剂应用棕色瓶
锥形瓶	以容积表示，如 100mL、250mL、500mL 等	反应容器，摇荡方便，适用于滴定操作	可加热，加热时底部须垫石棉网，使其受热均匀
碘量瓶	以容积表示，如 100mL、250mL、500mL 等	用于碘量法	注意瓶口及瓶塞处磨砂部分勿损伤

续表

仪器	规格	主要用途	使用注意事项
 量筒和量杯	以其最大容积表示,如10mL、100mL、250mL、500mL 等	液体体积计量	不能加热
 移液管和吸量管	以其最大容积表示,如1mL、2mL、5mL 及10mL、 25mL、 50mL等	精确量取一定体积的液体	不能加热,与容量瓶配合使用
 容量瓶	以其最大容积表示,如25mL、100mL、250mL及1000mL 等	配制准确浓度的溶液	不能直接加热,不能在其中溶解固体,一般与移液管配合使用

仪器	规格	主要用途	使用注意事项
 滴定管和滴定管架	分酸式和碱式滴定管,有无色和棕色。以容积表示,如 25mL、50mL 和 3mL(微型滴定管)等	滴定管用于滴定操作或精确量取一定体积的液体。滴定管架用于夹持固定滴定管	酸式滴定管盛装酸性溶液或氧化性溶液,碱式滴定管盛装碱性溶液或还原性溶液,不能混用。见光易分解的滴定液应用棕色滴定管
 漏斗	以其口径大小表示,如 4cm、6cm 等	用于过滤操作	不能直接加热
 漏斗架	木制或铁制	过滤时承放漏斗	漏斗板高度可以调节
 分液漏斗和滴液漏斗	以容积和形状(球形、梨形)表示,如 60mL、100mL 等	分液漏斗用于分离互不相溶的液体	不能加热。活塞与漏斗配套,不能互换

续表

仪器	规格	主要用途	使用注意事项
布氏漏斗和抽滤瓶	布氏漏斗以直径表示，如 4cm、8 cm、10 cm等。抽滤瓶以容积表示，如 250 mL、500 mL 等	用于减压过滤	不能直接加热
表面皿	以直径表示，如 7cm、9 cm、12cm 等	盖在烧杯上以防液体溅出	不能直接加热
蒸发皿	瓷质，以容积表示，如 50 mL、100 mL 等	用以蒸发、浓缩	能直接加热，可耐高温，注意高温时不能骤冷
坩埚	坩埚有瓷、石英、镍、铂等材质，以容积表示，如 30 mL、50 mL 等	用于灼烧固体，坩埚钳用以夹持坩埚和坩埚盖	坩埚能直接加热，可耐高温，注意高温时不能骤冷
泥三角	有不同大小	用于承放坩埚和蒸发皿	高温时不能骤冷
研钵	有瓷、玻璃、玛瑙等材质，以口径表示，如 9cm、12cm 等	用于研磨固体物质	不能加热。大块物质只能压碎，不能敲击
滴瓶	有无色和棕色，以容积表示，如 60mL、125mL 等	盛放少量液体试剂	见光易分解的试剂应使用棕色滴瓶，碱性物质用带橡皮塞的滴瓶

仪器	规格	主要用途	使用注意事项
称量瓶	有扁形和高形,以外径 × 高表示,如25mm×40mm、50mm×30mm 等	用于准确称量固体样品	不能加热。盖子与瓶子要配套,不能互换
点滴板	瓷质,有黑白两种颜色,按凹穴数目分六穴、九穴、十二穴等	用于点滴反应,特别是显色反应	不能加热
洗瓶	以容积表示,如250 mL、500 mL 等	盛装蒸馏水用以洗涤	塑料洗瓶不能直接加热
干燥器	以外径表示,如10cm、15cm、18cm 等	存放样品保持干燥	使用时应检查干燥剂是否失效
石棉网	以边长表示,如10cm×10cm、20cm×20cm 等	支撑受热容器,使受热均匀	不能与水接触
铁架台		用于固定反应容器	可以根据情况适当调整铁圈、铁夹高度

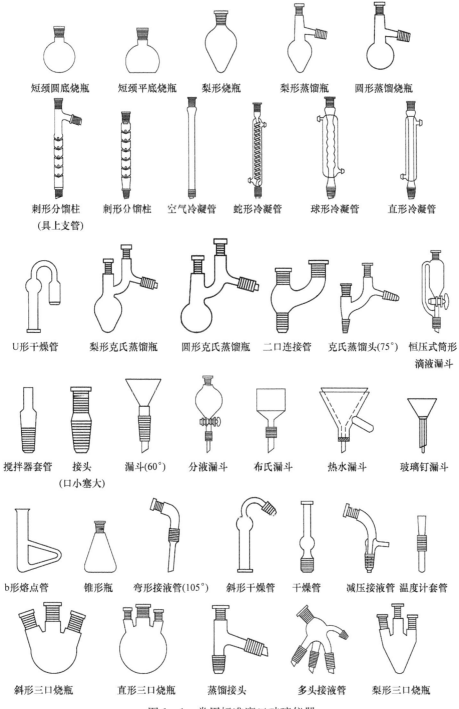

短颈圆底烧瓶　　短颈平底烧瓶　　梨形烧瓶　　梨形蒸馏瓶　　圆形蒸馏烧瓶

刺形分馏柱　　刺形分馏柱　　空气冷凝管　　蛇形冷凝管　　球形冷凝管　　直形冷凝管
（具上支管）

U 形干燥管　　梨形克氏蒸馏瓶　　圆形克氏蒸馏瓶　　二口连接管　　克氏蒸馏头(75°)　　恒压式筒形
滴液漏斗

搅拌器套管　　接头　　漏斗(60°)　　分液漏斗　　布氏漏斗　　热水漏斗　　玻璃钉漏斗
（口小塞大）

b 形熔点管　　锥形瓶　　弯形接液管(105°)　　斜形干燥管　　干燥管　　减压接液管　温度计套管

斜形三口烧瓶　　直形三口烧瓶　　蒸馏接头　　多头接液管　　梨形三口烧瓶

图 1-1　常用标准磨口玻璃仪器

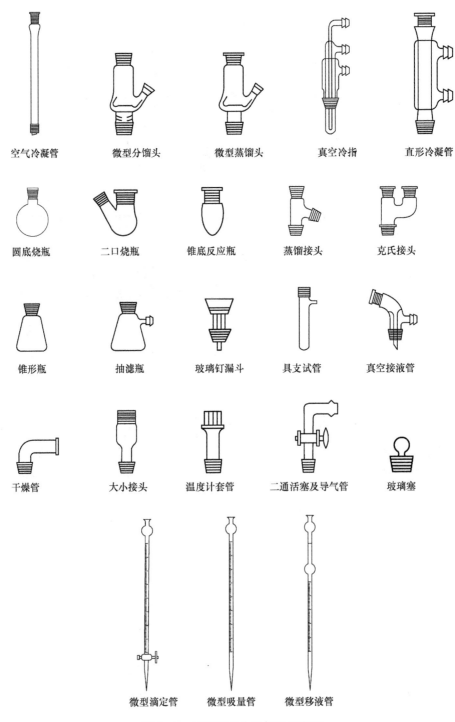

空气冷凝管　　　微型分馏头　　　微型蒸馏头　　　真空冷指　　　直形冷凝管

圆底烧瓶　　　二口烧瓶　　　锥底反应瓶　　　蒸馏接头　　　克氏接头

锥形瓶　　　抽滤瓶　　　玻璃钉漏斗　　　具支试管　　　真空接液管

干燥管　　　大小接头　　　温度计套管　　　二通活塞及导气管　　　玻璃塞

微型滴定管　　　微型吸量管　　　微型移液管

图 1-2　国产微型化学仪器示意图

1.3.2　标准磨口玻璃仪器介绍

标准磨口仪器是具有标准内磨口和外磨口的玻璃仪器。使用时根据实验的需要选择合适容量和合适的口径。相同型号的磨口仪器,口径是统一的,连接是紧密的,使用时可以互换,用少量的仪器可以组装多种不同的实验装置。注意:仪器使用前首先将内外口擦洗干净,再涂少许凡士林,然后将内磨口与外磨口相转动,使之形成薄薄的油层,再固定好,以提高严密性并防粘连。常用标准磨口玻璃仪器如图 1-1 所示。仪器口径编号见表 1-3。

表 1-3　标准磨口玻璃仪器口径编号

型号	10	12	14	19	24	29	34
口径(大端)/mm	10.0	12.5	14.5	18.5	24	29.2	34.5

1.3.3　微型化学实验仪器介绍

微型化学实验是 20 世纪 80 年代崛起的一种实验方法。其试剂用量仅为常量实验的 $1/10 \sim 1/100$,显著地降低了实验成本,减少了环境污染,省时,节能。另外,微型实验仪器体积小,储存、携带方便,因此,备受化学工作者的青睐。

国产微型化学实验仪器如图 1-2 所示。这套仪器中,有些是常规仪器的微型化,如圆底烧瓶、空气冷凝管、直形冷凝管(10# 磨口,12cm 长)、球形冷凝管、锥形瓶(5mL)、接液管等,其形状与常规仪器完全一样。有些仪器与常规仪器有一定差别,如微型蒸馏头、微型分馏头以及真空指型冷凝器(真空冷指)等。它们可根据需要组装成一些成套仪器进行蒸馏、回流、分馏、升华等基本操作。

1.4　误差和数据处理

在化学实验中,常进行许多定量的测定,然后由测得的数据经过计算得到分析结果。分析结果是否可靠是一个很重要的问题,不准确的分析结果往往会导致错误的结论。但是在测定过程中,即使是技术非常熟练的人,用同一方法,对同一试样进行多次测定,也不可能得到完全一致的结果。这就是说,绝对准确是没有的。分析过程中的误差是客观存在的,应根据实际情况正确测定、记录并处理实验数据,使分析结果达到一定的准确度。因此,树立正确的误差及有效数字的概念,掌握分析和处理实验数据的科学方法十分必要。

1.4.1　误差

1. 误差的分类

在定量分析中,造成误差的原因很多,根据其性质的不同可以分为系统误差、偶然误差和过失误差三类。

(1)系统误差。又称为可测误差,是由于实验方法、所用仪器、试剂、实验条件的控制以及实验者本身的一些主观因素造成的误差。这类误差的性质:①在多次测定中会重复出现;②所有的测定结果或者都偏高,或者都偏低,即具有单向性;③由于误差来源于某一个固定的原因,因此,数值基本是恒定不变的。

(2)偶然误差。又称为随机误差或未定误差,是由一些偶然的原因造成的。例如,测量时环境的温度、气压的微小变化都能造成误差。这类误差的性质是,由于来源于随机因素,因此误差数值不定,且方向也不固定,有时为正误差,有时为负误差。这种误差在实验中无法避免。从表面看,这类误差没有规律,但若用统计的方法去研究,可以从多次测量的数据中找到它的规律性。

(3)过失误差。这是由于实验工作者粗枝大叶、不按操作规程办事等原因造成的。这类误差有时无法找到原因,但是完全可以避免。

2. 误差的表示方法

1)真实值和平均值

(1)真实值。一个客观存在的真实数值,但又不能直接测定出来。例如,一个物质中的某一组分含量,应该是一个确切的真实数值,但又无法直接确定。由于真实值无法知道,往往进行多次平行实验,取其平均值或中位值作为真实值,或者以公认手册上的数据作为真实值。

(2)平均值。指算术平均值($\bar{x}$),即测定值的总和除以测定总次数得到的商。

2)准确度和精密度

(1)准确度。准确度表示测定值与真实值接近的程度,表示测定的可靠性,常用误差表示,可分为绝对误差和相对误差两种,即

$$绝对误差 = x_i - x_t \tag{1-1}$$

$$相对误差 = \frac{x_i - x_t}{x_t} \times 100\% \tag{1-2}$$

式中:x_i——测定值;

　　　x_t——真实值。

绝对误差表示测定值与真实值之间的差,具有与测定值相同的量纲;相对误差表示绝对误差与真实值之比,一般用百分率或千分率表示,无量纲。绝对误差和相

对误差都有正值和负值,正值表示测定结果偏高,负值则反之。

（2）精密度。精密度表示各次测定结果相互接近的程度,表示了测定数据的再现性,常用偏差表示,可分为绝对偏差和相对偏差两种,即

$$绝对偏差 = x_i - x \tag{1-3}$$

$$相对偏差 = \frac{x_i - x}{x} \times 100\% \tag{1-4}$$

准确度和精密度是两个不同的概念,是实验结果好坏的主要标志。在分析工作中,最终的要求是测定准确。要做到准确,首先要做到精密度好,没有一定的精密度,也就很难谈得上准确。但是,精密度高的不一定准确,因为可能存在系统误差。控制了偶然误差,就可以使测定的精密度好;同时校正了系统误差,才能得到既精密又准确的分析结果。

（3）精密度的量度——标准偏差。个别数据的精密度是用绝对偏差或相对偏差表示的。对一系列测定数据的精密度则要用统计学上的方法来量度。即使在相同条件下测得的一系列数据,也会有一定的离散性,分散在总体平均值的两端。样本标准偏差(S)是统计学上用来表示数据的离散程度,也可以用来表示精密度的高低。

由于标准偏差不考虑偏差的正、负号,同时又增强了大的偏差数据的作用,所以能较好地反映测定数据的精密度。

1.4.2　有效数字

1. 有效数字的概念

有效数字是以数字来表示有效数量,也是指在具体工作中实际能测量到的数字。例如,将一蒸发皿用分析天平称量,称得质量为 30.5119g,证明这些数字是有效数字,即有六位有效数字。如果用台秤称量,则称得质量为 30.5g,这样仅有三位有效数字,所以有效数字由实际情况决定,而不是由计算结果决定的。

如果数字中有“0”时,则要具体分析。“0”有两种用途:①表示有效数字;②决定小数点的位置。例如,在 0.00100 中,“1”左边的 3 个“0”不是有效数字,仅表示位数,只起定位作用,而“1”右边的 2 个“0”是有效数字,这个数的有效数字是三位。

在化学计算中,如 3600、1000 等以“0”结尾的正整数,它们的有效数字位数比较含糊。一般可以看成是四位有效数字,也可以看成是两位或三位有效数字,需要按照实际测量的准确度来确定。如果是两位有效数字,则写成 3.6×10^3、1.0×10^3。还有倍数或分数的情况,如 2mol 铜的质量 $= 2 \times 63.54$g,式中的“2”是个自然数,不是测量所得,不应看作一位有效数字,而应认为是无限多位的有效数字。

对数的有效数字的位数仅取决于小数部分（尾数）数字的位数，其整数部分（首数）为 10 的幂数，不是有效数字。例如 pH ＝ 11.20，其有效数字为两位，表示 $c(H^+) = 6.3 \times 10^{-12}$ mol · L^{-1}。

2. 应用有效数字的规则

（1）有效数字的最后一位数字，一般是不定值。例如，在分析天平上称得蒸发皿的质量为 30.5119g，这个"9"是不定值。也就是说，这个数值可以是 30.5118g，也可以是 30.5120g。这个不定值差别的大小由仪器的准确度所决定。记录数据时，只应保留一位不定值。

（2）运算时，以"四舍五入"为原则弃去多余数字，也有用"四舍六入五留双"为原则。前者是当尾数≤4 时，弃去；当尾数≥5 时，进位。后者当尾数≤4 时，弃去；当尾数≥6 时，进位；尾数＝5 时，如进位后得偶数，则进位，如弃去后得偶数，则弃去。

（3）几个数值相加或相减时，和或差的有效数字保留位数，取决于这些数值中小数点后位数最少的数字。运算时，首先确定有效数字保留的位数，弃去不必要的数字，然后再做加减运算。例如，35.6208、2.52 及 30.519 相加时，首先考虑有效数字的保留位数。在这三个数中，2.52 的小数点后有两位数，其位数最少，故应以它作标准，取舍后是 35.62、2.52、30.52 相加，具体计算见算式①（在不定值下面加一短横线来表示）。如果保留到小数点后三位，具体计算见算式②。算式①的和只有一位不定值，而算式②的和有两位不定值。由于规定在有效数字中，只能有一位不定值，所以应按算式①计算，即

$$
\begin{array}{ll}
①\,35.62 & ②\,35.620 \\
2.5\underline{2} & 2.5\underline{2} \\
\underline{30.52} & \underline{30.51\underline{9}} \\
68.6\underline{6} & 68.6\underline{59}
\end{array}
$$

（4）几个数字相乘或相除时，积或商的有效数字的保留位数，由其中有效数字位数最少的数值的相对误差所决定，而与小数点的位置无关。例如，0.1545×3.1＝?假定它们的绝对误差分别为±0.0001 和±0.1，两个数值的相对误差分别是

$$\frac{\pm 1}{1545} \times 100\% = \pm 0.06\%$$

$$\frac{\pm 1}{31} \times 100\% = \pm 3.2\%$$

第二个数值的有效数字位数少，仅有两位，其相对误差最大，应以它为标准来确定其他数值的有效数字位数。具体计算时，也是先确定有效数字的保留位数，然后再计算。

$$
\begin{array}{ll}
③\ 0.15 & ④\ 0.155 \\
\times 3.\underline{1} & \times 3.\underline{1} \\
\hline
15 & 155 \\
45 & 465 \\
\hline
0.465 & 0.4805
\end{array}
$$

在式③中积是 0.465,有两位不定值,最后得数应弃去一位,得 0.46。在式④中积是 0.4805,有三位不定值。实际计算应按式③进行。

在乘除运算中,常会遇到 9 以上的大数,如 9.00、9.83 等。其相对误差约为 1‰,与 10.08、12.10 等四位有效数字数值的相对误差接近,所以通常将它们当作四位有效数字的数值处理。

在较复杂的计算过程中,中间各步可暂时多保留一位不定值数字,以免多次弃舍,造成误差的积累。待到最后结束时,再弃去多余的数字。

如果使用计算器计算,由于计算器上显示的数值位数较多,虽然在运算过程中不必对每一步计算结果进行位数确定,但应注意正确保留最后计算结果的有效数字位数。

1.4.3　实验数据的处理

1. 实验数据的处理方法

化学实验数据的处理方法主要有列表法和图解法。

1) 列表法

列表法是表达实验数据最常用的方法。把实验数据列入简明合理的表格中,使得全部数据一目了然,便于进一步处理、运算与检查。一张完整的表格应包含表的顺序号、名称、项目、说明及数据来源五项内容。因此,做表格时要注意以下几点。

(1) 每张表格都应编有序号,有完全而又简明的名称。

(2) 表格的横排称为“行”,竖排称为“列”。每个变量占表中一行,一般先列自变量,后列因变量。每一行的第一列应写出变量的名称和量纲。

(3) 每一行所记数据,应注意其有效数字位数。同一列数据的小数点要对齐。数据应按自变量递增或递减的次序排列,以显示出变化规律。

2) 图解法

通常是在直角坐标系统中,用图解法表示实验数据,即用一种线图描述所研究变量间的关系,使实验测得的各数据间的关系更为直观,并且可以由线图求得变量的中间值,确定经验方程中的常数等。现举例说明图解法在实验中的作用。

(1) 表示变量间的定量依赖关系。将主变量作横轴,因变量作纵轴,所得曲线表示二变量间的定量关系。在曲线所示范围内,对应于任意主变量的因变量值均可方便地从曲线上读得。如温度计校正曲线、比色法中的吸光度—浓度曲线等。

（2）求外推值。对一些不能或不易直接测定的数据，在适当的条件下，可用作图外推的方法取得。所谓外推法，就是将测量数据间的函数关系外推至坐标轴，只有测量外推所得结果是可靠的时候，外推法才有实际价值。即外推的那段范围与实测的范围不能相距太远，且在此范围内被测变量间的函数关系应呈线性或可认为是线性。

（3）求直线的斜率和截距。对 $y=mx+b$ 来说，y 对 x 作图是一条直线，m 是直线的斜率，b 是截距。两个变量间的关系如符合此式，都可用作图法来求得 m 和 b。

例如，电极电势与浓度和温度间的关系可用能斯特方程表示：

$$\varphi=\varphi^{\ominus}-\frac{RT}{nF}\ln\frac{c(\text{Red})}{c(\text{Ox})} \tag{1-5}$$

式中：φ 对 $\ln c(\text{Red})/c(\text{Ox})$ 作图是一条直线，其截距是这对电对的标准电极电势 $\varphi^{\ominus}$，从斜率可求得得失电子数 n。

2. 作图技术

图解法是实验结果的表示方法之一，利用图解法能否得到良好的效果，与作图技术的高低有十分密切的关系。下面简单地介绍用直角坐标纸作图的要点。

（1）以主变量作横坐标，以因变量作纵坐标。

（2）坐标轴比例选择的原则如下：首先要使图上读出的各种量的准确度和测量得到的准确度一致，即使图上的最小分度与仪器的最小分度一致，要能表示出全部有效数字。其次是要方便易读，例如用 1cm（一大格）表示 1、2、5 这样的数比较好，而表示 3、7 等数字则不好。还要考虑充分利用图纸，不一定所有的图均要以 0 为坐标原点，可根据所作的图来确定。

（3）把所测得的数值画到图上，就是代表点，这些点要能表示正确的数值。若在同一图纸上画几条直（曲）线时，则每条线的代表点需用不同的符号表示。

（4）在图纸上画好代表点后，根据代表点的分布情况，做出直线或曲线。这些直线或曲线描述了代表点的变化情况，不必要求它们通过全部代表点，而是能够使代表点均匀地分布在线的两边。

曲线的具体画法：先用笔轻轻地按代表点的变化趋势，手描一条曲线，然后再用曲线板逐段凑合手描曲线，作出光滑的曲线。

（5）图作好后，要写上图的名称，注明坐标轴代表的量的名称、所用的单位、数值大小以及主要的测量条件。

（6）为了作好图，对所用的主要工具要有选择。例如，铅笔硬度以 1H 为好；直尺和曲线板选用透明的比较好，因在作图时，能全面地看到实验点的分布情况。

1.5　溶液的配制方法

1. 一般溶液的配制方法

用电子天平称出所需的固体试剂,置于烧杯中,先用适量水溶解,再稀释至所需的体积。试剂溶解时若有放热现象(或以加热促使溶解),应待溶液冷却后,再定量转入容量瓶或试剂瓶中。配好的溶液,应马上贴好标签,注明溶液的名称、浓度和配制日期。

对于易水解的盐,在配制溶液时,需加入适量酸,再用水或稀酸稀释。对于易被氧化或还原的试剂,常在使用前临时配制,或采取措施,防止其被氧化或还原。

注意:易侵蚀或腐蚀玻璃的溶液不能盛放在玻璃瓶内,如氟化物应保存在聚乙烯瓶中;盛强碱溶液的玻璃瓶应换成橡皮塞(强碱溶液最好也盛于聚乙烯瓶中)。

配制指示剂溶液时,要根据指示剂的性质,采用合适的溶剂,必要时加入适当的稳定剂,并注意其保存期;配好的指示剂一般储存于棕色试剂瓶中。

配制溶液时,要合理选择试剂的级别。既不要超规格使用试剂,造成浪费;也不要降低规格使用试剂,影响分析结果。

对于经常使用并且使用量大的溶液,可先配制成浓度为所需浓度 10 倍的储备液,需要用时取储备液稀释 10 倍即可。

2. 标准溶液的配制和标定

标准溶液通常有两种配制方法。

(1) 直接法。用分析天平准确称取一定量的基准试剂,溶于适量的水或其他溶剂中,再定量转移到容量瓶中,稀释至刻度。根据称取试剂质量和容量瓶的体积,计算它的准确浓度。

基准物质是纯度很高的、组成一定的、性质稳定的试剂,其纯度相当于或高于优级纯试剂。基准物质可用于直接配制标准溶液或用于标定溶液浓度。作为基准试剂的物质应具备下列条件:①试剂的组成与其化学式完全相符;②试剂的纯度应足够高(一般要求纯度在 99.9% 以上),而杂质的含量应不至于影响分析的准确度;③试剂在通常条件下应该稳定;④试剂参加反应时,应按反应式定量进行,没有副反应。

(2) 标定法。实际上,只有少数试剂符合基准试剂的要求。很多试剂不宜用直接法配制标准溶液,而要用间接的方法,即标定法。在这种情况下,先配成接近所需浓度的溶液,然后用基准试剂或另一种已知准确浓度的标准溶液来标定它的准确浓度。

1.6　实验记录、实验报告及分析结果的表示

1.6.1　实验记录

实验中会出现各种现象和测得各种数据,应仔细观察并及时地记录在记录本上,记录应做到简明扼要、字迹整洁、实事求是,记录还需注明实验日期和时间。实验结束后,立即送老师审阅,如果实验结果达不到要求,应认真分析,找出原因,必要时需重做实验。

1.6.2　实验报告

实验报告是总结实验情况,分析实验中出现的问题,归纳总结实验结果必不可少的环节,因此实验完毕后,应及时如实地写出实验报告。下面介绍几种常见实验类型的报告格式,仅供参考。

1. 性质实验报告示例

实验(　　)＿＿＿＿＿＿
专业＿＿＿＿＿　班级＿＿＿＿＿　姓名＿＿＿＿＿　日期＿＿＿＿＿
(一)实验目的
(二)实验内容

实验内容	主要现象	反应方程式	解释及结论

2. 合成实验报告示例

实验(　　)＿＿＿＿＿＿
专业＿＿＿＿＿　班级＿＿＿＿＿　姓名＿＿＿＿＿　日期＿＿＿＿＿
(一)实验目的
(二)实验原理(主反应和主要副反应)
(三)实验仪器及药品
(四)主要装置图
(五)实验步骤
(六)产率计算
计算公式为

$$产率＝\frac{实际产量}{理论产量}×100\%$$

(七)讨论(写出实验心得及意见、建议)

3. 基本操作实验报告示例

基本操作实验报告与合成实验报告的格式相似,将"产率计算"改为"数据处理"即可。

4. 定量分析实验报告示例

实验(　　)_____
专业_____　班级_____　姓名_____　日期_____
(一)实验目的
(二)实验原理
(三)实验步骤
(四)实验数据及结果处理
(五)讨论(分析误差产生的原因,实验中应注意的问题及某些改进措施)

1.6.3　分析结果的表示

在常规分析中,通常是一个试样平行测定 3 份,在不超过允许的相对误差范围内,取 3 份的平均值即可。

在非常规分析和科学研究中,分析结果应按统计学的观点,反映出数据的集中趋势和分散程度,以及在一定置信度下真实值的置信区间,通常用 n 表示测量次数,用平均值 $\bar{x}$ 来衡量准确度,而用标准偏差 S 来衡量各数据的精密度。

例如,分析某试样中铁的质量分数,五次测定结果是 0.3910、0.3912、0.3919、0.3917、0.3922,报告其分析结果如下:

测量次数 $n=5$
平均值 $\bar{x}=0.3916$
标准偏差 $S=0.0005$
在置信度 $p=95\%$ 时,其置信区间为

$$\mu=\bar{x}\pm\frac{St}{\sqrt{n}}=0.3916\pm\frac{0.0005\times2.78}{\sqrt{5}}=0.3916\pm0.0006$$

有时也可仅用置信区间,或仅用前 3 项分析结果。

1.7　常用参考资料简介

1.7.1　常用化学手册

1) *Aldrich*
美国 Aldrich 化学试剂公司出版。

Aldrich 是化学试剂目录。它收集了 18 000 多个化合物。一个化合物作为一个条目,内含相对分子质量、分子式、沸点、熔点、折光率等数据。书后附有分子式索引,便于查找,还列出了化学实验中常用仪器的名称、图形和规格。每年出一版新书。

2）*Handbook of Chemistry and Physics*

Handbook of Chemistry and Physics 内容分为六个方面：

A 部,数学用表,如基本数学公式、度量衡的换算等；

B 部,元素和无机化合物；

C 部,有机化合物；

D 部,普通化学,包括二组分和三组分恒沸混合物、热力学常数、缓冲溶液的 pH；

E 部,普通物理常数；

F 部,其他。

此书分类列出了常见化合物的分子式、相对分子质量、颜色、结晶形状以及物理量数据和参考文献等。化合物是按照其英文名称的字母顺序排列的。

3）《简明化学手册》

《简明化学手册》（〔苏联〕B. A. 拉宾若维奇,哈文等. 尹承烈等译. 北京：化学工业出版社,1983）包括各种化合物的物理性质、化学性质和热力学性质,分析化学、溶液性质、化学平衡以及实验技术等方面的数据、资料。

4）《大学化学手册》

《大学化学手册》（印永嘉. 济南：山东科学技术出版社,1985）内容分为无机化学、分析化学、有机化学、物理化学和结构化学五大部分。书中收集了大量的数据表,并介绍了一些基本概念。

5）《实用化学手册》

《实用化学手册》（张向宇等. 北京：国防工业出版社,1986）介绍了化学元素、无机化合物、有机化合物、气体、空气、水、固体和液体及水溶液的各项性质、鉴定方法以及实验技术等。

6）《实用有机化学手册》

《实用有机化学手册》（李述文,范如霖. 上海：上海科学技术出版社,1981）介绍了有机制备、有机物鉴定、重要试剂、溶剂、实验室技术以及实验室安全指南等内容。

7）《化学分析手册》

《化学分析手册》（中南矿冶学院分析化学教研室等. 北京：科学出版社,1982）介绍了化验常识、试样分解、试剂、溶剂、无机物和有机试剂的物理性质、光学分析和电化学分析以及化学分析常用数据等内容。

8）《试剂手册》

《试剂手册》（中国医药公司上海化学试剂采购供应站. 上海：上海科学技术出版社,1985）收录了 7509 种化学试剂的性状、用途、储存、危险性质及其规格等内容。

9)《生物化学与分子生物学实验常用数据手册》

《生物化学与分子生物学实验常用数据手册》(吴冠芸等. 北京:科学出版社,2000)分别收集了生物化学与分子生物学实验常用数据多种。

1.7.2　常用参考书

1) *Organic Synthesis*

Organic Synthesis 主要介绍各种有机化合物以及一些无机试剂的制备方法。书中对一些特殊的仪器、装置同时以文字和图形来说明。书中对所选试验步骤叙述详细,并附注作者经验介绍及实验中的注意事项。书中的每个实验步骤都经过他人的核实,因此内容成熟可靠,是有机制备的良好参考书。

2)《化学实验规范》

《化学实验规范》(北京师范大学《化学实验规范》编写组. 北京:北京师范大学出版社,1987)介绍了各门化学实验课教学的目的要求、操作规范及各项培养规格。

3)《化学分析基本操作规范》

《化学分析基本操作规范》(《化学分析基本操作规范》编写组. 北京:高等教育出版社,1984)在总结全国高校分析化学实验教学基础上,编写的定性和定量分析规范操作。

4)《近代实验有机化学导论》

《近代实验有机化学导论》(〔美〕罗伯茨等, 曹显国,胡昌奇译. 上海:上海科学技术出版社,1984)简要介绍了近代有机化学实验技术联系基本理论、反应和试剂,编排了具有代表性的实验。

1.7.3　常用期刊

(1)《中国科学》。月刊,其英文名称为 *Science in China*。1972 年开始出中文和英文两种文字版本。刊登我国各个自然科学领域中的研究成果,《中国科学》分为 A、B 两辑,B 辑主要包括化学、生命科学、地学方面的学术论文。

(2)《化学学报》。

(3)《高等学校化学学报》。

(4)《有机化学》。

(5)《分析化学》。

(6)《无机化学》。

(7)《应用化学》。

(8) *Chinese Chemical Letters*。英文月刊,刊登化学学科各领域重要研究成果的简报。

(9)《大学化学》。双月刊(1986～　),刊登化学教育中重要课题的研讨,交流教学改革经验,报道化学学科研究的新知识新技术。

第2章　化学实验的基本技能

2.1　简单玻璃工操作

在化学实验中,常用到玻璃棒、弯管、滴管、毛细管等简单的玻璃用具,尽管多数情况下可获得成品,但有时也需要自己动手制作。因而学会简单的玻璃工操作技术具有一定的实用价值,也是必备的基本实验技能之一。

2.1.1　玻璃管(棒)的截断与熔光

选择干净、粗细合适的玻璃管(棒),平放在桌面上,一手按住玻璃管(棒),一手用三角锉的棱边在需截断的地方用力划一锉痕(只能向一个方向锉,不要来回锉)(图2-1),注意锉痕应与玻璃管(棒)垂直。然后用两手握住玻璃管(棒),锉痕朝外,两拇指置于锉痕背后,轻轻用力向前推压(图2-2),同时两手稍用力向两侧拉,玻璃管(棒)便在锉痕处断开。

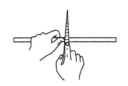

图2-1　划锉痕

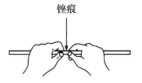

图2-2　两拇指齐放于锉痕的背后

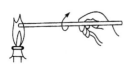

图2-3　均匀转动,熔光断口

新切断的玻璃管(棒)的断口很锋利,容易划伤皮肤、割破橡皮管,需要熔烧圆滑。其方法是,将断口置于煤气灯氧化焰的边缘,不断转动玻璃管(棒),使受热均匀,断面变得光滑即可(图2-3)。熔烧时间不宜太长,以免玻璃管管口缩小,玻璃棒变形。

2.1.2　玻璃管的弯曲

两手轻握玻璃管的两端,将需要弯曲的部位斜插入煤气灯氧化焰中加热,以增大玻璃管的受热面积(也可用鱼尾灯头,图2-4),缓慢而均匀地转动玻璃管,使之受热均匀。当玻璃管加热到适当软化但未自动变形时,从火焰中取出,轻轻地弯曲

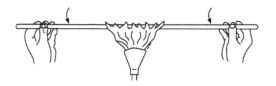

图 2-4　转动玻璃管,使四周受热均匀

至所需角度,待玻璃管变硬后再放手。较大角度的弯管可以一次弯成,若需要较小角度的弯管,可分几次弯成。先弯成一个较大的角度,然后在第一次受热部位的附近位置再加热、弯曲,直至得到所需角度。

图 2-5　弯成的玻璃管

　　在加热和弯曲玻璃管时,要用力均匀,不要扭曲。玻璃管弯成后,应检查弯管处是否均匀平滑,整个玻璃管是否在同一平面上(图 2-5)。玻璃管弯好后置于石棉网上自然冷却。

2.1.3　玻璃管的拉制(制作滴管和毛细管)

　　取一干净的玻璃管,插入煤气灯氧化焰中加热。加热的方法与玻璃管的弯曲方法基本相同,只是烧的时间更长一些,烧得更软一些,待玻璃管呈红黄色时移出火焰,顺着水平方向慢慢地边拉边转动(图 2-6),玻璃管拉至所需粗细后,一手持玻璃管,使其下垂。拉出的细管应与原来的玻璃管在同一轴线上,不能歪斜(图 2-7)。待冷却后,在适当部位将其截断。

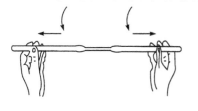

图 2-6　拉制玻璃管

　　若制作滴管,在拉细部分中间截断,将尖嘴在小火中熔光,粗的管口熔烧至红热后,用金属锉刀柄斜放管口内迅速而均匀旋转一周,使管口扩大,然后套上橡皮胶头,即得两根滴管。若需毛细管,则要拉得更细一些(直径约 1mm)。

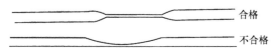

图 2-7　拉成的玻璃管

2.2　玻璃仪器的洗涤与干燥

2.2.1　玻璃仪器的洗涤

化学实验中经常会使用各种玻璃仪器,如果用不洁净的仪器进行实验,往往由于污物和杂质的存在而得不到正确的结果,因此,在进行化学实验时,必须将所用仪器洗涤干净,这是化学实验中的一个重要环节。

洗涤玻璃仪器的方法很多,应根据实验要求、污物的性质和沾污程度选用适当的方法。一般来说,附着在仪器上的污物可分成可溶性物质、尘土、不溶性物质、有机物和油垢等。针对具体情况,可分别采取下列方法洗涤。

1. 用水刷洗

用水刷洗,可以洗去水溶性物质和附着在仪器上的尘土及不溶性物质。

2. 用去污粉或合成洗涤剂刷洗

当器皿上黏附油污和有机物时,难以用水洗刷干净,则可用去污粉或合成洗涤剂洗涤。洗涤时先将仪器用水润湿,再用湿毛刷沾少量去污粉或洗涤剂刷洗。若仍洗不干净,可用去污粉或洗涤剂的热溶液浸泡一段时间后再洗,或用热的碱液洗。实验室常用的洗涤剂有去污粉、洗衣粉、铬酸洗液。

3. 用浓硫酸-重铬酸钾洗液洗涤

对于用上述方法洗涤不净的仪器,或容积精确、形状特殊,不能用刷子刷洗的仪器,如滴定管、移液管、容量瓶等,可用铬酸洗液洗涤。铬酸洗液具有很强的氧化能力和去污能力,且对玻璃的腐蚀性小。

铬酸洗液的配制方法:将 25g 研细的 $K_2Cr_2O_7$ 固体加到 500mL 温热的浓硫酸中,边加边搅拌,冷却后存于细口瓶中。

用铬酸洗液洗涤仪器时,先将仪器中残留水分倒尽,再加入少量洗液(约为仪器容量的 1/5),倾斜仪器并慢慢转动,使内壁全部被洗液润湿(注意:不要用毛刷接触洗液),如果能浸泡一段时间或使用热的洗液,则洗涤效果更好。

铬酸洗液的腐蚀性很强,使用时要注意安全,如果不小心将洗液溅在衣物、皮肤或桌面上,应立即用水冲洗。使用后,洗液应倒回原瓶,可反复使用。当洗液颜色由暗红色变成绿色(重铬酸钾被还原成硫酸铬)时,其洗涤功效丧失,需重新配制。废洗液或较浓的洗液均不能倒入水槽,以免腐蚀下水管道。注意:铬(Ⅵ)有毒,故洗液应尽量少用。

4. 特殊试剂洗涤

对于仪器上的特殊污物,应根据污物的性质和附着情况,采用特殊试剂处理。例如,当附着在仪器上的污物为氧化剂(如 MnO_2)时,可用浓盐酸、酸性 $FeSO_4$ 溶液或 H_2O_2 溶液等还原性试剂除去;若要清除活塞孔内的凡士林,可先用细铁丝将凡士林捅出,再用少量有机溶剂(如 CCl_4)浸泡。

经过上述方法洗涤去污物后,玻璃仪器还必须用自来水多次冲洗后,再用蒸馏水或去离子水冲洗,以除去附着在器壁上的自来水,洗涤时应遵循"少量多次"的原则,一般冲洗两三次,每次用水 5～10mL。

洗净的玻璃仪器应该洁净透明,内壁被水均匀地润湿。将仪器倒置后,水可沿器壁流下,器壁上只留下一层薄而均匀的水膜,但不挂水珠。洗净过的仪器不能再用布或纸擦拭,以免纤维及污物再次沾污仪器。

2.2.2　玻璃仪器的干燥

有些实验要求使用干燥的仪器,因而对洗净的玻璃仪器还需要进行干燥处理。根据不同的情况,可选用下列方法将仪器干燥。

1. 晾干

对于干燥程度要求不高而且不急于使用的仪器,可将仪器倒放在干净的仪器架或实验柜内自然晾干。

2. 吹干

对于急需干燥的仪器,可以用吹风机吹干。通常先用热风吹干仪器内壁,再吹冷风使仪器冷却。

3. 烤干

一些构造简单、厚度均匀的硬质玻璃器皿,若需急用,可用小火烤干。例如,烧杯和蒸发皿可置于石棉网上用小火烤干。试管可直接用小火烤干,操作时应将试管口略向下倾斜,以防水蒸气凝聚后倒流使试管炸裂,并不时来回移动试管,防止局部过热。待水珠消失后,再将管口朝上,以便水汽逸去。

4. 烘干

某些能耐较高温度、干燥程度要求较高的仪器可放在烘箱内烘干。仪器放进烘箱前应先沥干水分,放置时注意平放或容器口朝下,控制温度在 105～110℃,保持 1h 左右。

5. 有机溶剂干燥

若在玻璃仪器内加入少量易挥发且易与水混溶的有机溶剂(最常用的是乙醇和丙酮),转动仪器,使器壁上的水分与有机溶剂混合,然后倒出溶剂,晾干。再用电吹风的热风吹,则仪器干得更快。

必须指出,带有刻度的计量仪器不能用加热的方法干燥,否则会影响仪器的准确度。若需要干燥,可采用晾干、冷风吹干或有机溶剂干燥等方法。

2.3　化学试剂的取用

化学试剂的取用一般遵循两个原则:①不要沾污试剂,取用时瓶塞应倒置于桌面,不得随意放置,取用后应立即将盖子盖严,将试剂瓶放回原处,标签朝外;②注意节约,不取多余的试剂。万一多取,取出的试剂不能倒回原瓶,以免影响整瓶试剂的纯度。

2.3.1　固体试剂的取用

(1) 固体试剂要用干净的药匙取用。药匙的两端为大小两个匙,分别取用大量和少量固体。用过的药匙要洗净擦干后才能再用。

(2) 将坚硬或大块的固体试剂装入容器时,应把容器倾斜,让试剂沿器壁滑落底部,以免击破容器。若是粉末试剂,可用药匙直接将试剂送入容器底部,避免粉末粘在容器壁上。如果是小口容器,可借助一张干净而平滑的纸片,将它对折或卷成小圆筒,将粉末试剂送进容器底部。

(3) 要求取用一定质量的固体时,可把固体放在干净的纸片上或表面皿等其他容器上,按称量准确度的要求选用台秤或电子天平称取。具有腐蚀性或易潮解的固体不能放在纸片上,而应放在玻璃容器内进行称量。用电子天平称取易潮解的固体时,应将试剂放在称量瓶中采用差减称量法称取(电子天平的使用方法见附录11.2节)。

2.3.2　液体试剂的取用

液体试剂一般用量筒、移液管(吸量管)等量取或用滴管吸取。

(1) 从滴瓶中取液体试剂时,先提起滴管,用手指捏瘪滴管的橡皮乳头,赶走其中的空气,然后再将滴管插入液体中,松开手指,液体即被吸入滴管中。滴加液体时,滴管应保持垂直,滴管尖嘴不能接触容器内壁,应在容器口上方将试剂滴入(图2-8)。不能将滴管放在原滴瓶以外的其他地方,更不能将滴管插入到其他液体中,以免沾污滴管。使用时注意不能将滴管朝上倾斜或倒立,否则液体流入橡皮帽中,可能与橡胶发生反应,滴管插入原滴瓶后引起试剂变质。

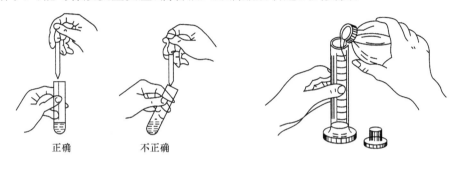

图 2-8　滴管的使用　　　　　　　　图 2-9　用量筒量取液体

（2）量筒可用于量取一定体积的液体,使用时可根据需要选用不同容量的量筒。用量筒取液时通常采取倾注法。量取液体时,如图 2-9 所示,先取下试剂瓶塞,倒放在桌上,一手拿量筒,一手拿试剂瓶(注意:瓶上的标签不能朝下),瓶口紧靠容器壁,使倒出的液体沿器壁流下,倒出所需量后,将瓶口倒出液体处在量筒上靠一下,再竖直试剂瓶,以免留在瓶口的液体流到试剂瓶外壁。观察量筒内液体的体积时,应使视线与量筒内液体弯月面的最低处保持水平,偏高或偏低都会造成读数误差(图 2-10)。

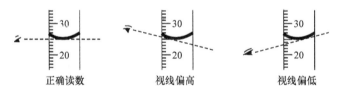

正确读数　　　　　　　视线偏高　　　　　　　视线偏低

图 2-10　量筒的读数

量筒只能比较粗略地量取一定体积的液体,若要求体积准确度较高,可选用容量不同的移液管、吸量管或滴定管,使用方法见 2.5 节。

在某些实验(如许多试管反应)中,不需要准确量取试剂,所以不必每次都使用度量用具,只要学会估计从瓶内取出的液体的量即可。例如,1mL 液体相当于多少滴,它在试管中的液柱大约有多高等。

2.3.3　特种试剂的取用

取用剧毒、强腐蚀性、易燃、易爆等试剂时,应该格外小心,必须采用适当的方法处理,请参考有关书籍。

2.4　加热与制冷技术

2.4.1　常用加热器具简介

加热是化学实验中常用的实验手段,实验室常用的加热器具主要有酒精灯、煤气灯、酒精喷灯和各种电加热设备。

1. 酒精灯

酒精灯是实验室最常用的加热器具之一,其火焰温度最高可达 $400\sim500\text{℃}$。因酒精易燃使用时应注意安全。酒精灯应使用火柴点火,绝不允许使用另一点燃的酒精灯点火。加热完毕,盖上酒精灯盖使火焰熄灭,不能用嘴吹灭。向灯内添加酒精时,应先熄灭火焰,借助漏斗将酒精加入,加入量以不超过灯容量的 1/2 为宜。

2. 煤气灯

实验室所用煤气灯的式样较多,但构造原理基本相同,常用的煤气灯如图 2-11 所示。它由灯管和灯座两个部分组成,灯管与灯座通过螺纹相连。灯管的下端有几个圆孔,为空气入口,旋转灯管,可根据圆孔的开启程度调节空气的进入量。灯座的侧面有煤气入口,煤气进入量可通过螺旋针阀进行调节。

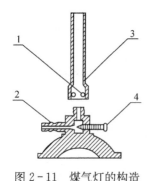
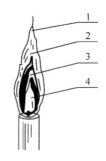

图 2-11　煤气灯的构造　　　　　　　　图 2-12　正常火焰
1. 空气入口;2. 煤气入口;3. 灯管;4. 螺旋针阀　　1. 氧化焰;2. 最高温区;3. 还原焰;4. 焰心

煤气灯的操作步骤如下:首先旋转灯管,关小空气入口,再点燃火柴,打开煤气开关,在接近灯管口处将煤气灯点燃;然后旋转灯管,逐渐加大空气进入量至火焰成为正常火焰;加热完毕,关闭煤气开关。

煤气和空气比例合适时,煤气燃烧完全,这时的火焰称为正常火焰(图2-12)。正常火焰分为三层,内层为焰心,呈黑色,煤气与空气发生混合,但并未燃烧,因而温度最低;中层为还原焰,煤气燃烧不完全,火焰为淡蓝色,温度不高;外层为氧化焰,煤气燃烧完全,火焰为淡紫色,温度最高,通常可达 800~900℃。实验时一般使用氧化焰加热。

当空气或煤气的进入量调节不当时,会产生不正常的火焰,或火焰脱离灯管管口而临空燃烧(称临空火焰),或煤气在灯管内燃烧产生细长火焰(称侵入火焰),如果出现这些现象,应立即关闭煤气,重新调节再点燃。

3. 酒精喷灯

常用的酒精喷灯有挂式(图 2 - 13)和座式(图 2 - 14)两种,温度一般可达700~900℃。

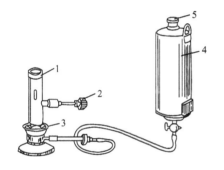

图 2 - 13 挂式酒精喷灯
1. 灯管;2. 空气调节器;3. 预热盘;
4. 酒精储罐;5. 盖子

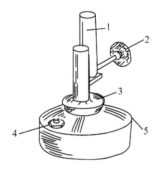

图 2 - 14 座式酒精喷灯
1. 灯管;2. 空气调节器;
3. 预热盘;4. 铜帽;5. 酒精壶

使用挂式喷灯时,先将酒精储罐挂在高处,在预热盘内装满酒精并点燃,待盘内酒精快干时,灯管已被烧热,此时开启空气调节器和储罐下部开关,从储罐流入灯管的酒精立即气化,并与空气混合,在管口点燃。调节空气调节器,可以控制火焰的大小。用毕,关闭酒精储罐开关使火焰熄灭。

座式喷灯的酒精储罐在预热盘的下方,当倒入预热盘中酒精接近烧干时,储罐中酒精因受热而气化,与气孔进来的空气混合后在管口燃烧。火焰的大小同样可通过空气调节器控制。加热完毕,用石棉板盖住管口即可使火焰熄灭。

座式喷灯连续使用一般不得超过半小时,如果要延长使用,必须先熄灭喷灯,待冷却后再添加酒精使用。挂式喷灯连续使用不能超过 2h。

4. 电加热设备

常用的电加热设备有电炉、电加热套、管式炉、马弗炉等,如图 2 - 15 所示。
电炉和电加热套可以替代酒精灯或煤气灯加热。管式炉和马弗炉都属高温电炉,利用电热丝或硅碳棒加热,一般可加热到 1000℃以上,并可较长时间控制炉温在某一温度附近。注意:管式炉和马弗炉的温度不能使用一般水银温度计测量,而应使用热电偶温度计。

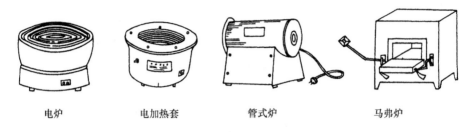

电炉　　　　　电加热套　　　　　管式炉　　　　　马弗炉

图 2-15　常用电加热设备

2.4.2　液体的加热

液体的加热方式取决于液体的性质、盛装容器和所需加热程度。一般高温下不分解的液体可采用直接加热的方式,受热易分解以及需要控制加热温度的液体只能采用热浴加热。

1. 直接加热

在较高温度下不分解的液体可以采用直接加热的方法。一般将装有液体的容器放在石棉网上,用酒精灯、煤气灯、电炉或电热套等直接加热(图 2-16)。

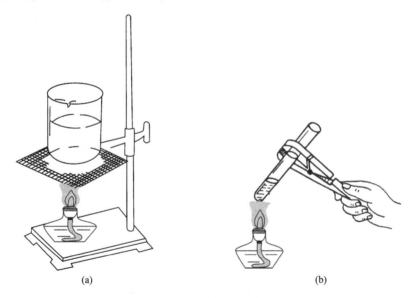

(a)　　　　　　　　　　　　(b)

图 2-16　液体的直接加热

(a) 烧杯中液体的加热；(b) 试管中液体的加热

试管中液体可直接放在火焰上加热[图 2-16(b)],加热时应用试管夹夹住试管的中上部(注意:不能用手拿),稍稍倾斜试管并不时上下移动,使液体各部分受热均匀;否则,易引起暴沸使液体冲出管外。当加热带有沉淀的溶液时,更要注意受热均匀。加热时试管所盛液体不能超过其高度的 1/2,同时注意不要将管口对着人,以免发生意外。

2. 热浴加热

常用的热浴有水浴、油浴、砂浴、空气浴等。当被加热的物质要求受热均匀,且温度不超过 100℃时,可用水浴加热;若温度需要高于 100℃,可使用油浴或砂浴。

1) 水浴

水浴加热常在水浴锅中进行,有时为了方便也用大烧杯代替(图 2-17)。水浴锅的盖子由一套不同口径的铜圈组成,可以根据加热器皿的外径选用。使用时,将盛有液体的容器悬置于水中,液体温度可以保持在 95℃左右。

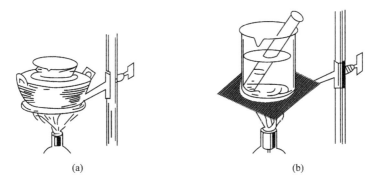

(a)　　　　　　　　　　　　　　　　(b)

图 2-17　水浴加热

(a) 水浴锅加热;(b) 用烧杯代替水浴锅加热

实验室还常用一种带有温度控制装置的电热恒温水浴锅,锅的底部金属盘管内装有电热丝,中间装有一多孔隔板,使用时电热丝加热,受热器皿置于水中隔板上。

使用水浴锅时,盛水量不能超过其总容量的 2/3,并且在加热过程中注意随时补充水分,切忌烧干。

2) 油浴

用油代替水浴中的水就是油浴,它适用的加热温度在 100~250℃。油浴锅一般由生铁铸成,有时也用大烧杯代替。常用作油浴的油料有甘油、植物油、石蜡、硅油等,其中硅油稳定性较好,但价格较贵。

3) 砂浴

将细砂均匀盛于铁制器皿中即成砂浴。砂浴可以放在电炉或煤气灯上加热,为了增大受热面积,可将受热器皿埋得深一些(图 2-18)。加热温度在 80℃以上者都可使用砂浴,其缺点是传热慢,上下层砂子有些温差。

4）空气浴

沸点在 80℃ 以上的液体原则上可采用空气浴加热。最简单的空气浴可用空的铁罐做成：将罐口边缘剪光，在罐底打几行小孔，将直径略小于罐内径的圆形石棉片放入罐中，盖住小孔，同时用石棉布包住罐的四周。另取一块略大于罐口的石棉板，中间挖一个直径略大于加热容器颈部的圆洞，然后对切成两半，加热时可盖住罐口，如图 2-19 所示。使用时将此装置直接加热即可。

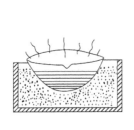

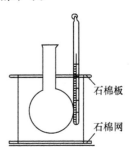

石棉板

石棉网

图 2-18　砂浴加热　　　　　　　图 2-19　空气浴

2.4.3　固体的加热

1. 在试管中加热

将待加热的固体研细，并尽可能将其平铺在试管末端，管内所盛固体不得超过其容量的 1/3。加热的方法与在试管中加热液体时相同，也可将盛固体的试管固定在铁架台上加热（图 2-20），加热时必须使试管口略向下倾斜，以防产生的水蒸气冷凝成水珠倒流导致灼热的试管炸裂。开始加热时，应先移动灯焰将整个试管预热，然后再将灯焰固定在固体部位加热。一般随着加热的进行，灯焰从固体的前部慢慢向后部移动。

2. 在蒸发皿中加热

当加热较多固体时，可在蒸发皿中进行，加热时应充分搅拌，使固体受热均匀。

3. 在坩埚中灼烧

当需要高温加热固体时，可以将固体放在坩埚等耐高温器皿中，用高温电炉或煤气灯灼烧。如果在煤气灯上灼烧固体，可将坩埚放在泥三角上，用氧化焰加热（图 2-21）。开始小火加热，使坩埚均匀受热，然后逐渐加大火焰，直到灼烧符合要求。灼烧完毕，先停止加热，待坩埚在泥三角上稍稍冷却，再用坩埚钳将其夹持放入干燥器内冷却。

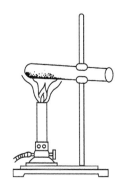

图 2-20　加热试管中的固体

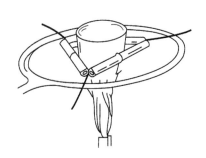

图 2-21　灼烧坩埚

若要夹取高温下的坩埚,必须使用干净的坩埚钳,而且先将坩埚钳放在火焰上预热一下。坩埚钳使用后应钳尖朝上,平放在石棉网上,以保证钳尖洁净。

2.4.4　制冷技术

有些化学反应和分离、提纯操作需要在较低温度下进行,因此化学实验中常使用不同的制冷技术。一般降温制冷方法操作比较简单,在冷却过程中不易发生爆炸、着火等危险。

1. 自然冷却

将热的物体在空气中放置一定时间,任其自然冷却至室温。

2. 流水冷却和吹风冷却

将待冷却物体放入容器中,用自来水直接冲淋容器外壁,或用电吹风直接吹冷风冷却。

3. 冰水冷却

将盛有待冷却物体的容器直接放在冰水中,可快速冷却,也可降温至室温以下。

4. 冷冻剂冷却

若需要将物体的温度降至室温以下甚至 0℃ 以下时,可使用冷冻剂冷却。最简单的冷冻剂是冰盐溶液,可冷却至 0℃ 以下,所能达到的温度由盐的种类和冰盐的比例决定。干冰和有机溶剂混合时,温度更低。常用冷冻剂及其达到的温度见表 2-1。

表 2 - 1　常用冷冻剂及其达到的温度

冷冻剂	$t/℃$	冷冻剂	$t/℃$
30 份 NH_4Cl +100 份水	-3	5 份 $CaCl_2·6H_2O$ + 4 份冰块	-55
4 份 $CaCl_2·6H_2O$ +100 份碎冰	-9	干冰 + 二氯乙烯	-60
100 份 NH_4NO_3 +100 份水	-12	干冰 + 乙醇	-72
1 份 NaCl + 3 份冰水	-20	干冰 + 丙酮	-78
125 份 $CaCl_2·6H_2O$ +100 份碎冰	-40	液态 N_2	-190

5. 回流冷凝

图 2 - 22　回流装置

许多有机化学反应需要使反应体系在较长时间内保持沸腾才能完成。为了防止反应物以蒸气逸出,常用回流冷凝装置(图 2 - 22),使蒸气不断地在冷凝管内冷凝成液体,返回反应容器中。为了使冷凝管的套管内充满冷却水而达到冷却效果,冷却水应从冷凝管下端的入口通入,并控制流速使蒸气充分冷凝。冷凝管的选用参见表 2 - 2。

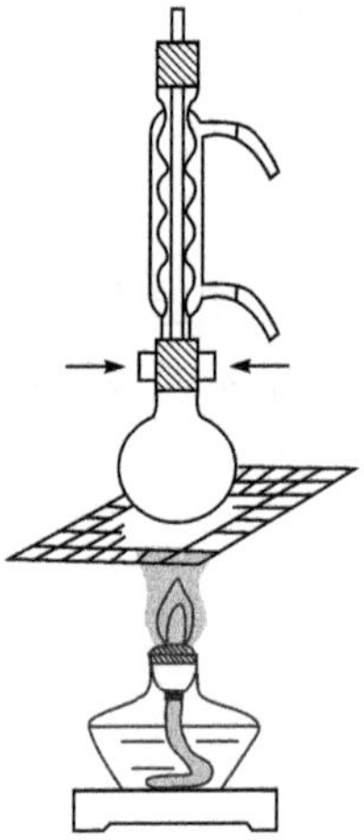

表 2 - 2　冷凝管及其使用范围

名　　称	适用的沸点范围	用途
直形冷凝管	沸点在 140℃ 以下	适用于蒸馏
球形冷凝管	各种沸点均可使用	适用于回流
蛇形冷凝管	沸点在 70℃ 以下	适用于回流
空气冷凝管	沸点在 140℃ 以上	适用于蒸馏、回流

2.5　滴定分析基本操作及常用度量仪器的使用

滴定分析中常用的度量仪器有滴定管、容量瓶、移液管和吸量管等。溶液的体积误差是滴定分析中主要的误差来源,因此正确使用度量仪器是保证实验测量准确度的关键。

2.5.1　滴定管

滴定管是滴定分析中最基本的量器,用于准确测量滴定溶液的体积。常量滴定分析所使用的滴定管有 50mL、25mL 等几种规格,它们最小分度值为 0.1mL,读数可估计到 0.01mL。此外还有 10mL、5mL、3mL 和 1mL 的半微量和微量滴定管,最小分度值分别为 0.05mL、0.01mL 和 0.005mL。

滴定管一般可分为酸式、碱式和酸碱通用式三种。酸式滴定管下端装有玻璃活塞,用来盛装酸性、氧化性或中性溶液。碱式滴定管下端用乳胶管连接一段带尖嘴的小玻璃管,乳胶管内有一玻璃珠用来控制溶液的流速。碱式滴定管用于盛装碱性或还原性溶液,不能用来放置高锰酸钾等可与橡皮起作用的溶液。由于酸式滴定管的玻璃磨口活塞易堵易漏,碱式滴定管的乳胶管易老化,而且在使用时需要根据所盛溶液进行选择,比较麻烦,故现在也常用带有聚四氟乙烯活塞的酸碱通用式滴定管。这种酸碱通用式滴定管也简称四氟滴定管,由于活塞采用聚四氟乙烯材料制成,具有耐酸、耐碱、耐强氧化性腐蚀的优点,故所有酸、碱及氧化性滴定剂都可盛装。微型滴定管就是酸碱通用式。

1. 滴定管的使用方法

1) 洗涤

根据滴定管的沾污程度,采用相应的洗涤方法。如无明显油污,可直接用自来水冲洗,或用专用管刷蘸洗涤剂刷洗后,再用自来水冲洗。若有油污,则需用洗液浸洗。洗涤时向管内倒入 10mL 左右铬酸洗液(碱式滴定管应将乳胶管内玻璃珠向上挤压封住管口,以免洗液腐蚀乳胶管),两手平端滴定管,并不断转动,使洗液布满整个管壁,管口对着洗液瓶,以防洗液流出。如油污较重,可装满洗液浸泡。洗涤完毕,将洗液倒回原瓶,用自来水多次冲洗滴定管,最后用蒸馏水或去离子水润洗两三次。洗净的滴定管内壁应完全被水均匀润湿而不挂水珠。

2) 检漏、活塞涂凡士林

滴定管在使用前必须检查是否漏水,活塞转动是否灵活。碱式滴定管若漏水,可更换乳胶管或稍大的玻璃珠。若酸式滴定管漏水或活塞转动不灵,应重新涂抹凡士林。其方法是,将滴定管平放,取下活塞,用吸水纸将活塞及塞槽擦干净,再取少量凡士林,在活塞的大头涂上薄薄一层,在塞槽的小头也涂上一薄层,将活塞平行插入塞槽中,向同一方向转动活塞,直至活塞与塞槽接触处呈透明状态,活塞转动灵活(图 2-23)。

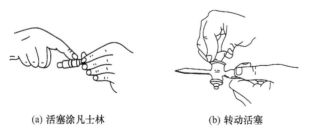

(a) 活塞涂凡士林　　　　　　　　(b) 转动活塞

图 2-23　活塞涂抹凡士林的方法

图 2-24　碱式滴定管排除气泡

四氟滴定管若漏水,应检查活塞与其塞槽是否配套,不用涂抹凡士林。

3）装液、赶气泡

滴定管在装液前,应先用待装溶液润洗内壁,方法是:直接装入 5～10mL 待装液,两手平端滴定管,慢慢转动,使溶液洗遍全管内壁,然后打开活塞,冲洗下端出口,放尽残液。如此重复润洗两三次。

装入滴定剂至"0"刻度以上,检查活塞附近或乳胶管内有无气泡,如有气泡,应将其排出。排出气泡时,若是酸式滴定管或四氟滴定管,可用手迅速打开活塞,使溶液冲出并带走气泡;若是碱式滴定管,可用一手拿住滴定管倾斜约 30°,另一手将乳胶管向上弯曲,玻璃尖嘴朝上,挤动玻璃珠使溶液从尖嘴喷出,气泡随之除去(图 2-24)。

排除气泡后,补加滴定剂至"0"刻度以上,然后调整液面至"0"刻度(或"0"刻度以下附近)。

4）读数

滴定管内加入或流出溶液后,应垂直静置 1min,待液面稳定后方可读数。读数时,管内壁应无液珠,尖嘴内无气泡,尖嘴外不挂液滴,否则读数不准。读数时应将滴定管从滴定架上取下,用右手大拇指和食指捏住滴定管上部无刻度处,使滴定管保持垂直,并使视线与所读液面处于同一水平上。对于无色或浅色溶液,应读取弯月面实线最低点处所对应的刻度,若滴定管背面有乳白板蓝线,应以两个弯月面相交于蓝线的尖点为准[图 2-25(a)]。对深色溶液,均读取液面两侧最高点的刻度。

(a)

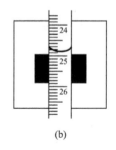

(b)

图 2-25　滴定管读数

为了使弯月面更清晰,便于读数,可使用读数卡。它由一张黑纸或涂有黑色长方形(约 3cm×1.5cm)的白纸板制成。读数时,将读数卡贴在滴定管后面,使黑色部分在弯月面下约 1mm 处,则弯月面反射成黑色[图 2-25(b)],读取黑色弯月面最低点的刻度即可。

5）滴定

使用酸式滴定管时，应使用左手的拇指、食指和中指控制活塞（图 2-26），旋转活塞的同时稍稍向内扣住，避免手心顶松活塞而造成漏液。使用碱式滴定管时，使用左手的拇指与食指捏住玻璃珠外侧稍偏上处乳胶管，轻轻向外挤捏，使乳胶管与玻璃珠之间形成一条缝隙，溶液即可流出（图 2-27），流速的大小可通过缝隙的大小来控制。滴定时应注意不要使玻璃珠上下移动，更不能捏玻璃珠下部乳胶管，以免空气进入管内形成气泡，影响读数的准确性。

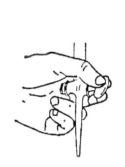

图 2-26　控制活塞的手法　　图 2-27　碱管溶液的流出　　图 2-28　滴定操作

滴定前必须去掉滴定管尖嘴悬挂的液滴，读取初读数，然后将滴定管垂直夹在滴定架上，尖嘴插入锥形瓶口内约 1cm 处，开始滴定。滴定时，左手操作滴定管，控制流速，右手拿住锥形瓶颈部，向同一方向旋转锥形瓶，使溶液做离心旋转，混合均匀（图 2-28）。滴定开始时，溶液流出速度可以快一些，但不能呈线状流出，一般约为 $10mL \cdot min^{-1}$（$3 \sim 4$ 滴 $\cdot s^{-1}$）。接近终点时，逐滴加入，每加一滴后都要摇匀，观察颜色变化。最后应采用半滴加入法，即控制液滴悬而不落，用锥形瓶内壁靠下液滴，再用少量蒸馏水冲洗内壁，摇匀，如此继续滴定至终点。读取终读数。此时，尖嘴外不应留有液滴，尖嘴内不应有气泡。

平行滴定时，每次都应将初读数调整到"0"刻度或其附近，这样可减小滴定管刻度的系统误差。

滴定完毕，将滴定管中剩余溶液倒出，洗净，装满蒸馏水，罩上滴定管盖备用。

2. 微型滴定管的使用方法

为了减小试剂用量，降低废液排放，保护环境，微型滴定分析已逐步在实验教学中得到推广。微型滴定管的使用方法与酸式滴定管相似，但二者的装液方法不同。微型滴定管在装入滴定液时，将滴定管尖嘴插入盛装滴定剂的容器中，打开活塞,用洗耳球吸取溶液至滴定管上端的玻璃缓冲球内,排除管内气泡,再将液面放至"0"刻度或其附近,关闭活塞,即可进行滴定操作。

2.5.2 容量瓶

容量瓶是一种细颈梨形的平底玻璃瓶,带有玻璃磨口塞或塑料塞。瓶颈上刻有环形标线,瓶体标有容量,一般表示 20℃时液体充满至标线时的容积。容量瓶主要用来配制标准溶液,或将溶液稀释到一定的浓度。

容量瓶使用前应先检查瓶塞处是否漏水。检漏时,在瓶中加水至标线附近,塞紧瓶塞并用左手食指按住,右手托住瓶底(图 2-29),将瓶倒立片刻,观察有无漏水,如不漏水,将瓶正立,把瓶塞旋转 180°后塞紧,用相同的方法试验是否漏水,若仍不漏水即可使用。容量瓶与其塞子应配套使用,不能交换。检漏后,将容量瓶按玻璃仪器洗涤方法洗涤干净。

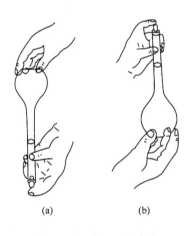

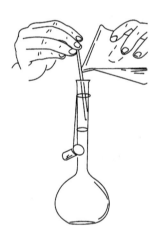

(a)　　　　(b)

图 2-29　容量瓶的拿法　　　　图 2-30　定量转移操作

容量瓶内只能盛入已溶解的溶液,如用固体物质配制溶液,应先将准确称取的固体倒入洁净的烧杯中,完全溶解后再将溶液定量转移至容量瓶中(图2-30)。转移溶液时,右手将一根玻璃棒插入容量瓶内,其下端靠近瓶颈内壁(不能接触瓶口),左手拿烧杯,杯嘴紧靠玻璃棒,使溶液沿玻璃棒慢慢流入瓶内。溶液流完后,将烧杯嘴沿玻璃棒稍向上提,同时直立,使附在烧杯嘴上的溶液流回烧杯中。取出玻璃棒放入烧杯中,用少量溶剂冲洗玻璃棒和烧杯内壁,洗涤液也同样转移到容量瓶中。如此重复至少 3 次。然后向瓶内加入溶剂,当瓶内溶液体积加至 3/4 左右时,应将容量瓶沿水平方向摇动,使溶液初步混匀(切记不能加塞倒置摇动)。接着再继续加溶剂至接近标线,稍等片刻,当附在瓶颈上的溶剂全部流下,再用滴管滴加溶剂至溶液弯月面与标线相切。盖上瓶塞,按图 2 - 29 将容量瓶倒置,待气泡上升至瓶底,再将瓶正立,如此反复 10 次以上,使溶液充分混匀。

热溶液应冷却至室温后,才能稀释至标线。需要避光的溶液应用棕色容量瓶配制。此外还应注意,容量瓶不宜长期储存试剂。如果溶液需要长期保存,应转入试剂瓶中。容量瓶用后应立即洗净,不得放入烘箱中烘干,而应晾干,或者用冷风吹干。

2.5.3　移液管和吸量管

移液管和吸量管都是用来准确移取一定体积液体的量器。移液管是一根细长而中间膨大(常称胖肚)的玻璃管,只有一个标线,无分刻度,只能移取所标明体积的液体;吸量管是一标有分刻度的直型玻璃管,可以吸取不同体积的液体,其准确度不及移液管。

1. 移液管的使用方法

(1)洗涤与润洗。按照洗涤滴定管的方法,依次用洗涤液、自来水、蒸馏水洗涤移液管。洗净后用吸水纸将管尖内外的残留水吸干,再用少量待移取液体润洗两三次,以保证溶液吸入后浓度不变。润洗时应注意,不要使溶液回流至待移取液体中,以免影响原液浓度。

(2)吸取液体。如图 2 - 31(a)所示,右手拇指和中指拿住移液管上端,将润洗过的移液管插入待移取液体的液面下 1~2cm 处(不能太浅,以免吸空,也不能插至底部吸起沉渣),左手拿洗耳球将其捏瘪排除空气后,将洗耳球尖嘴插入并塞紧移液管上口,慢慢松开洗耳球,管内液面随之上升,注意同时将移液管相应地下伸。

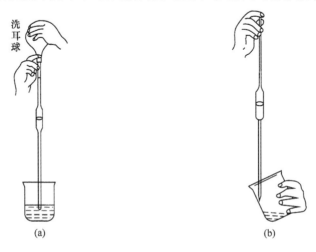

图 2 - 31　移液管的使用

(a) 吸取液体;(b) 放出液体

当液体上升到标线以上时,移开洗耳球,迅速用右手食指按紧管口,将移液管提离液面,然后微微松开食指,或用拇指和中指轻轻转动移液管,使液面缓慢、平稳地下降,直至液体弯月面与标线相切,立即按紧管口,使液体不再流出。若移液管外悬挂液滴,可将管尖靠住容器内壁,使液滴流下。

(3) 放出液体。将已吸入准确体积液体的移液管取出,垂直插入承接容器口内。将容器倾斜,使移液管尖嘴紧靠容器内壁,松开食指,让液体自然顺壁流下,如图 2-31(b)所示。当液体流尽后,再停留约 15s,取出移液管。必须注意的是除非移液管上标有"吹"字(多为吸量管),否则残留在移液管尖端的液体不能吹入承接容器中,因为在校准移液管容积时,没有把这部分液体算在内。

2. 吸量管的使用方法

吸量管的使用方法与移液管基本相同,但移取液体时,应尽量避免使用尖端刻度。

移液管和吸量管使用完毕,应用水冲洗干净,放在移液管架上。

2.6　分离与提纯技术

2.6.1　固液分离技术

1. 倾注分离法

若沉淀物质颗粒较大或相对密度较大,静置后容易沉降至容器底部,要将固、液两相分离,最简单的方法是倾注法。如图 2-32 所示,将沉淀上面的溶液沿玻璃棒倾入另一容器内即达到分离目的。如有必要,可向盛有沉淀的容器中加入少量溶剂洗涤,充分搅拌后,沉降,再小心倾出上层清液,如此重复操作几次,即可洗净沉淀。但是,这种方法不能完全分离,特别是欲得到纯的固体物质时,就必须进行过滤或离心分离。

图 2-32　倾注法

2. 过滤分离法

过滤是最常用的分离方法之一。当溶液和沉淀(结晶)的混合物通过过滤器时,沉淀(结晶)留在过滤器上,溶液则通过过滤器而漏入接受的容器中,这样固、液两相得到分离。影响过滤速度的因素主要是溶液的黏度、温度、过滤时的压力、过滤器孔隙的大小和沉淀物的状态。溶液的黏度越大,过滤速度越慢。减压过滤比常压过滤速度快。热溶液比冷溶液过滤速度快。过滤器的孔隙要合适,孔隙太大会透过沉淀,孔隙太小则易被沉淀堵塞,使过滤难以进行。沉淀呈胶状状态时,必须加热破坏后方可过滤;否则,它将透过滤纸。因此,应该根据不同情况,选择适当的过滤方法。

常用的过滤方法有三种:常压过滤、减压过滤和热过滤。

1) 常压过滤

化学分析中常用的滤纸有定量分析滤纸和定性分析滤纸,根据其过滤速度的不同又可分为快速、中速和慢速三类。定量滤纸又称为"无灰"滤纸,一般在灼烧后,每张滤纸的灰分不超过 0.1mg。各种定量滤纸在滤纸盒上用白带(快速)、蓝带(中速)、红带(慢速)作为标志分类。根据沉淀的性质可选择不同类型的滤纸,如 $BaSO_4$ 等细晶形沉淀,应选用"慢速"滤纸过滤,而 $Fe_2O_3 \cdot nH_2O$ 等胶体沉淀,必须选用"快速"滤纸过滤。滤纸的大小应根据沉淀量的多少来选择。

过滤前,尤按图 2-33 所示将滤纸整齐地对折两次,折叠成四层。为保证滤纸和漏斗密合,第二次对折时不要折死,在一层和三层之间将其展开成圆锥形(60°),放入漏斗中,如果上边缘不密合,可以稍稍改变滤纸折叠的角度,直到与漏斗密合为止。用手轻按滤纸,将第二次的折边折死,然后取出滤纸,将三层厚的紧贴漏斗的外层撕下一角,保存于干燥的表面皿上,备用。

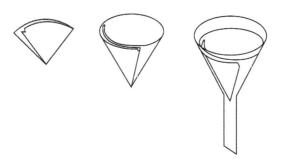

图 2-33　滤纸的折叠与安放

将折叠好的滤纸放入漏斗中,且三层的一边应放在漏斗出口短的一边,用食指把滤纸紧贴在漏斗壁上,滤纸的边缘应略低于漏斗的边缘。用水湿润滤纸,轻压滤纸,赶走气泡,使滤纸紧帖漏斗内壁,这时漏斗颈内应全部充满水,形成水柱。液柱的重力可起抽滤作用,使过滤速度大为加快;否则,气泡的存在会阻碍液体在漏斗颈内流动而减缓过滤速度。

过滤时要注意,漏斗要放在漏斗架上,漏斗的出口要靠在承接容器的内壁上。过滤时,先转移溶液,后转移沉淀,而不是一开始就将沉淀和溶液搅混后进行过滤。溶液应沿着玻璃棒流入漏斗中,而玻璃棒的下端对着三层滤纸处,并尽可能接近滤纸,但不能接触滤纸,注意加入的溶液不要超过滤纸容量的 2/3,如图 2-34 所示。暂停转移溶液时,烧杯应沿玻璃棒使其嘴向上提起,使烧杯直立,以免烧杯嘴上的

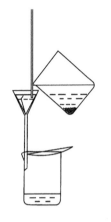

图 2-34　常压过滤

液滴流失。

　　如果需要洗涤沉淀,待溶液转移完毕后,向盛有沉淀的容器中加入少量溶剂,充分搅拌并放置,待沉淀下沉后将洗涤液转移入漏斗,如此重复操作两三遍,再将沉淀转移到滤纸上。这就是通常所说的"少量多次"的原则。

　　凡是烘干后即可称量的沉淀可用微孔玻璃漏斗(或微孔玻璃坩埚)过滤。微孔玻璃漏斗和微孔玻璃坩埚如图 2-35 和图 2-36 所示,此种过滤器的滤板是用玻璃粉末在高温下熔结而成,按微孔孔径大小分为 6 级,G1~G6(或称为 1 号至 6 号)。1 号孔径最大(80~120 μm),6 号孔径最小(2 μm 以下)。化学分析中常用 3~5 号滤器。例如,Ni-丁二酮肟沉淀,可用 3 号砂芯坩埚过滤,在约 145℃下烘干、称量。由于这种过滤器容易吸附沉淀物和杂质,使用前后都必须清洗过滤器,使用时需采用减压过滤。

图 2-35　微孔玻璃漏斗

图 2-36　微孔玻璃坩埚

　　2) 减压过滤

　　为了得到比较干燥的结晶和沉淀,常用减压过滤,也称吸滤或抽滤,这种过滤方法速度快,但不适用于胶状沉淀和颗粒太细的沉淀的过滤。因为前者更易堵塞滤孔或在滤纸上形成密实的沉淀,使溶液不易透过;后者更易透过滤纸,结果事与愿违。

　　减压过滤装置如图 2-37 所示,由水循环泵、安全瓶、吸滤瓶(又称抽滤瓶)和布氏漏斗组成。利用水循环泵抽出吸滤瓶的空气,使吸滤瓶内压力减小,这样在布氏漏斗的液面与吸滤瓶内形成一个压力差,从而提高过滤速度。减压过滤应注意以下几点:

　　(1) 过滤前应检查。布氏漏斗的颈口应对准吸滤瓶的支管,滤纸要比布氏漏斗的内径略小,但必须全部覆盖漏斗的小孔,滤纸也不能太大,否则,边缘会贴在漏斗壁上,使部分溶液不经过过滤,沿壁直接漏入吸滤瓶中。可先用水或相应的溶剂润湿,然后开启水泵,使滤纸贴紧漏斗而不留孔隙。

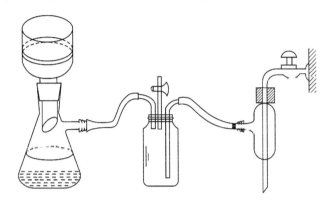

图 2-37　减压抽滤装置

　　(2) 过滤时,先将上部澄清液沿着玻璃棒注入漏斗中,然后再将沉淀或晶体转入漏斗进行过滤。注意加入的溶液不要超过漏斗容积的 2/3。洗涤沉淀时,应暂停抽滤,加入洗涤剂使其与沉淀充分润湿后,再开泵将沉淀抽干,重复操作至达到要求为止。

　　(3) 有些浓的强酸、强碱或强氧化剂的溶液过滤时应使用滤布代替滤纸,否则它们会对滤纸产生破坏作用。另外,浓的强酸溶液还可使用烧结漏斗(也称砂芯漏斗)过滤,但烧结漏斗不适用于强碱溶液的过滤,这是因为强碱会腐蚀玻璃。

　　3) 热过滤

　　如果溶液中的溶质在温度下降时容易析出大量结晶,为不使大量结晶在过滤过程中留在滤纸上,就要趁热进行过滤。过滤时可把玻璃漏斗放在铜质的热漏斗内,热漏斗内装有热水,以维持溶液的温度。热过滤装置如图 2-38 所示。也可以在过滤前把玻璃漏斗放在水浴上用蒸汽加热,趁热过滤,此法较简单易行。另外,热过滤时选用的玻璃漏斗的颈部愈短愈好,以免过滤时溶液在漏斗颈内停留过久,因降温析出晶体而堵塞。进行热过滤操作要求准备充分,动作迅速。

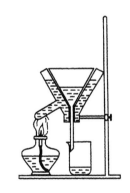

图 2-38　热过滤装置

3. 离心分离法

当被分离的沉淀量很少时,使用一般方法过滤后,沉淀会黏附在滤纸上,难以取下,这时可使用离心分离法。实验室常用电动离心机。将盛有沉淀和溶液的离心试管放在离心机管套内,开动离心机,沉淀受到离心力的作用迅速聚集在离心试管的底部而和溶液分开,然后用滴管将溶液吸出。如果需要洗涤,可向沉淀中加入少量溶剂,充分搅拌后再离心分离。重复操作两三遍即可。

在使用离心机时要注意离心机旋转时保持平衡,离心试管应放在对称的位置。如果只处理一支离心试管,则应在对称位置放一支装有等量水的离心试管,离心机旋转一定时间后,让其自然停止旋转,不能用手强制停止旋转。转速和旋转时间视沉淀性状而定。

2.6.2 重结晶技术

重结晶是提纯固体化合物最简单、最有效、也是最常用的方法之一,适用于产品与杂质溶解性质差别较大,且杂质含量小于 5% 的体系。

1. 基本原理

固体化合物在溶剂中的溶解度均随温度变化而变化。一般情况下,温度升高,溶解度增大;反之则溶解度减小。如果把固体化合物溶解在热的溶剂中制成饱和溶液,然后冷却至室温或室温以下,则溶解度下降,原饱和溶液转变成过饱和溶液而有晶体析出。利用溶剂对被提纯物质和杂质的溶解度的不同,使杂质在热过滤时被滤除或冷却后留在母液中与结晶分离,从而达到提纯的目的。由此可见,选择合适的溶剂是重结晶操作中的关键。

2. 溶剂的选择

根据"相似相溶"原理,通常极性化合物易溶于极性溶剂,非极性化合物易溶于非极性溶剂中。借助化学手册或文献资料可以查阅常用化合物在溶剂中的溶解度,如果在文献中找不到合适的溶剂,应通过实验选择溶剂。

1) 在选择溶剂时应注意的问题

(1) 所选溶剂不与被提纯化合物发生化学反应。

(2) 待纯化物质在该溶剂中的溶解度受温度影响很大。

(3) 溶剂对杂质的溶解度很大(留在母液中将其分离)或很小(通过热过滤除去)。

(4) 溶剂的沸点不易太高,应易挥发,易与晶体分离。

(5) 能形成较好的结晶体。

（6）价格低，毒性小，易回收，操作安全。

2）选择溶剂的实验方法

取 0.1g 晶体于试管中，用滴管逐滴加入溶剂，并不断振荡，待加入溶剂约 1mL 时，注意观察晶体是否溶解。若完全溶解或间接加热至沸完全溶解，但冷却后无结晶析出，表明该溶剂是不适用的；若此物质完全溶于 1mL 沸腾的溶剂中，冷却后析出大量结晶，这种溶剂一般认为是合适的；如果试样不溶于或未完全溶于 1mL 沸腾的溶剂中，则可逐步添加溶剂，每次约加 0.5mL，并继续加热至沸，当溶剂总量达 4mL，加热后样品仍未完全溶解（注意未溶的是否是杂质），表明此溶剂不适用；若该物质能溶于约 4mL 热溶剂中，冷却后仍无结晶析出，必要时可用玻璃棒摩擦试管内壁或用冷水冷却，促使结晶析出，若晶体仍不能析出，则此溶剂也是不适用的。

按上述方法对几种溶剂逐一试验、比较，可以筛选出较为理想的重结晶溶剂。常用的重结晶溶剂见表 2-3。当难以选出一种合适溶剂时，常使用混合溶剂。混合溶剂一般由两种彼此可互溶的溶剂组成，其中一种对待提纯物质溶解度较大，另一种则较小。常用的混合溶剂有乙醇-水、乙醇-乙醚、乙醇-丙酮、乙醚-石油醚、苯-石油醚等。

表 2-3　常用的重结晶溶剂

溶剂	沸点/℃	冰点/℃	相对密度 d	与水的混溶性[1]	易燃性[2]
水	100	0	1.0	＋	0
甲醇	64.96	＜0	0.7914^{20}	＋	＋
乙醇	78.1	＜0	0.804	＋	＋＋
冰醋酸	117.9	16.7	1.05	＋	＋
丙酮	56.2	＜0	0.79	＋	＋＋＋
乙醚	34.51	＜0	0.71	－	＋＋＋＋
石油醚	30～60	＜0	0.64	－	＋＋＋＋
乙酸乙酯	77.06	＜0	0.90	－	＋＋
苯	80.1	5	0.88	－	＋＋＋＋
氯仿	61.7	＜0	1.48	－	0
四氯化碳	76.54	＜0	1.59	－	0

1）"＋"表示与水互溶。

2）"＋"表示易燃，"＋"越多，易燃性越大。

当混合溶剂的比例，没有现存的参考数据时，可以这样试配：将混合物溶于适当的易溶溶剂中，趁热过滤以除去不溶性杂质，然后逐渐加入热的难溶溶剂直到出现浑浊状，加热浑浊溶液使其澄清透明，再加入热的难溶溶剂至浑浊后再加热澄清,最后,即使加热溶液仍呈浑浊状,这时再加少量易溶溶剂,使其刚好变透明为止。待此热溶液慢慢冷却即有结晶析出。

3. 重结晶操作步骤

1) 热溶液的制备

将称量好的样品置于烧杯中,加入少量溶剂,加热至溶液沸腾或接近沸腾,边滴加溶剂边观察固体溶解情况,使固体刚好全部溶解,停止滴加溶剂,记录溶剂用量。再加入 20%左右的过量溶剂,主要是为了避免溶剂挥发和热过滤时因温度降低,使晶体过早地在滤纸上析出而造成损失。溶剂用量不宜太多,溶剂太多会造成结晶析出太少,或根本不析出,此时,应将多余的溶剂蒸发掉,再冷却结晶。有时,总有少量固体不能溶解,应将热溶液倒出或过滤,在剩余物中再加入溶剂,观察是否能溶解,如加热后慢慢溶解,说明此产品需要加热较长时间才能全部溶解,如仍不溶解,则视为杂质去除。这是重结晶操作过程的关键步骤。目的是用溶剂充分分散产物和杂质,以利于分离提纯。

2) 脱色

若溶液含有色杂质可采用活性炭脱色。其方法是加入适量活性炭,搅拌,再加热至沸,保持微沸 5~10 min。切勿在接近沸点的溶液中加入活性炭,应待热溶液稍冷后再加,以免引起暴沸。活性炭用量一般为粗品质量的 1%~5%,尽量不要多加,以免产品被活性炭吸附。

除用活性炭脱色外,还可采用柱层析脱色,如氧化铝吸附色谱等。

3) 热过滤

趁热过滤,除去溶液中不溶性杂质及活性炭。热过滤时动作要快,以免仪器或溶液冷却后,晶体过早地在漏斗中析出,如发生此现象,应用少量热溶剂洗涤,使晶体溶解到滤液中。如果晶体在漏斗中析出太多,则应重新加热溶解再进行过滤。

4) 结晶的析出

将滤液静置,自然冷却,结晶慢慢析出。晶粒的大小与条件有关。一般迅速冷却并不时搅拌,则析出的晶粒较小,表面积大,表面吸附杂质较多。如将滤液慢慢冷却,就能得到较大的晶粒,但往往又有母液和杂质包在结晶内部,因而要得到纯度高、结晶好的产品,还需要摸索冷却的过程,控制好晶粒的大小。有时遇到冷却后仍无结晶析出,可用玻璃棒在液面下摩擦器壁或加入该化合物的结晶作为晶种,促使晶体较快析出。

5) 结晶的收集和洗涤

减压过滤可以使结晶和母液迅速分离,用少量溶剂洗涤几次,以除去晶体表面吸附的杂质。小心取出结晶,置于干燥的表面皿上。

6) 干燥、称量、测熔点

抽滤后的晶体表面含有少量溶剂,为保证所得晶体的纯度,必须充分干燥。可根据晶体的性质,选用不同的干燥方法,如自然晾干、红外灯烘干或真空恒温干燥等。

将充分干燥后的晶体称量、测熔点、计算产率。如果纯度不符合要求,可重复上述操作,直至熔点符合要求为止。

2.6.3　升华提纯技术

有些物质在固态时有较高的蒸气压,受热后不经过液态而直接气化,这个过程称为升华。升华是提纯固体化合物的方法之一。利用升华不仅可以分离具有不同挥发度的固体混合物,而且还能除去难挥发的杂质。一般由升华提纯得到的固体物质纯度较高。但由于该操作较费时,损失较大,因而升华操作通常只限于实验室少量物质的精制。

1. 基本原理

升华是利用固体混合物的蒸气压或挥发度不同,将固体混合物在熔点温度以下加热,利用产物蒸气压高,而杂质蒸气压低的特点,使产物不经液态过程而直接气化,遇冷后固化,而杂质不发生这个过程,达到分离纯化固体混合物的目的。

为进一步说明问题,可以考察图 2-39 所示的某物质的三相平衡图。图 2-39 中的三条曲线将图分为三个区域,每个区域代表物质的一相。由曲线上的点可读出两相平衡时的蒸气压。例如,曲线 ST 表示固相与气相平衡时固相的蒸气压曲线;TW 是液相与气相平衡时液体的蒸气压曲线;TV 为固相与液相的平衡曲线,三条曲线相交于 T。T 为三相点,在这一温度和压力下,固、液、气三相处于平衡状态。从图 2-39 中可以看出,在三相点以下,物质处于气、固两相的状态,若降低温度,蒸气就不经过液态而直接变成固态;若升高温度,固态也不经过液态

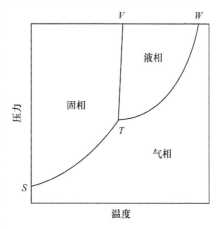

图 2-39　物质的三相平衡曲线

而直接变成蒸气。因此,升华都在三相点温度以下进行,即在固体的熔点以下进行。固体的熔点可以近似的看作是物质的三相点。

与液体化合物的沸点相似,当固体化合物的蒸气压与外界所施加给固体化合物表面的压力相等时,该固体化合物开始升华,此时的温度为该固体化合物的升华

点。在常压下不易升华的物质,可以利用减压进行升华。

2. 操作方法

1) 常压升华

常用的常压升华装置如图 2-40 所示。图 2-40(a)中,将预先粉碎好的待升华物质均匀地铺放于蒸发皿中,上面覆盖一张扎有许多小孔的滤纸,然后将一个与蒸发皿口径相近的玻璃漏斗倒扣在滤纸上,漏斗颈口塞一小棉球或少许玻璃棉,以减少蒸气外逸造成产品损失。隔着石棉网用油浴或砂浴缓慢加热蒸发皿,调节火焰,控制温度在熔点以下,慢慢升华。当蒸气开始通过滤纸上升到漏斗中时,可以看到滤纸和漏斗壁上有晶体出现。如晶体不能及时析出,可在漏斗外面用湿布冷却。

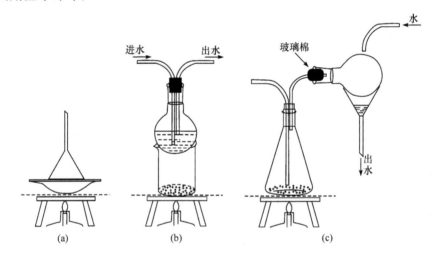

图 2-40　常压升华装置

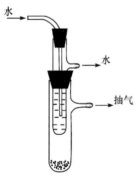

图 2-41　减压升华装置

当升华量较大时,可在烧杯中进行。烧杯上放置一个通冷水的烧瓶,使蒸气在烧瓶底部凝结成晶体并附着在烧瓶底部,如图2-40(b)所示。

在空气或惰性气体中进行升华的装置见图 2-40(c)。当物质开始升华时,通入空气或惰性气体,以带出升华物质,遇冷(或用自来水冷却)即冷凝于烧瓶壁上。

2) 减压升华

减压升华装置如图 2-41 所示。将样品放入吸滤管中,然后将装有"指形冷凝管"的橡皮塞严密的塞住吸滤管口,用水泵或油泵减压。接通冷凝水,将吸滤管浸在水浴或油浴中加热,使之升华。升华结束后,慢慢使体系与大气相通,以免空气突然冲入而把"指形冷凝管"上的晶体吹落。小心取出"指形冷凝管",收集升华后的产品。

2.6.4　蒸馏与分馏

1. 蒸馏

蒸馏是蒸发物质,冷凝蒸气,并在另一容器中收集冷凝物的过程。它是分离和提纯液态化合物最常用的方法之一。应用这一方法不仅可以分离易挥发性物质与难挥发性物质,还可以分离沸点不同的液体混合物。

1) 实验原理

纯的液态物质在一定的压力下具有一定的沸点,不同的物质沸点不同。蒸馏操作就是利用不同物质的沸点差异对液态混合物进行分离和纯化。当液态混合物受热时,由于低沸点物质易挥发,首先被蒸出,而高沸点物质因不易挥发或挥发出的少量气体易被冷凝而滞留在蒸馏瓶中,从而使混合物得以分离。但是,只有当混合液体各组分的沸点相差较大(>30℃)时,蒸馏才有较好的分离效果。当一个二元或三元互溶的混合溶液中各组分的沸点差别不大时,简单蒸馏难以将它们分离,此时必须采用分馏的方法。

通常,纯化合物的沸程(沸点范围)较小(为 0.5~1℃),而混合物的沸程较大,因而蒸馏法还可以用于测定物质的沸点,检验物质的纯度。需要指出的是,具有恒定沸点的物质不一定都是纯物质。这是因为某些有机化合物常常和其他组分形成二元或三元共沸化合物,这些混合物也具有固定的沸点(常见共沸混合物的组成见附录 12.11)。由于共沸混合物在气相中的组分含量与液体中的一样,所以不能用蒸馏的方法进行分离。

2) 实验步骤

如图 2-42 所示,蒸馏装置主要由蒸馏烧瓶、冷凝管和接受器等三个部分组成。

蒸馏烧瓶是蒸馏操作中最常用的容器,液体在瓶内受热气化,蒸气经支管进入冷凝管。蒸馏烧瓶大小的选择应由待蒸馏液体的体积来决定,通常液体的体积应占蒸馏烧瓶容量的 1/3~2/3。若用非磨口温度计,可借助于橡皮塞将温度计固定在蒸馏头的上口。温度计水银球上端应与蒸馏头侧管的下限在同一水平线上,见图 2-42。蒸气的冷凝常通过直形冷凝管冷凝成液体。以水作为冷却剂时,冷凝水从冷凝管套管下端流进,上端流出,上端出水口应向上,以保证套管中充满水。若蒸馏出液体沸点高于 140℃时,应改换空气冷凝管。接受器包括接液管和接受瓶,二者之间不可用塞子塞住,而应与外界大气相通。否则,形成密闭系统而可能导致爆炸。

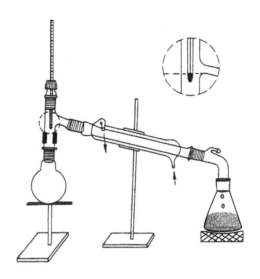

图 2-42　简单蒸馏装置

　　(1) 蒸馏装置的安装。安装蒸馏装置的顺序一般先从热源开始,自下而上,从左到右(也可从右到左,要看实验环境而定)。首先根据热源高度固定铁架台上铁圈的位置,其高度以加热时灯焰尖能燃及石棉网为宜;将蒸馏烧瓶用铁夹夹稳置于垫有石棉网的铁圈上,装上蒸馏头和温度计(注意温度计位置),调整冷凝管的位置使之与蒸馏支管同轴,并沿此轴线方向将冷凝管和蒸馏头紧密连接起来,然后依次安装接液管和接受瓶。整个装置要求端正,无论从正面或侧面观察,装置中各仪器的轴线都要成一直线,安装牢固。除接液管与接受瓶之间外,整个装置中的各部分都应装配紧密,不漏气。

　　(2) 蒸馏操作。蒸馏装置安装好后,将待蒸馏的液体经长颈漏斗加入蒸馏烧瓶中(应避免液体流入冷凝管里),加入两三粒沸石,装好温度计,检查装置各部分连接是否紧密。接通冷凝水后,开始小火加热,然后调节火焰,使温度慢慢上升,注意观察液体气化情况。当蒸气顶端上升到温度计水银球部位时,温度计汞柱开始急剧上升,此时更应控制温度,使温度计水银球上总附有液滴,以保持气、液两相平衡,这时的温度正是馏出液的沸点。控制蒸馏速度,以 $1\sim2$ 滴·s^{-1} 为宜,记下第一滴馏出液滴入接收器时的温度。当温度由不稳定到稳定时,更换一个接受器继续蒸馏,如果温度变化较大,应多更换几次接受器。记下每个馏分的温度范围和质量。收集馏分的温度范围越窄,则馏分的纯度越高。一般收集馏分的温度范围为 $1\sim2℃$,也可按规定的温度范围收集馏分。

　　(3) 蒸馏完毕,先移去热源,停止通水,然后按与安装蒸馏装置相反的顺序拆卸仪器。

微型蒸馏装置由微型蒸馏头和圆底烧瓶组成(图 2 - 43)。其中微型蒸馏头集冷凝管、接液管、馏出液接受瓶(承接阱)的功能于一体,显著减少了器壁的黏附损失。承接阱一次可容纳约 6 mL 馏出液。当需要收集某一温度下的馏分时,可把温度计伸入蒸馏头内,使水银球与蒸馏头上口平齐。

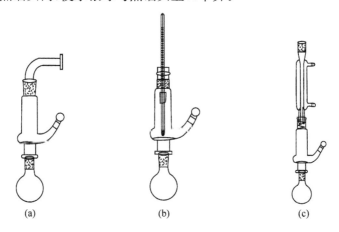

(a)　　　　　　　　　　(b)　　　　　　　　　　(c)

图 2 - 43　微型蒸馏装置

蒸馏时,先确定热源高度,将待蒸馏物质装入蒸馏烧瓶内,并将蒸馏烧瓶固定在铁架台上。按要求选择好加热方式,并在烧瓶内加入几粒碎瓷片,装好微型蒸馏头和温度计,塞好蒸馏头支管上的玻璃塞,然后开始加热。

蒸馏完毕,先移去热源,待体系冷却后,打开蒸馏头支管上的玻璃塞,用吸管将馏出液吸出。然后拆下蒸馏头、烧瓶。

2. 分馏

简单蒸馏只能对沸点差异较大的混合物进行有效分离,而采用分馏柱进行蒸馏则可将沸点相近的混合物进行分离和提纯,这种操作方法称为分馏。简单地说,分馏就是多级蒸馏过程。

1) 实验原理

分馏装置如图 2 - 44 所示,与简单蒸馏装置的不同之处是在蒸馏瓶与蒸馏头之间加了一根分馏柱。常用的分馏柱为刺形分馏柱(韦氏分馏柱)。刺形分馏柱是一根管内有许多刺状突起的玻璃管,具有操作简便、易于清洗的优点。

利用分馏柱进行分馏,实际上是在分馏柱内使混合物进行多次气化和冷凝的过程。当混合蒸气沿分馏柱上升时,由于柱外空气的冷却作用,使混合蒸气中易被冷凝的高沸点成分被冷凝成液体滴回烧瓶,而低沸点成分除少量被冷凝外,大部分继续气化上升。当上升的蒸气与下降的冷凝液相接触时,上升的蒸气部分冷凝所释放的热量使下降的冷凝液部分气化,两者间发生了热交换反应。其结果是上升蒸气中的低沸点组分比例增加,而下降的冷凝液中高沸点组分比例增加。因此,在分馏的过程中,实现了多次气-液平衡,从而达到多次蒸馏的效果。这样,在靠近分馏柱顶部低沸点组分的含量高,而在瓶中高沸点组分的含量高。因此,分馏能更有效地分离沸点相近的液态混合物。

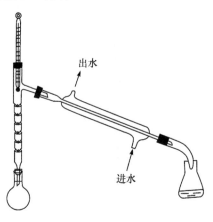

图 2-44　分馏装置

2) 实验步骤

将待分馏混合物装入圆底烧瓶,放入两三粒沸石,然后依次安装分馏柱、蒸馏头、温度计、冷凝管、接液管以及接受器。缓慢通入冷凝水,开始加热。当蒸气缓缓

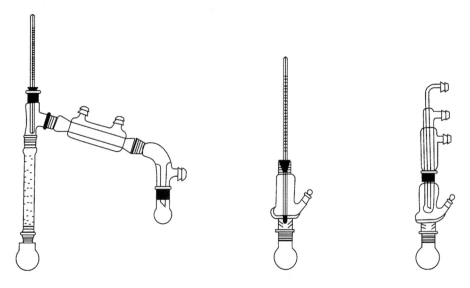

图 2-45　微型分馏装置

上升时,注意控制温度,使馏出液的馏出速度保持 2~3 滴·s^{-1}。如果馏出液馏出速度太快,往往产品纯度下降,达不到分离效果;而馏出速度太慢,上升的蒸气会断断续续,使馏出温度上下波动。因此,当室温较低或待分馏出液体沸点较高时,为减少柱内热量散失,可用玻璃棉等保温材料将分馏柱包裹起来。

记录第一滴馏出液滴入接受瓶时的温度,然后根据实验要求分段收集馏分,并记录各馏分的沸点范围及相应馏分的质量。

微型分馏装置如图 2-45 所示。

2.6.5 水蒸气蒸馏

水蒸气蒸馏是分离和提纯液态或固态有机物的重要方法之一。它是将水蒸气通入不纯的有机化合物中,并使之加热至沸,使待提纯的有机化合物随水蒸气一起蒸馏出来,从而达到分离提纯的目的。水蒸气蒸馏法常适用于以下几种情况物质的分离。

(1) 在常压下蒸馏易发生分解的高沸点物质。

(2) 从较多固体混合物中分离出被吸附的液体。

(3) 混合物中含有大量树脂状的物质或不挥发性杂质,采用一般的蒸馏、萃取等方法难以分离。

(4) 从某些天然物中提取有效成分。

1. 实验原理

根据道尔顿分压定律,在不溶或微溶于水的有机化合物中通入水蒸气时,整个体系的蒸气压等于各组分的蒸气分压之和,即

$$p_{总} = p'_{H_2O} + p'_A \tag{2-1}$$

式中:$p_{总}$——混合物总蒸气压;

p'_{H_2O}——水的蒸气分压;

p'_A——不溶或难溶于水的有机物蒸气分压。

当混合物中各组分的蒸气压总和等于外界大气压时,混合物开始沸腾,这时的温度即为它们的沸点。显然,混合物的沸点低于其中任意一组分的沸点。因此,常压下应用水蒸气蒸馏法能在低于 100℃ 的温度下将高沸点组分与水一起蒸馏出来。

例如,在 101 kPa 条件下,水的沸点是 100℃,苯胺沸点是 184.4℃。当二者混合进行水蒸气蒸馏时,混合物沸点为 98.4℃。在此温度下,水的蒸气压为 95.7 kPa (718mmHg),苯胺的蒸气压为 5.60 kPa (42 mmHg),两者蒸气压之和等于外界大气压,混合物沸腾,苯胺随水蒸气一起被蒸馏出来。

使用水蒸气蒸馏提纯的有机物应具备以下条件:

（1）不溶或难溶于水。

（2）长时间与水共沸不发生分解反应或其他反应。

（3）在 100℃左右，能产生一定的蒸气压［至少 666.5～1333 Pa（5～10 mmHg）］，并且与其他杂质具有明显的蒸气压差。

2．微型水蒸气蒸馏装置

微型水蒸气蒸馏装置如图 2-46 所示，主要由水蒸气发生器、蒸馏试管、冷凝管与接收器等组成。

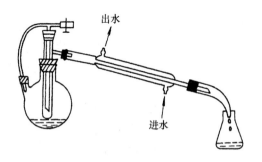

出水

进水

图 2-46　微型水蒸气蒸馏装置

1）水蒸气发生器

采用 250 mL 两颈圆底烧瓶作为水蒸气发生器，其侧颈连接蒸气导管（又称三通管、T 形管），主颈插入蒸馏试管。蒸气导管（三通管）的一端与圆底烧瓶相连，一端插入蒸馏试管底部，一端装上止水夹，以调节蒸馏试管中的压力。使用时，在圆底烧瓶内注入约 35 mL 水，并加入几粒沸石，以保证受热后平稳地产生水蒸气。

2）蒸馏试管

待分离的有机物液体体积不应超过蒸馏试管体积的 1/3，蒸气导管几乎插到试管底部。水蒸气的导入使蒸馏体系沸腾。

3）冷凝管与接受器

3．实验步骤

（1）根据热源高度固定铁架台上铁圈的位置。

（2）将 100mL 两颈圆底烧瓶用铁夹固定在垫有石棉网的铁圈上，注入 25～35 mL 自来水和几粒沸石。

（3）将蒸馏试管装入样品后，从两颈烧瓶的主口插入，蒸馏试管的底部应在烧瓶中水面之上。

（4）将蒸气导管（T 形管）一端与两颈圆底烧瓶的侧口相连，一端插入试管底部,打开止水夹。

(5) 调整冷凝管的位置使之与蒸馏试管的支管相连,装好接受器。

(6) 通入冷凝水,开始加热。当水沸腾并产生大量水蒸气以后,用止水夹关闭 T 形管,使水蒸气导入蒸馏试管中,开始蒸馏。控制蒸馏速度为 $2\sim3$ 滴 $\cdot\,\mathrm{s}^{-1}$。

(7) 蒸馏完毕,应先松开止水夹,再移去热源,以免因圆底烧瓶中蒸气压的降低而发生倒吸现象。

注意:①实验过程中,应随时观察蒸馏试管中 T 形管的液面高度,有无倒吸的可能。一旦发生异常,应先松开止水夹,再移去火源;②若需调整热源,必须先松开止水夹,再做调整,否则会发生倒吸现象。

附:常量水蒸气蒸馏操作

常量水蒸气蒸馏装置包括水蒸气发生器、蒸馏部分、冷凝部分和接受器等部分(图 2 - 47)。

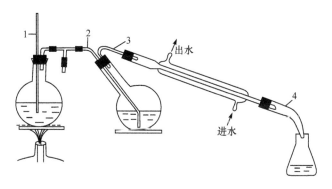

图 2 - 47　水蒸气蒸馏装置
1. 安全管;2. 水蒸气进口管;3. 馏出液出口管;4. 接液管

水蒸气发生器可用 1000 mL 短颈圆底烧瓶,瓶口配一双孔橡皮塞,一孔插入长 1 m,内径约 5 mm 的玻璃管作为安全管;另一孔插入内径约 8 mm 的水蒸气导管。蒸气导管与一 T 形管相连,T 形管的支管上套一短橡皮管,并配一螺旋夹,T 形管的另一端与蒸馏部分的导管相连。T 形管的作用在于除去水蒸气中冷凝下来的水,并且在操作中发生意外情况时,可使水蒸气发生器与大气相通。

蒸馏部分通常使用长颈圆底烧瓶,被蒸馏的液体体积不超过其容积的 1/3,斜放,与桌面成 45°,以避免蒸馏时液体的剧烈沸腾引起液体从导管冲出,沾污馏出液。

在长颈圆底烧瓶上配双孔橡皮塞。一孔插入内径约 8 mm 的水蒸气导入管,使之正对烧瓶中央,并距瓶底 $8\sim10$ mm;另一孔插入内径约 8 mm 的蒸气导出管,其另一端与直形冷凝管相连。

通过观察水蒸气发生器中安全管的水位高低,可以判断水蒸气蒸馏系统是否畅通。若水位上升很高,则可能有某一部位发生了阻塞。这时应立即打开螺旋夹,然后移开热源,拆下装置进行检查,此时应重点检查蒸气导管中是否有堵塞物;否则,就有塞子冲出、液体飞溅的危险。其操作步骤如下。

在水蒸气发生器中,加入约占容器体积 3/4 的自来水,按图 2-47 安装好装置,并检查整个装置是否漏气,然后打开螺旋夹,加热至沸。当有大量水蒸气产生时,立即旋紧螺旋夹,水蒸气便进入蒸馏部分,开始蒸馏。在蒸馏过程中,如果由于水蒸气的冷凝而使烧瓶内液体量增加,至超过烧瓶容量的 2/3 时,或者蒸馏速度过慢,则可隔着石棉网加热蒸馏部分,使蒸馏速度为 $2\sim3$ 滴·s^{-1} 为宜。

在蒸馏过程中,必须经常观察安全瓶中的水位是否正常,有无倒吸现象等。一旦发生异常现象,应立即打开螺旋夹,移去热源,查找原因,并排除故障,然后方可继续蒸馏。

蒸馏结束时,必须先打开螺旋夹,然后移开热源,以免发生倒吸现象。

2.6.6　减压蒸馏

在低于 101kPa (1atm) 的条件下进行蒸馏的操作过程称为减压蒸馏,又称为真空蒸馏。减压蒸馏适用于在常压下沸点较高,以及常压下蒸馏易发生分解、氧化、聚合等反应的有机化合物的分离提纯。

1. 实验原理

液体化合物的沸点是指体系的蒸气压与外界大气压相等时的温度,因此,它会随外界压强的变化而变化。若外界压强降低,液体的沸点会随之降低。例如,苯甲醛在常压下的沸点为 179℃/101.3kPa,当压强降至 6.7 kPa(50mmHg)时,其沸点已降低到 95℃。当压强降低到 2.67 kPa(20mmHg)时,大多数有机化合物的沸点比常压 101.325 kPa(760mmHg)时低 $100\sim120$℃。因此,减压蒸馏对于分离、提纯沸点较高或者性质不太稳定的液态有机化合物有特别重要的意义。

进行减压蒸馏时,可根据图 2-48 所示的沸点-压强的关系曲线推算出不同化合物在不同压强下的沸点。例如,苯甲醛常压下的沸点为 179℃,欲查它在 2666Pa 时的沸点,可在图 2-48 的 B 线上找出相对应的 179℃ 的点,将此点与 C 线上 2666Pa 处的点连成一直线,将此线延长与 A 线相交,其交点所示的温度就是在 2666 Pa 时苯甲醛的沸点,约为 75℃。

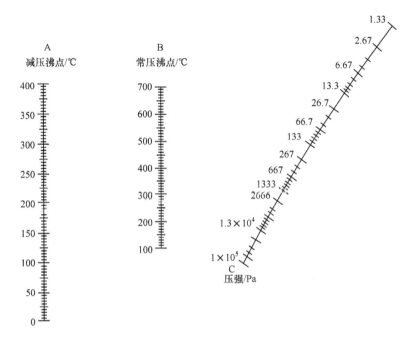

图 2-48 液体有机化合物沸点-压强近似关系图

2. 减压蒸馏装置

减压蒸馏装置由蒸馏装置、真空装置、压强计以及附设保护装置等部分组成 [图 2-49(b)]。如用水泵减压,简便的减压蒸馏装置如图 2-49(a)所示。

1) 蒸馏装置

由圆底烧瓶、克氏蒸馏头、冷凝管、接液管和接收器组成。在克氏蒸馏头带有支管一侧的上口插入温度计,另一口则插入一根末端拉成毛细管的厚壁玻璃管,毛细管下端距离瓶底 1~2 mm,毛细管上端套上带螺旋夹的橡皮管,在减压蒸馏时,调节螺旋夹,使极少量空气经毛细管进入圆底烧瓶中,当液体沸腾时产生一连串的小气泡,起到搅拌和沸腾中心的作用,防止液体暴沸。

在减压蒸馏装置中,接液管一定要带有支管,该支管与抽气系统相连。在蒸馏过程中若要收集不同沸程的馏分,则可用多头接液管,见图 2-50。多头接液管上也要带有支管,根据沸点范围可以转动多头接液管收取不同馏分。接收器可用圆底烧瓶、吸滤瓶等耐压器皿,但不能用锥形瓶。

2) 真空装置

常用的减压装置有水泵和油泵两种。若所需的压强不太低时,可用水泵。如果水泵的构造好,水压强,其抽真空压强可达 1067~3333 Pa(8~25 mmHg),可以

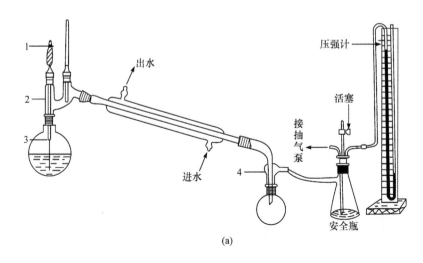

(a)

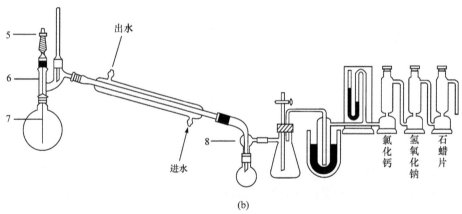

(b)

图 2-49 减压蒸馏装置
1. 螺旋夹；2. 克氏蒸馏头；3. 毛细管；4. 真空接液管
5. 螺旋夹；6. 克氏蒸馏头；7. 毛细管；8. 真空接液管

满足一般减压蒸馏的要求。若所需的压强较低时,可用油泵。油泵抽真空压强可达到 $267 \sim 533 \mathrm{Pa}$,好的油泵甚至能降低到 13.3 Pa。使用油泵时应注意防护与保养,不可使有机物、水分或酸等进入油泵内;否则会严重降低油泵的效率。

图 2-50 多头接受管

3) 保护装置和压强计

使用油泵进行减压时,为了保护油泵,必须在接受器和油泵之间依次安装安全瓶、冷却阱和几种吸收塔[图 2-49(b)]。装在安全瓶上带旋塞双通管可用来调节系统压强或放气,防止油泵中的油发生倒吸。对于那些被抽出来的沸点较低的组分,可根据具体情况将冷却阱浸入到盛有液氮或干冰或冰-水或冰-盐等冷却剂的广口保温瓶中进行冷却。吸收塔也称为干燥塔,一般设两三个,这些干燥塔中分别装有无水氯化钙(或硅胶)、颗粒状氢氧化钠及片状固体石蜡,用以吸收水分、酸性气体及烃类气体。

　　在减压蒸馏过程中,通常采用如图 2-51 所示封闭式水银压强计测量减压系统中的压强,其两臂液面高度之差即为蒸馏体系中的真空度。使用时应当注意,当减压操作结束时,要小心旋开安全瓶上的双通旋塞,让气体慢慢进入系统,使压强计中的水银柱缓缓复原,以避免因系统内的压强突增使水银柱冲破玻璃管。

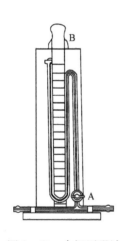

图 2-51　水银压强计

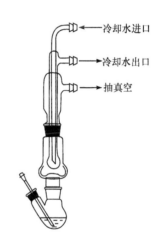

冷却水进口

冷却水出口

抽真空

图 2-52　微型减压蒸馏装置

附: 微型减压蒸馏装置

微型减压蒸馏装置如图 2-52 所示。

3. 实验步骤

　　(1) 当待蒸馏物中含有低沸点物质时,应先进行普通蒸馏,然后用水泵减压蒸去低沸点物,最后再用油泵减压蒸馏。

　　(2) 按图 2-49(a)安装好仪器,检察系统气密性,先旋紧毛细管上的螺旋夹,打开安全瓶上的双通旋塞,然后开泵抽气,逐渐关闭双通旋塞,若系统压强达到所需真空度且保持不变,说明系统气密性好。如有漏气,可检查各部位塞子、磨口或橡皮管连接处是否紧密,必要时可在磨口接口处涂少量真空脂密封。待系统无明显漏气现象时,慢慢打开安全瓶上的活塞,使系统内外压强平衡。

（3）将待蒸馏物倒入蒸馏烧瓶中，其体积不超过烧瓶容积的 1/2，关闭安全瓶上活塞，开泵抽气，通过螺旋夹调节毛细管导入空气，使能冒出一连串小气泡为宜。当系统达到所需低压且压强稳定时，通入冷凝水，热浴加热，使热浴温度高于烧瓶内 20～30℃。加热时，控制热浴温度，使蒸馏速度为 1～2 滴·s^{-1}。当达到蒸馏物质沸点时，可转动多头接液管的位置，使馏出液流入不同的接收器中。在整个减压蒸馏过程中，要密切注意蒸馏的温度和压强，若有不符，应及时调节，并及时记录压强、沸点等有关数据。

（4）蒸馏完毕，撤去热源，冷却后慢慢打开毛细管上的螺旋夹，并缓慢打开安全瓶上的活塞，使体系内外压强平衡。当体系压强缓慢恢复到常压状态后，方可关闭油泵。否则，由于体系中的压强较低，油泵中的油就有吸入干燥塔的可能。

2.6.7　色谱分离技术

色谱法（又称为层析法）是分离、纯化和鉴定有机化合物的重要方法之一，具有极其广泛的用途。

色谱法是 1903 年提出的，它首次成功地用于植物色素的分离。将色素溶液流经装有吸附剂的柱子，结果在柱的不同高度显出各种色带，色素混合物得以分离，色谱一词由此而来。由于显色反应的引入，现在被分离的物质不管是否有颜色都能适用，因此色谱一词早已超出了原有的含义。

1．色谱分离原理

色谱法是一种物理分离方法，其分离原理是利用混合物中各组分在某一物质中的吸附性能，或者溶解性能（分配），或者亲和性能的差异，使各组分流经该物质时，进行反复的吸附或分配等作用将各组分分离。色谱技术包括固定相和流动相。固定相的作用就是固定被分离的物质，即支持剂或吸附剂；流动相是使被分离的物质产生解析，即洗脱剂或展开剂，使之产生解吸等作用。

根据分离原理不同，色谱法可分为吸附色谱、分配色谱、离子交换色谱、排阻色谱（凝胶色谱）等；根据操作条件的不同，可分为柱色谱、纸色谱、薄层色谱、气相色谱及高压液相色谱等类型。

2．柱色谱

柱色谱是将固定相（吸附剂）装入色谱柱（长玻璃管）中，将预分离的混合物配成一定浓度的溶液装入色谱柱，然后选择适当的洗脱剂（流动相）进行的色谱分离技术。柱色谱可以分成吸附色谱和分配色谱两种，实验室最常用的是吸附色谱。

1）固定相、流动相选择的原理与方法

将色谱柱（长玻璃管）垂直于台面放置，并以一定粒度的吸附剂（固定相）填充，将待分离的混合物溶液从柱子上部加到吸附剂表面,在适当的溶剂(洗脱剂,即流动相)的洗脱作用下,混合物各成分以不同速度通过色谱柱而得以分离。

选择吸附剂(固定相)的首要条件是与被分离物质及展开剂不发生化学反应。

常用的吸附剂有硅胶、氧化铝、氧化镁、碳酸钙和活性炭等。其中应用最广泛的是氧化铝,它是一种高活性和强吸附的极性物质。通常市售的氧化铝分为酸性、中性和碱性三种,酸性氧化铝适用于分离酸性有机物质;碱性氧化铝适用于分离碱性有机物质,如生物碱等;中性氧化铝应用最为广泛,适用于中性物质如醛、酮、醌、酯等有机物质的分离。

由于化合物的吸附能力与分子极性有关,分子的极性越强,吸附能力越强,因此非极性物质容易被洗脱下来。另外,吸附能力与吸附剂颗粒大小有关。若吸附剂颗粒太小,表面积大,吸附能力强,则洗脱剂流速缓慢;若吸附剂颗粒太粗,洗脱剂流速快,分离效果差。通常使用的吸附剂颗粒大小在 100～150 目。

洗脱剂的选用是根据被分离物质的极性大小选择的。非极性化合物通常选用非极性溶剂(如烷烃或苯)洗脱,而极性较大的化合物则需要选用极性溶剂洗脱,普通的极性溶剂有乙醚、丙酮、醇类和有机酸等。

2) 实验步骤

色谱柱的大小要根据处理量和吸附剂的性质而定。

(1) 装柱。装柱之前,先将空柱洗净,干燥,柱底铺一层玻璃棉或脱脂棉,再铺一层 0.5～1 cm 厚的沙子,然后将吸附剂装入柱内。装柱的方法有湿法和干法两种。

湿法是先将溶剂倒入柱内约为柱高的 3/4,然后再将一定量的溶剂和吸附剂调成糊状,慢慢倒入柱内,同时打开柱下活塞,使溶剂流出(控制流速为 1 滴·s^{-1}),吸附剂逐渐下沉。加完吸附剂后,继续让溶剂流出,至吸附剂不再下沉为止。

干法是在柱的上端放一漏斗,将吸附剂均匀装入柱内,轻敲柱管,使之填充均匀。然后加入溶剂,使吸附剂全部被润湿。在吸附剂顶部盖一层 0.5～1 cm 厚的沙子,轻敲柱身,使沙子上层铺平。在沙子上面放一张与柱内径相当的滤纸。

无论使用哪种方法装柱,都必须填充均匀,严格排除空气,吸附剂不能有裂缝;否则影响分离效果。

(2) 加样及洗脱。装好色谱柱后,当柱中溶剂下降至与吸附剂平面相切时,小心加入已配好的样品溶液,开启下端活塞,使液体慢慢流出,控制流速为 1～2 滴·s^{-1},当溶液液面与吸附剂表面相切时,再用溶剂洗脱,分别收集各组分洗脱液。

注意:装柱及层析过程中,应始终保持洗脱液面覆盖固定相表面。

3. 薄层色谱

薄层色谱(又称作薄层层析)是将吸附剂均匀涂布在玻璃板或者塑料片上,形成一薄层,并在此薄层上进行的色谱分离技术。这种方法具有分离效果好、灵敏度高、设备简单等优点。除低沸点物质外,对于各种无机化合物和有机化合物均可进行分离,用途十分广泛。

薄层色谱可分为吸附色谱和分配色谱两类。

1) 实验原理

(1) 吸附色谱是利用被分离的混合物对吸附剂(固定相)和展开剂(流动相)相对亲和力的大小差异进行分离的。当溶剂体系(流动相)借助毛细作用流经吸附剂薄层时,对固定相吸附力较弱的化合物优先被流动相溶解(解吸作用)并带着向前移动,碰到新的吸附剂后又重新被吸附;后面流过来的新溶剂又重新使其溶解,使之向前移动。这样经过一定时间后,吸附力弱的组分就会向前移动一定距离,而吸附力强的组分也会以比较慢的速度向前移动。由于新的溶剂不断地流过,这种吸附—解吸—再吸附—再解吸的过程不断重复进行,其结果必然是吸附力强的组分相对移动速度较慢,而吸附力弱的移动速度较快,从而使得混合物中的各组分得以分离。

(2) 分配薄层色谱主要是根据不同化合物在固定相和流动相中分配能力(分配系数)的不同进行分离的。

常用的吸附剂有硅胶、氧化铝、纤维素、聚酰胺等。

硅胶是无定形多孔物质,略带酸性,适用于酸性和中性物质的分离和分析。薄层色谱用的硅胶分为:硅胶 H——不含黏合剂和其他添加剂;硅胶 G——含煅石膏($CaSO_4 \cdot H_2O$),作黏合剂;硅胶 HF_{254}——含荧光物质,可于波长 254nm 处紫外光下观察荧光;硅胶 GF_{254}——既含煅石膏又含荧光剂。

与硅胶相似,氧化铝也因含黏合剂或荧光剂分为氧化铝 G、氧化铝 GF_{254} 及氧化铝 HF_{254} 等。

2) 实验步骤

1) 薄层板的制备

薄层板制备的好坏直接影响色谱分离的效果。薄层应尽量均匀,其厚度为 0.25～1 mm;否则,在展开时溶剂前沿不齐,色谱结果不易重复。

薄层板的制备方法有两种,即干法制板和湿法制板。

(1) 干法制板。干法制板常用氧化铝作吸附剂,将氧化铝倒在玻璃上,取直径均匀的一根玻璃棒,将两端用胶布缠好,在玻璃板上滚压,把吸附剂均匀的铺在玻璃板上。这种方法操作简便,展开快,但样品展开点易扩散,制成的薄板不易保存。

(2) 湿法制板。实验室最常用的是湿法制板,根据铺层的方法不同可分为平铺法、倾注法和浸涂法三种：

a. 平铺法。将洗净的几块玻璃板在涂布器中间摆好(图 2 - 53)，上下两边各夹一块比前者厚 0.25 mm 的玻璃板，在涂布器槽中倒入糊状物，将涂布器自左向右推，即可将糊状物均匀地涂布在玻璃板上。

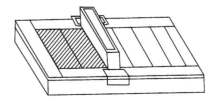

图 2 - 53　薄层涂布器

b. 倾注法。将调好的糊状物倒在玻璃板上，用玻璃棒涂布在整块玻璃上，然后用手持玻璃板一端在桌边轻轻振敲，使吸附剂均匀地涂布在玻璃板上。

c. 浸涂法。将两块干净的玻璃片对齐紧贴在一起，浸入浆料中，使载片上涂上一层均匀的吸附剂，取出分开，晾干。

2) 活化

吸附剂的活性与其含水量有关。加热使薄层失去水分的过程叫着"活化"。

分配薄层层析中薄层板无需活化，只需室温放置过夜去掉少量水分即可。

吸附薄层层析中，薄层板需要活化。一般先在空气中晾干水分，然后置于烘箱中渐渐升温，维持 110℃左右，干燥 30 min。含石膏黏合剂的薄层，加热温度不可过高；否则因完全失去结晶水而丧失黏合力。活化后的薄层板应储存于干燥器中备用。

3) 点样

将样品溶于低沸点溶剂中，如丙酮、甲醇、乙醇、氯仿、苯和乙醚等，配成 0.1%～1% 的溶液。在距薄层板一端 1 cm 处为基线，用内径为 1 mm 的毛细管吸取样品溶液，垂直轻轻地接触到基线，待第一次点的溶剂挥发后，再在原处重复点一次，点样斑点直径不超过 2 mm。另外，样品的用量对物质的分离有很大的影响，若点样量太少，有的成分不易显现；若点样量太大，斑点过大，易造成交叉和拖尾现象。

4) 展开

展开剂的选择与柱色谱中洗脱剂的选择类似，极性物质选择极性展开剂，非极性物质选择非极性展开剂。当用一种展开剂的分离效果不好时，可选用混合展开剂。

薄层色谱的展开在层析缸中进行，并用浸有溶剂的滤纸衬在玻璃缸的内壁周围，以增加缸内蒸气饱和度。将点好样的薄层板斜放在层析缸中进行展开，薄层板下端约有 0.5 cm 浸在溶剂中，展开距离是薄层板长度的 3/4，见图 2 - 54。当溶剂前沿达到所需高度后，取出薄层板，标记溶剂前沿位置，平放晾干，或用电吹风吹薄板背面将其吹干。

5) 显色

若样品各组分本身有色，可直接观察斑点，若样品本身无色，可在溶剂挥发后用显色剂显色；对于含有荧光的薄层板可在紫外灯下观察。斑点显色后，应及时标记斑点位置。

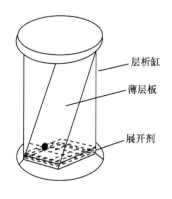

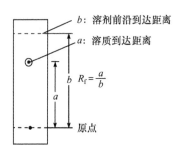

图 2-54　直立式展开图　　　　　　　图 2-55　薄层色谱展开图

6）比移值（R_f）的计算（图 2-55）

$$R_f = \frac{被分离物质的最高浓度中心至原点中心的距离}{溶剂前沿至原点中心的距离} \qquad (2-2)$$

R_f 值受被分离物质的结构、固定相和流动相的性质、温度以及薄层板本身性质等因素的影响而变化。当温度、薄层板等实验条件固定时，R_f 就是一个特有的常数，可作为定性分析的依据。但由于影响 R_f 值的因素很多，实验数据往往与文献记载不完全一致。因此，在鉴定时常采用标准样品作对照。

4. 纸色谱

纸色谱属于分配色谱方法之一。纸色谱以滤纸作为惰性载体，以吸附在滤纸上的水或有机溶剂作为固定相，流动相是被饱和过的有机溶剂（展开剂）。利用样品中各组分在两相中分配系数的不同达到分离的目的。

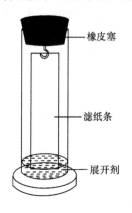

纸色谱和薄层色谱一样，主要用于分离和鉴定有机化合物。纸色谱常用于多官能团或高极性化合物如糖、氨基酸等的分离。它具有操作简便，价格便宜，所得色谱图可长期保存等特点，但展开时间较长。纸色谱装置如图 2-56 所示。

纸色谱的操作过程与薄层色谱一样，所不同的是薄层色谱需要吸附剂作为固定相，而纸色谱只用一张滤纸，或在滤纸上吸附相应的溶剂作为固定相。

1）展开剂的选择方法

固定相与流动相（展开剂）的选择，应根据被分

图 2-56　纸色谱装置

离的物质性质而定。展开剂对于待分离物质有一定的溶解度。溶解度太大,待分离物质会随展开剂跑到溶剂前沿;溶解度太小,则会留在原点附近,分离效果不好。固定相与流动相的选择可根据以下几点原则进行。

(1) 对于易溶于水的化合物,可直接以吸附在滤纸上的水作为固定相,以能与水互溶的有机溶剂(如低级醇类)作流动相。

(2) 对于难溶于水的极性化合物,以非水极性溶剂(如甲酰胺、N,N-二甲基甲酰胺等)作固定相,以不能与固定相相溶的非极性溶剂(如环己烷、苯、氯仿、四氯化碳等)作为流动相。

(3) 对于不溶于水的非极性化合物,以非极性溶剂(如液体石蜡)作固定相,极性溶剂(如水、含水的乙醇、含水的酸)作流动相。

当单一溶剂不能将样品全部展开时,可选择混合溶剂。常用的混合溶剂包括:正丁醇-水,一般用饱和的正丁醇溶液;正丁醇-乙酸-水,可按 4：1：5 的比例配制,充分振荡,混合均匀,静置分层后,取上层溶液作为展开剂。

2) 实验步骤

(1) 滤纸的选择。所选用的滤纸厚薄应均匀,无折痕,滤纸纤维松紧适宜,能吸附一定量的水。滤纸大小可以选择,一般为 3cm×20cm、5cm×30cm 和 8cm×50cm 。

(2) 点样。取少量试样,用水或其他易挥发溶剂(如乙醇、丙酮、乙醚等)溶解,配制成约 1% 的溶液。用铅笔在滤纸的一端 2～3cm 处划线,作为基线,标明点样位置,用毛细管吸取少量试样溶液,在基线上点样,控制点样直径在 0.2～0.5cm,然后将其晾干或在红外灯下烘干。

(3) 展开。将干燥的滤纸悬挂在玻璃钩上,置于已被展开剂饱和的层析缸中,将点样的一端浸入展开剂中(约 1cm),但点样斑点必须在展开剂液面上。随着展开剂在滤纸上的上升,样品中各组分随之而展开分离。

(4) 显色。展开完毕,取出层析滤纸,标记展开剂上升前沿。如果化合物本身有色,就可直接观察斑点。若化合物是无色的,可用显色剂喷雾显色或在紫外灯下观察有无荧光斑点,并用铅笔在滤纸上划出斑点位置及形状。

(5) 比移值(R_f)。按式(2-2)计算各组分的 R_f。

5. 气相色谱

气相色谱(gas chromatography,GC)是 20 世纪 50 年代发展起来的一种色谱分离技术。主要用来分离和鉴定气体及挥发性较强的液体混合物,对于沸点高、难挥发的物质可用高压液相色谱进行分离鉴定。由于气相色谱仪结构简单,造价较低,且样品用量少,分析速度快,分离效能高,因此气相色谱已在石油化工、生物化学、医药卫生及环境保护等方面得到广泛应用。

气相色谱是以气体作为流动相的一种色谱,根据固定相的状态不同,又可分为气-固色谱和气-液色谱,前者属于分配色谱,后者属于吸附色谱;根据色谱柱的不同,气相色谱又可分为填充柱色谱和毛细管色谱,后者的分离效率更高,但操作比较麻烦。实际应用以填充柱色谱较普遍。

1) 气相色谱的基本原理

样品中各组分是在通过色谱柱的过程中彼此分离的。当惰性气体(流动相)携带着样品通过色谱柱时,由于样品中各组分分子和固定相分子之间发生溶解、吸附或配位等作用,使样品在气相和固定相之间进行反复多次的分配平衡,由于各组分在两相间的分配系数不同,因而各组分沿色谱柱移动的速度也不同。当通过适当长度的色谱柱后,各组分彼此间就会拉开一定的距离,先后流出色谱柱,即发生分离,进入检测器给出信号。

在固定相中溶解度小的组分先流出色谱柱,溶解度较大的组分后流出色谱柱。图 2-57 是两个组分经色谱柱分离,先后进入检测器时记录仪记录的流出曲线。

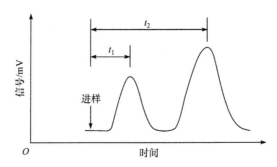

图 2-57 两组分经色谱柱分离后的流出曲线

图 2-57 中 t_1 和 t_2 分别是两组分的保留时间,即它们通过色谱柱所需的时间。

2) 仪器装置与流程

气相色谱仪品种很多,性能和应用范围均有差异,但基本结构和流程大同小异。主要包括载气供应系统、进样系统、色谱柱、检测系统和记录系统等。

气相色谱的基本流程如图 2-58 所示。载气钢瓶内的压缩气体,用减压阀调节流出压强为 $490kPa$(约 $5kgf \cdot cm^{-2}$),载气流经装有 $0.5nm$ 分子筛或硅胶的干燥管以除去水分等杂质,可根据需要控制载气流速。样品用微量注射器从进口进入,在气化室内瞬时气化后进入色谱柱。色谱柱内根据不同的分析对象填充不同的固定相,各组分经过色谱柱分离,先后进入检测器,检测器将组分转变为电信号,送至记录仪画出色谱图。

在气相色谱中,组分能否分离取决于色谱柱,而灵敏度的大小则取决于检

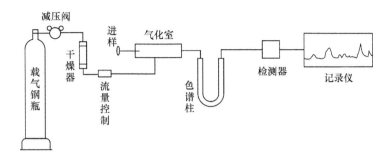

图 2-58　气相色谱流程图

测器。

3）气相色谱柱

色谱柱是气相色谱仪中最重要的部件之一，由柱子和固定相组成。柱子材料通常为不锈钢、玻璃、铜或塑料等，长度为 1～10 m，内径为 4～6 mm。在分析样品时，应选择能快速分离混合物的色谱柱。

目前使用的固定相已达 800 种，可分为三大类。

（1）吸附剂。最常用的吸附剂有氧化铝、硅胶、炭黑和分子筛（铝硅酸的钠盐或钙盐）。

（2）高分子多孔微球。即聚芳香烃，如国产的 GDX 以及国外的 Porapak 等。

（3）固定液和担体。常用的固定液如鲨鱼烷、硅油、阿皮松、邻苯二甲酸二壬酯、聚乙二醇等，这些都是广泛使用的固定液。担体是一类惰性的有一定粒度的固体物质，如硅藻土、玻璃小球、聚四氟乙烯等。担体的作用是使固定液在它表面形成薄层液膜，使样品在气相和液相之间不断进行分配而达到分离的目的。

前人在固定相的选择方面已做了大量的工作，一般的分离可从文献中查阅参考。如果没有现存的资料，就要根据被分析对象进行试验，选择适当的操作条件，如柱长、柱温、载气流速、进样量等，以达到良好的分离效果。

4）气相色谱检测器

检测器是气相色谱的重要组成部分，它将从色谱柱流出的各组分浓度或量的变化，转变成易于测量的电压、电流信号。

（1）检测器的基本要求：①灵敏度高，稳定性好，有利于进行微量或痕量分析；②响应快，便于快速分析；③线性范围广，便于定量分析；④应用范围广，结构简单，使用安全。

（2）检测器的分类与作用。目前报道的气相色谱检测器已有几十种，但经常使用的只有热导池（TCD）、氢火焰离子化（FID）、电子捕获（ECD）等几种。

a. 热导池检测器。热导池检测器是利用组分蒸气与载气导热系数不同来测定各组分的。当载气的导热系数与组分的导热系数相差越大时，其灵敏度越高。

因此,通常以导热系数较大的氢气或氦气作载气。

用一根钨丝作为热敏元件,当纯载气通过热导池时,将惠斯登电桥调至平衡状态。此时流经热敏元件上的电流所产生的热量和热导池中载气的热传导所带走的热量达到平衡,没有信号输出。当载气带有样品从色谱柱流出通过热导池时,由于载气加样品的热传导系数和载气的热传导系数不同,由热传导带走的热量就发生变化,其中的热敏元件温度也发生变化,它的电阻值也随之发生改变。这就破坏了惠斯登电桥的平衡,产生指示信号电压。

热导池检测器是使用最广泛的一种检测器,有较高的灵敏度和稳定性,结构简单,成本低,应用范围广。适合常量分析以及含量在十万分之一以上的痕量分析。

b. 氢火焰离子化检测器。氢火焰离子化检测器也称氢焰检测器,是根据气体的导电率与该气体中所含带电离子的浓度成正比这一事实而设计的。一般来说,组分蒸气不导电,但在能源作用下,组分蒸气可以被电离生成带电粒子而导电。氢焰检测器即是以氢火焰作为能源的一种检测器。

由色谱柱流出的载气流经氢火焰时,载气中所含有机组分被氢火焰燃烧而发生离子化作用,使两个电极之间出现一定量正、负离子,在电场作用下,正、负离子分别被相应的电极所收集,产生微弱电流,用常规的手段观察不出来,但电极收集到的微弱电流经放大可以显示出来。

氢火焰离子化检测器主要用于有机物分析,灵敏度高,线性范围广,但不适于分析惰性气体、空气、水、CO、CO_2、NO、NO_2、H_2S、SO_2、NH_3 等。

c. 电子捕获检测器。电子捕获检测的基本原理是利用 β 射线使载气分子电离而放出自由电子,形成基流。当电负性样品进入检测器时,样品捕获基流中的一部分电子,使基流下降,产生检测信号。

电子捕获检测器是一种高选择性检测器,对含有电负性原子或基团的化合物具有很高的灵敏度,如卤素化合物、含硫、氮、磷的有机化合物及甾体化合物等,故在农药分析、环境保护中应用十分广泛。

5) 定性和定量分析

仅从气相色谱图不能直接给出组分的定性结果,而要与已知物对照分析。气相色谱定性的依据是保留时间。当固定相和色谱条件一定时,任何一种物质都有一定的保留值。在同一色谱条件下,比较已知物和未知物的保留值,就可以定出某一色谱峰是什么化合物。对于复杂混合物的定性分析,目前是将气相色谱仪、质谱仪和红外光谱仪等联用。

气相色谱常用的定量计算方法有如下三种:

(1) 归一化法。如果分析对象是同系物,各组分的响应值都很接近,且各组分都被分开,并出现在色谱图上,则可以用每组分峰面积占峰面积总和的百分数代表该组分的质量分数,即

$$X_i\% = \frac{A_i}{A_1 + A_2 + \cdots + A_n} \times 100\% \tag{2-3}$$

归一化法的优点是简便、准确、操作条件(如进样量、流量)对结果影响小,适用于多组分同时分析。如果峰出得不完全,即有的高沸点组分没有流出,或者有的组分在检测器中不产生信号,则不能使用归一化法。

(2) 内标法。当样品中各组分不能全部流出色谱柱,或检测器不能对各组分都产生响应信号,且只需要对样品中某几个出现色谱峰的组分进行定量时,可采用内标法,即在一定量的样品中加入一定量的标准物质(内标物)进行色谱分析。

内标物的选择条件应满足:内标物能溶于样品中,其色谱峰与样品各组分的色谱峰能完全分离,且它的色谱峰与被测组分的色谱峰位置比较接近,其称样量与被测组分接近。

用内标法可以避免操作条件变动造成的误差,但每做一个样品都要用天平准确称量样品和内标物,比较麻烦。它适用于某些精确度要求高的分析,而不适合样品量大的常规分析。

(3) 外标法。外标法是用纯物质配成不同浓度的标准样,在一定的操作条件下定量进样,测定峰面积后,给出标准含量对峰面积(或峰高)的关系曲线——标准曲线。在相同的条件下测定样品,由已得样品的峰面积(或峰高)从标准曲线上查出对应的被测组分的含量。

外标法操作简单,计算方便,但需严格控制操作条件,保持进样量一致才能得到准确结果。

6. 全二维气相色谱法

1) 常规的一维气相色谱和传统的二维气相色谱的局限性

气相色谱作为复杂混合物的分离工具,已在挥发性、半挥发性化合物的分离分析中发挥了重要的作用,并广泛应用于石油化工、环境污染、食品安全、生理生化、医药卫生以及空间探索等许多领域。目前大多数气相色谱仪器为一维气相色谱(1D GC),使用一根色谱柱,仅适合于含几十至几百个组分的样品分析。

然而许多实际样品的复杂程度远大于此,以柴油为例,其中的组分数就高达几万个。随着样品复杂程度的日益增加和分离分析要求的不断提高,常规的气相色谱已无法满足分析工作的需要。

传统的二维气相色谱(GC+GC)提高了一维色谱的分离能力,其峰容量为两维各自峰容量的加和,可以改善部分感兴趣组分的分离。GC+GC 一般采用中心切割法,从第一根色谱柱预分离后的部分馏分,被再次进样到第二根色谱柱做进一步的分离;而样品中的其他组分或被放空或也被中心切割。通常可通过增加中心切割的次数来实现对感兴趣组分的分离。但是当组分从第一根色谱柱流出进到第二根色谱柱时,其谱带已较宽,而在第二根色谱柱上分离时色谱峰还会进一步展宽,因此第二维的分辨率会受到损失。这种方法的第二维分析速度一般较慢,不能完全利用二维气相色谱的峰容量,它只是把第一根色谱柱流出的部分馏分转移到第二根色谱柱上,进行进一步的分离。如果仅对样品中少数组分感兴趣时,GC＋GC 完全能够满足分析要求,但是要对复杂样品进行全组分分析时,GC＋GC 的分离能力显然不够。

2) 全二维气相色谱的诞生及其原理

全二维气相色谱(comprehensive two-dimensional gas chromatography,GC×GC)起源于 1991 年,是将分离机理不同而又互相独立的两根色谱柱以串联的方式结合成二维气相色谱,两根色谱柱由调制器连接,调制器起捕集、聚焦、再传送的作用。经第一根色谱柱分离后的每一个色谱峰,都经调制器调制后再以脉冲方式送到第二根色谱柱进一步分离,通过温度和极性的改变实现气相色谱分离特性的正交化。GC×GC 将样品组分全部送入第二柱进行分析,而不是像传统的二维气相色谱那样只有被中心切割的馏分进入第二柱分析,因此他们将这个系统命名为全二维气相色谱,以区别传统的二维气相色谱。

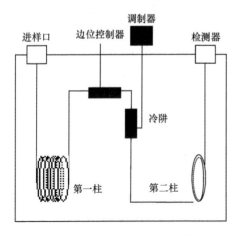

图 2-59 GC×GC 流程图

图 2-59 是 GC×GC 仪器的流程图。试样从进样口导入第一柱(一般为较长的非极性柱)后,各化合物根据沸点不同进行第一维分离,然后经调制器聚焦,以脉冲方式进入第二柱(一般为较短的极性柱或中等极性柱),由于调制器发送频率很高,从外观来看,好像是从第一根柱流出的峰被切割成一个一个的碎片,聚焦后再往第二根柱发送。第一柱中因沸点相近而未分离的化合物再根据极性大小不同进行第二维分离,检测器检测到的响应信号经数据采集软件处理后,得到三维色谱图(x、y、z 坐标分别代表第一柱保留时间、第二柱保留时间和检测器的信号强度),或者是二维轮廓图。根据三维色谱图或二维轮廓图中色谱峰的位置和峰体积,得到各组分的定性和定量信息。

全二维气相色谱谱图的生成如图 2-60 所示,分为调制、转换和可视化三个步骤。第一根柱后流出的峰经数次调制后进入第二根色谱柱快速分离,经由检测器检测得到原始数据文件。原始的数据文件根据所用的调制周期和检测器的采集频率进行转换得到二维矩阵数据。在矩阵谱图中,不同调制周期的第二维谱图按周期数并肩排列。可视化是通过颜色、阴影或等高线图的方式将峰在二维平面上呈现出来,有时也用三维图形描述。在三维色谱图中,x 轴表示的是第一维柱的保留时间,y 轴表示的是第二维柱的保留时间,z 轴表示的是色谱峰的强度。

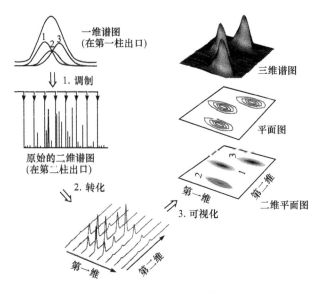

图 2-60　全二维气相色谱谱图的生成和可视化

3)全二维气相色谱的应用

(1) GC×GC 在石油样品中的应用。

石油馏分分析是全二维气相色谱技术应用最早且最成功的一个领域,在GC×GC发展中也一直被当作试验思路和仪器性能的首选样品。Frysinger 等用GC×GC 识别了石油生物标记物。Reddy 等将 GC×GC 用于海洋溢油源的查找。Bruckner 等用GC×GC 分离了汽油中的甲苯、乙苯、间,对二甲苯和丙苯混合物,并研究了 GRAM 方法在定量中的有用性。

(2) GC×GC 用于精油组成分析。

植物种类繁多,许多挥发油在香精香料、化妆品、食品、烟草业中有重要用途。作为天然产物,精油组成复杂,含有大量异构体,精油分析需要高效分析方法以获得尽可能好的分离。Dimandja 等根据 GC×GC 保留值数据对薄荷油和留兰香油进行了定性比较,证明了 GC×GC 方法可用于复杂样品的指纹分析。研究表明GC×GC 的高峰容量、高检测灵敏度和较短的分析时间都非常有利于不同精油间相似性和差异的比较。Adahchour 等采用顶空固相微萃取和 GC×GC 对大蒜挥发性香味成分进行了分析,发现了大蒜中更为详尽的具有芳香活性的组分。

(3) GC×GC 在环境样品中的应用。

Haglund 等研究表明 GC×GC 可用于分离有毒的邻氯代 PCBs。由于 PCBs

的毒性与其取代基的数目和位置有关,GC×GC 方法可将有毒性的 PCBs 与没有毒性的异构体分离,且可以在短时间内完成目标 PCBs 化合物的分离。Harju 和 Haglund 用 GC×GC 对 PCBs 的手性对映体进行了分离。第一维用细内径的环糊精柱作手性分离,第二维选液晶固定相对平面和非平面异构体分离。选用这样的柱系统使得 PCBs 的光学异构体和几何异构体都得到了很好的分离。

(4) GC×GC 用于中药挥发油分析。

许国旺课题组在国际上率先使用 GC×GC 分析了中药挥发油的组成,并与 1D GC、1D GC/MS 方法进行了比较。结果显示 GC×GC 非常适合中药挥发油的组成表征,与 1D GC、GC/MS 相比,在分辨率和灵敏度上都有非常大的提高。Shellie 等用 GC×GC 与四极杆质谱联用对亚洲人参和美洲人参的挥发性组分进行了研究。

(5) GC×GC 用于卷烟烟气组成分析。

Dallüge 等以卷烟烟气为例探讨了 GC×GC/TOFMS 用于复杂体系分离分析的可能性。许国旺课题组建立了适合卷烟烟气粒相物不同馏分组成表征的 GC×GC/TOFMS方法,共鉴定出 2200 多个化合物,其中酸性馏分的 139 种有机酸和 150 多种酚;碱性馏分的 377 个含氮化合物;酚类馏分的 250 个酚;烃类馏分的 1800 多个烃类化合物。

2.6.8　萃取

使用适当溶剂从固体或液体混合物中提取所需要的物质,这一操作过程称为萃取。萃取是实验室常用的一种分离提纯的方法,可用来提取和纯化有机化合物,或洗去混合物中的少量杂质。

1. 实验原理

萃取是利用同种物质在两种互不相溶的溶剂中的溶解度或分配比的不同,使其从一种溶剂转移到另一种溶剂中而与杂质分离。通过选择使用适当的溶剂,能从固体或液体混合物中提取所需要的化合物。

萃取以分配定律为基础。在一定温度、一定压力下,某种物质在两种互不相溶的溶剂 A 和溶剂 B 中的分配浓度之比是一个常数 K,即分配系数。

$$K = \frac{c_A}{c_B} = 常数 \qquad (2-4)$$

式中:c_A 和 c_B 分别为物质在 A、B 两种溶剂中的浓度。应用分配定律可以计算经过 n 次萃取后被萃取物在原溶液中的剩余量,即

$$W_n = W_0 \left(\frac{KV}{KV + S} \right)^n \qquad (n = 1, 2, 3, \cdots) \qquad (2-5)$$

式中:W_n——经 n 次萃取后被萃取物在原溶液中的剩余量;

　　　W_0——萃取前被萃取物的总量;

　　　K——分配系数;

　　　V——原溶液的体积;

　　　S——萃取剂的用量。

由此可见,用相同量的溶剂分 n 次萃取比一次萃取好,即"少量多次"萃取效率高。

2. 实验方法及步骤

1) 液-液萃取

液-液萃取最常用的仪器是分液漏斗,选择分液漏斗时,其容量比待萃取液体积大 1～2 倍。分液漏斗的使用方法:①在活塞处涂抹少量凡士林,旋转活塞数圈,使其均匀透明,然后用小橡皮圈将活塞固定,并检查玻璃塞与活塞是否密合。②将分液漏斗放在固定的铁环中,关闭活塞,将待萃取液和萃取溶剂从上口倒入漏斗中,盖好玻璃塞。振荡使待萃取液与溶剂充分接触,提高萃取效率。振荡时,应右手握住漏斗上口颈部,并用食指根部将漏斗上口玻璃塞压紧,再用左手的拇指和食指压在活塞柄上,如图 2-61 所示,将漏斗平放,由外向内或由内向外

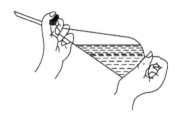

图 2-61　分液漏斗振荡方法

做圆周运动,使液体振动起来,两相充分接触。振荡后,把漏斗倾斜,使下口向上,缓慢旋开活塞,放出因溶剂挥发或反应产生的气体,平衡内外压力。重复上述操作,直至所产生的内压很小为止。③将漏斗置于铁架环上,静置。④待完全分层后,打开漏斗上部玻璃塞,缓缓打开活塞,下层液体从活塞流出,而上层液体则应由上口倒出。

如果混合物发生乳化难以分层,可以加入少量 NaCl,利用盐析作用破坏乳化层。有时也可以加入几滴酸、碱或醇等以破坏乳化现象。

液体分层后,根据两相的相对密度正确判断有机相和无机相。密度大的在下层,密度小的在上层。如一时难以判断,应将两层分别保存起来,取 2mL,滴加蒸馏水,如果溶解,此层就是水层,否则就是有机层。

(1) 液-液萃取的作用。液-液萃取常在分液漏斗中进行,分液漏斗分为球形、锥形和梨形三种。液-液萃取主要作用在于:①分离不溶且不起作用的两种液体;②从溶液中萃取某种物质;③用酸、碱或水洗涤某种物质;④用于滴加某种试剂(替代滴液漏斗)。

(2) 使用分液漏斗应该注意以下事项:①当分液漏斗的活塞上涂抹凡士林

后,不能放在烘箱内烘干;②不能手持分液漏斗进行分液,而应将其固定在铁架台上操作;③分液漏斗中的液体不宜太多,以免振荡时影响液体接触而降低萃取效果;④分液时,首先打开顶部玻璃塞,再缓慢打开活塞进行分液;⑤液体分层后,下层液体由分液漏斗下口经活塞放出,上层液体由上口倒出,以免污染产品;⑥分液漏斗使用后,应用水冲洗干净,玻璃塞、活塞用薄纸包裹后再塞进去,以免发生粘连。

2) 液-固萃取

从固体混合物中萃取所需物质,最简单的方法是把固体混合物粉碎、研细、放入容器,然后选择适当的溶剂浸泡,用力振荡,然后通过过滤将萃取液和残留的固体分开。若待提取物对某种溶剂的溶解性能特别好,可用洗涤的方法;若待提取物的溶解度小,则应采用脂肪提取装置——索氏提取器(Soxhlet 提取器)进行提取。

索氏提取器由圆底烧瓶、抽提筒、球形冷凝管三个部分组成,如图 2-62 所示。它是利用溶剂的回流及虹吸原理,使固体物质每次都被纯的热溶剂所萃取,减少了溶剂用量,缩短了提取时间,提高了提取效率。

索氏提取的操作方法:首先将滤纸卷成圆柱状,其直径应稍小于提取筒内径,装入研细的待提取固体物质,两端封好后用线扎紧,放入筒中。烧瓶内盛有溶剂,并与抽提筒相连,抽提筒上端接冷凝管。溶剂受热沸腾,当蒸气沿抽提筒侧管上升至冷凝管,被冷凝成液滴,液滴滴入滤纸筒内,浸泡筒内样品。当套筒内溶剂液面超过虹吸管最高处时,则发生虹吸作用,提取液自动流入烧瓶中,溶剂再受热、回流冷凝、提取、虹吸,如此不断循环,直至大部分物质被抽提出来为止。索氏提取操作一般需几小时至十几小时才能完成。提取液经浓缩除去溶剂后,即得产物,必要时可进一步纯化。

对于少量提取物,选用半微量提取器更合理,其装置如图 2-63 所示。

图 2-62　索氏提取器

图 2-63　简易半微量提取器

为快速蒸发大量溶剂,可使用真空旋转蒸发器,见图 2-64。这种带有高效率冷凝器的蒸发器在减压下工作。将烧瓶倾斜一定的角度并在热水浴中迅速旋转,使液体在烧瓶内壁扩散成一层薄膜,从而增加了蒸发表面。

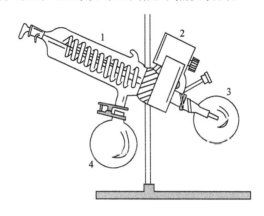

图 2-64 真空旋转蒸发器

1. 冷却装置;2. 调速马达;3. 旋转蒸发烧瓶;4. 冷凝液收集瓶

2.6.9 干燥与干燥剂

干燥是常用于去除固体、液体或气体中的少量水分或少量有机溶剂的方法。

物质在进行波谱分析、定性或定量分析前须预先干燥,许多反应要求在无水条件下进行,比如格氏试剂的制备,要求卤代烃和乙醚绝对无水;某些液体有机物在蒸馏前必须干燥,以免水与有机物形成共沸物或发生反应影响产品纯度。因此,在基础化学实验中,试剂和产品的干燥具有十分重要的意义。

干燥方法可分为物理方法和化学方法两种。

物理方法有烘干、晾干、吸附、分馏、共沸蒸馏和冷冻等。近年来,也常使用离子交换树脂和分子筛脱水。离子交换树脂是一种不溶于水、酸、碱和有机溶剂的高分子聚合物,分子筛是多种硅铝酸盐晶体。它们内部都有许多空隙或孔穴可以吸附水分子,而一旦加热到一定温度又可以释放出水分子,故可重复使用。

化学方法是用干燥剂脱水。根据脱水原理可分为两类:一类能与水可逆结合,生成水合物,如 $CaSO_4$、Na_2SO_4、$MgSO_4$ 等;另一类与水发生不可逆的化学反应,生成新的化合物,如金属 Na、P_2O_5 等。

1. 固体的干燥

经重结晶得到的固体常带有水分或有机溶剂,应根据化合物的性质选择合适的方法进行干燥。

1) 空气干燥(晾干)

对于在空气中稳定、不分解、不吸潮的固体物质,要除去其表面溶剂,可采用最方便、最经济的方法即自然晾干。干燥时,把待干燥的物质放在干燥洁净的表面皿或其他器皿上,薄薄摊开,让其在空气中慢慢晾干。

2) 烘干

对于热稳定性好的固体物质的干燥,可将待干燥的物质置于表面皿中,用恒温烘箱或红外灯烘干。注意:加热温度切忌超过该化合物的熔点,以免固体变色或分解。如果需要,可放在真空恒温干燥箱中干燥。

3) 干燥器干燥

对于易吸潮或高温干燥易分解的物质,可用干燥器干燥。干燥器有普通干燥器、真空干燥器和真空恒温干燥器。干燥器内所使用的干燥剂应按被干燥的固体所含溶剂的性质来选择。例如,硅胶、氯化钙等常用于吸水;P_2O_5 除吸水外,还可以吸收醇、酮等。

普通干燥器干燥效率不高,且所需时间较长,一般用于保存易吸潮药品。

真空干燥器如图 2-65 所示,它的干燥效率较普通干燥器好。真空干燥器上有玻璃活塞,用于抽真空,活塞下端呈弯钩状,口向上,以防止通大气时,因气流太快将固体吹散。使用时,真空度不宜过高,使用水泵抽气即可。启盖前,必须首先缓缓放入空气,然后启盖。

真空恒温干燥器(图 2-66)仅适用于少量物质的干燥(若有大量的物质需干燥,可用真空恒温干燥箱)。使用时,将样品置于放样品小船中,曲颈瓶中放干燥剂(通常使用 P_2O_5),烧瓶中放有机溶剂,其沸点与欲干燥样品的温度接近。通过活塞抽真空,加热圆底烧瓶中的有机溶剂,利用蒸汽加热夹套使样品在恒定温度下得到干燥。

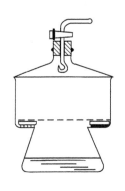

图 2-65　真空干燥器

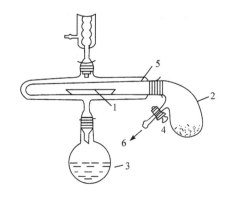

图 2-66　真空恒温干燥器

1. 放样品小船;2. 曲颈瓶(放干燥剂);

3. 盛溶剂的烧瓶;4. 活塞;5. 夹层;6. 接水泵

4) 冰冻干燥法

在一定压强下,水的蒸气压随温度下降而降低,在低温、低压下可使冰升华成水气而除去,这是冰冻干燥的原理。

冰冻干燥装置如图 2-67 所示。

实验步骤如下:

将待干燥的物质置于培养皿中,厚度约 1 cm,在低温冰箱或普通冰箱内冻成固体,然后放入真空干燥器内。干燥器内放有固体 NaOH 和 P_2O_5 等物质。通过 P_2O_5 干燥塔与真空泵相连接,抽真空 5～6 h,即得冷冻干燥器。为了增强冷冻效果,干燥器外壁要用冰盐水浴保护;否则会使材料融化产生泡沫而造成损失。

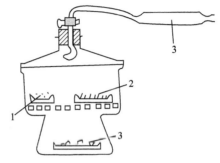

图 2-67　冰冻干燥装置
1. NaOH;2. 蛋白质溶液;3. P_2O_5

2. 液体的干燥

1) 利用分馏或形成共沸混合物除水

对于不能与水生成共沸混合物的液体物质,如果沸点相差较大,可以用分馏的方法分离。此外,利用某些有机物与水形成共沸混合物的特性,向待干燥的有机物中加入另一有机物,利用此有机物与水形成共沸点的性质,在蒸馏时除去水分,从而达到干燥的目的。

2) 使用干燥剂脱水

常用干燥剂的种类很多,选择干燥剂时应注意,所选干燥剂不与被干燥物发生化学反应,包括溶解、配位、缔合等;且干燥速度快,吸水能力强,价格便宜。

3) 几种常用干燥剂介绍

(1) $CaCl_2$。价廉,吸水能力强,但吸水速度慢,干燥时间长。由于能与醇、酚、胺、酰胺及某些醛、酮和酯形成配合物,不宜使用。仅适用于烃、卤代烃、醚和中性气体的干燥。

(2) $CaSO_4$。干燥速度快,适用范围广,但价格贵,吸水量少。一般用作二次干燥,即先用 $MgSO_4$ 或 $CaCl_2$ 干燥后,再用本品除去微量水分。

(3) $MgSO_4$。吸水量大,干燥速度快,应用范围广,且价格便宜。可用于干燥那些不宜用 $CaCl_2$ 干燥的许多化合物。

(4) Na_2SO_4。中性,价廉,吸水量大,但干燥速度缓慢,干燥效果差。常用于有机液体的初步干燥,然后再用效能高的干燥剂($CaSO_4$)干燥。

使用干燥剂时应考虑干燥剂的吸水容量和干燥效能,用量要适当。通常干燥剂用量约为液体体积的 1/10。如果用量过多,会因吸附作用造成被干燥物的损失;如果用量太少,又达不到脱水目的。干燥剂的颗粒不宜太大,也不要成粉状。颗粒太大,表面积就小,吸水量不大;若颗粒太小呈泥状,导致分离困难。

根据上述条件,将选好的干燥剂和被干燥的液体物质置于干燥的锥形瓶中,塞紧塞子、振荡,静置 20~30 min,最好放置过夜。有时干燥前液体呈浑浊,干燥后变为澄清,以此作为水分已基本除去的标志。已干燥好的液体,可直接过滤到干燥蒸馏瓶中进行蒸馏。

3. 气体的干燥

实验室制备的气体常带有酸雾和水汽,实验中常需要净化和干燥。通常酸雾可用水和玻璃棉除去,水气可根据气体的性质选用浓 H_2SO_4、无水 $CaCl_2$、固体 NaOH 或硅胶等干燥剂除去。

干燥气体常用仪器有干燥管、干燥塔、U 形管、各种洗气瓶(用于盛液体干燥剂)等。常用的干燥剂列于表 2-4 中。

表 2-4　常用的气体干燥剂

干燥剂	可干燥的气体
CaO、碱石灰、NaOH、KOH	NH_3 类
无水 $CaCl_2$	H_2、HCl、CO_2、CO、SO_2、N_2、O_2、低级烷烃、醚、烯烃、卤代烃
P_2O_5	H_2、O_2、CO_2、SO_2、N_2、烷烃、乙烯
浓 H_2SO_4	H_2、N_2、CO_2、Cl_2、HCl、烷烃
$CaBr_2$、$ZnBr_2$	HBr

2.7　重量分析基本操作

2.7.1　沉淀

1. 选择适当的沉淀条件

为了使得沉淀完全,纯净,应根据沉淀的性质选择适当的沉淀条件。

1) 晶形沉淀(如 $BaSO_4$、$CaC_2O_4 \cdot 2H_2O$ 等)

采用"稀、热、慢、搅、陈"等沉淀操作方法。沉淀的速度要慢,用左手拿滴管逐滴加入沉淀剂,右手持玻璃棒不断搅动溶液。搅动时玻璃棒不要碰烧杯壁或烧杯底,同时速度不要太快,以免溶液溅出。沉淀完全后,盖上表面皿,放置过夜或水浴加热 1h 以上,使沉淀陈化。

2) 非晶形沉淀(如 $FeSO_4 \cdot nH_2O$、AgCl 等)

采用"浓、热、快、搅、不陈化、加电解质"等沉淀操作方法,使之有利于沉淀完全和过滤洗涤。

2. 检验沉淀完全的方法

沉淀后应检验沉淀是否完全,检查方法:待沉降后,取上层清液加入少量沉淀剂,观察有无浑浊现象。如出现浑浊,应该补加沉淀剂,直至上层清液中,再次检查时不再出现浑浊为止。

2.7.2　过滤和洗涤

1. 过滤

过滤前洗净承接滤液的烧杯。将漏斗放在漏斗架上,漏斗颈口较长的一边贴紧烧杯壁。

过滤分三步进行:第一步采用倾注法,尽可能地过滤清液,并做初步洗涤(图2-32);第二步转移沉淀到漏斗上(图2-68);第三步清洗烧杯并洗涤漏斗上的沉淀物。

为了避免沉淀堵塞滤纸的空隙,影响过滤速度,多采用倾注法过滤,即待烧杯中沉淀下降以后,将清液倾入漏斗中。溶液应沿着玻璃棒流入漏斗中,倾入的溶液充满滤纸的 2/3,或离滤纸上边缘约 5 mm 处,以免少量沉淀因毛细作用越过滤纸上缘造成损失。倾入漏斗上,重复几次后,将大部分沉淀转移到滤纸上。最后用前面撕下的滤纸角擦烧杯及玻璃棒。

2. 洗涤

将沉淀全部转移到滤纸上以后,洗涤沉淀。洗涤的目的在于将沉淀表面所吸附的杂质和残留的母液除去,其方法如图 2-69 所示。洗涤从滤纸边缘开始向下螺旋形移动,这样可使沉淀集中到滤纸的底部。

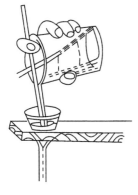

图 2-68　残留沉淀的转移

图 2-69　漏斗中沉淀的洗涤

为了提高洗涤效率,洗涤沉淀时,每次使用少量洗涤液,待前次洗涤液尽量沥干后再添加新的洗涤液,少量多次地进行洗涤。

洗涤到什么程度才算洗净呢? 可根据具体情况进行检查。例如,当试液中含有 Cl^- 或 Fe^{3+} 时,则检查当洗涤液中不含 Cl^- 或 Fe^{3+} 时,即可以认为沉淀已经洗净。为此可用一干净的小试管承接 $1\sim2$ mL 滤液,酸化后,用 $AgNO_3$ 和 KSCN 溶液分别检查,若无 AgCl 白色浑浊或 $[Fe(SCN)_6]^{3-}$ 淡红色配合物出现,说明沉淀已经洗净。否则还需继续洗涤,直至滤液中不再检出 Cl^- 或 Fe^{3+} 为止。如无明确的规定,通常洗涤 $8\sim10$ 次即可。

2.7.3　沉淀的干燥和灼烧

1. 干燥器

干燥器是一种具有磨口盖子的厚质玻璃器皿,常用以保存某些物质。它的磨口边缘涂有一薄层的凡士林,使之能与盖子密合,如图 2-65 所示。

干燥器的底部盛有干燥剂,其上搁置洁净的带孔瓷板,坩埚等物放在孔内。干燥剂放入底部的量要合适,否则沾污坩埚底部。

由于各种干燥剂吸收水分的能力都是有一定限度的,因此干燥器中的空气并不是绝对干燥,只是湿度较低而已。所以,灼烧或干燥后的坩埚和沉淀,如在干燥器中放置过久,可能会吸收少量水分,使质量略有增加。

开启干燥器时,用两手按住干燥器,将盖子向边缘推开,而不能用力拔开或揭开。盖子取下后,注意将磨口向上,加盖时,也应拿住盖上圆顶,推盖盖好。

2. 沉淀的干燥和灼烧

瓷坩埚准备好后,将过滤并洗净后的沉淀置于其中干燥和灼烧。灼烧前,瓷坩埚内的沉淀还需要经过烘干、炭化、灰化等操作过程。

从漏斗中取出沉淀和滤纸时,按照以下操作方法进行:

对于晶形沉淀,可用尖头玻璃棒从漏斗中取出滤纸和沉淀,按照图 2-70 的程序卷成小包,将沉淀包裹在里面。如漏斗上仍粘有微小沉淀,用滤纸碎片擦下,与沉淀包卷在一起。过滤后滤纸的折叠步骤是:①滤纸对折成半圆形;②自右端约 1/3 半径处向左折起;③由上边下折,再自右向左折;④折成滤纸包,放进已恒量的瓷坩埚中。

图 2-70　过滤后滤纸的折叠图

如果沉淀为胶体,因沉淀体积较大,则上述方法就不适用。此时应采用扁头玻璃棒将滤纸边挑起,向中间折叠,将沉淀全部盖住(图 2-71)。再用玻璃棒将滤纸转移到已恒量的瓷坩埚中,滤纸的三层厚处应朝上,有沉淀的部分向下,以便滤纸的炭化和灰化。

图 2-71　沉淀的包裹

在马弗炉中灼烧沉淀时,先在电炉上将沉淀和滤纸烤干,使滤纸炭化,然后置炉内灼烧。第一次灼烧时间较长,约 30 min 或 45 min。第二次灼烧 15~20 min。每次灼烧完毕从炉内取出后,都需要在空气中稍稍冷却,才能移入干燥器中,待冷至室温后,称量,再灼烧直至恒量。

2.8　物理常数测定技术

2.8.1　熔点测定

1. 实验原理

在 101.325kPa 下,晶体化合物的固态和液态达到平衡时的温度称为该物质的熔点。纯净的固体化合物一般都有确定的熔点,而且从固体初熔到全熔的温度范围(称为熔距或熔程)很窄,一般不超过 0.5~1℃(除液晶外)。如果固体样品中混有杂质,熔点会发生显著变化,熔点降低,熔程变宽。这一点可从物质的蒸气压与温度的关系曲线看出。在图 2-72 中,SM 是物质固相的蒸气压曲线,ML 是物质液相的蒸气压曲线,由于固相的蒸气压随温度变化的幅度较相应的液相大,最后两曲线相交于 M 处,此时固液两相蒸气压相等,固液平衡共存,它所对应的温度 T_M 即为该物质的熔点(melting point)。

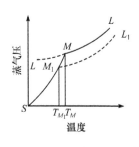

图 2-72　物质的蒸气压与温度的关系

当固体中混有杂质后(假定两者不形成固溶体),根据拉乌尔(Raoult)定律可知,在一定的压强和温度条件下,在溶剂中增加溶质,导致溶剂蒸气分压降低(图 2-72 中 M_1L_1 曲线),此时曲线 SM 与 M_1L_1 的交点 M_1 即代表含有杂质的化合物达到熔点时的固液相平衡共存点,显然,含杂质时的熔点 T_{M_1} 比纯物质低。因此,通过测定熔点,观察熔程,可以很方便地鉴别未知的固态化合物,并判断其纯度。

如果两种固体化合物具有相同或相近的熔点,可以采用混合熔点法鉴别它们是否为同一化合物。若是相同化合物,则以任何比例混合时,熔点不变;若是两种不同化合物,混合后通常会使熔点下降(也有例外),熔程变宽。这种现象称为混合熔点降低。测量混合物的熔点时,至少要按 1∶9、1∶1、9∶1 三种比例混合。例如,肉桂酸和尿素的熔点均为 133℃,但是把它们等量混合后再测其熔点,发现混合物的熔点大大低于 133℃,而且熔程变长。在有机合成中常用此法检验所得的化合物是否与预期的化合物相同。

需要指出的是,有少数化合物受热易发生分解反应,即使它们的纯度很高,仍不具有确定的熔点,而且熔程较宽。

熔点是判断固体化合物纯度的重要指标,因而熔点测定对有机化合物的研究具有很大的实用价值。目前,测定熔点的方法很多,应用最广泛的是 b 形管法。该方法仪器简单,样品用量少,操作方便。此外,还可以使用各种熔点测定仪测定化合物的熔点,如显微熔点测定仪。该方法的优点是:测量的温度范围较宽(从室温至 350℃),还可以测定微量样品的熔点。借助于显微镜可以清楚地观察到样品在受热过程中的变化,如升华、分解、脱水和多晶形物质晶形转化等。因此,该方法应用也很广泛。

2. 操作步骤

1) b 形管法测熔点

(1) 毛细熔点管的准备(见 2.1 节简单玻璃工操作)。选取一段内径 1mm、长 8～10cm 的薄壁毛细管,将其一端在酒精灯上烧融封口,即为熔点管。

(2) 填装样品。取 0.1～0.2g 干燥样品,置于干净的表面皿上,研成粉末[1],聚成小堆,将熔点管的开口端插入样品堆中,使样品挤入管内,然后把熔点管开口端朝上竖立起来,在桌面上■几下(熔点管的下落方向必须与桌面垂直,否则熔点管极易折断),使样品落入管底。再取一根长 30～40 cm 的玻璃管直立于一倒扣的表面皿上,将熔点管开口端朝上,从玻璃管上端自由落下[图 2 - 73(a)],重复操作,使样品粉末紧密地填充在熔点管底部,直至样品堆积的高度为 2～3 mm。为使测定结果准确,样品一定要研得极细,填充要均匀紧密,这样才能使样品均匀受热。黏附在毛细熔点管外壁的粉末必须轻轻拭去,以免沾污热浴溶液。同一种样品应该同时装 3 根毛细熔点管,以防备用。

(3) 安装熔点测定装置。测定熔点最常用的仪器是 b 形管熔点测定管[图 2 - 73(b)],也称提勒管(Thiele tube)。用 b 形管测定熔点时,常因温度计位置和加热部位的变化而使所测熔点不够准确,但使用方便,加热快、冷却快,因此实验室测定熔点多用此法。

装置中热浴所用的导热液,可根据待测样品的熔点而选择。常用的有浓 H_2SO_4、甘油、液体石蜡和硅油等。若熔点在 95℃ 以下,可用水作导热液;若熔点

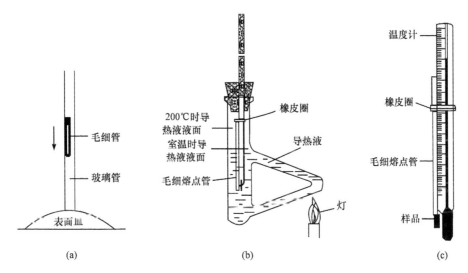

图 2-73　b 形管法测定熔点
(a) 装样品操作；(b) b 形管测定熔点装置；(c) 熔点管的固定

低于 140℃,可选用液体石蜡或甘油,药用液体石蜡可加热到 220℃仍不变色;若熔点更高,可选用浓 H_2SO_4,温度可达 270℃。但热的浓 H_2SO_4 具有极强的腐蚀性,使用时应特别小心。当温度超过 250℃时浓 H_2SO_4 产生白烟,而妨碍温度的读数,在这种情况下,可在浓 H_2SO_4 中加入 K_2SO_4,加热使之成饱和溶液,然后进行熔点测定;有时由于有机物落入浓 H_2SO_4 使酸液变黑,而妨碍对样品熔融过程的观察,在这种情况下,可以加入一些 KNO_3 晶体,以除去有机物。硅油也可加热到 250℃,且比较稳定,透明度高,无腐蚀性,但价格昂贵。

　　操作方法:将干燥的 b 形熔点管竖直固定于铁架台上,加入选定的导热液,导热液的用量应使插入温度计后其液面略高于 b 形管的上支管口[2]。将装好样品的熔点管用橡皮圈固定在温度计下端(也可借助温度计上少量导热液的黏合力将其黏附在温度计上),使熔点管装样品的部分位于温度计水银球的中部[图 2-73(c)]。在 b 形管口安装开口的软木塞,将带有熔点管的温度计插入其中,刻度面向塞子的开口(便于观察温度,也利于通气),温度计的水银球处于 b 形管上、下支管的中间位置,此处对流循环好,使循环导热液的温度能在温度计上较准确地反映出来。注意:固定熔点管的橡皮圈不得接触导热液;温度计必须竖直、端正,不能偏斜或贴壁。

　　(4) 熔点的测定。包括粗测、精测和后处理。

　　a. 粗测。对于未知物熔点的测定,应该先粗测一次,以确定熔点的大致范围。仪器和样品安装好后,用小火在 b 形管上下支管交合处加热,使受热液体沿管上升运动,使热浴溶液对流循环,温度均匀。粗测时,升温速度可以稍快(5~

$6℃ \cdot min^{-1}$)。仔细观察温度的变化及样品是否熔化。记录样品熔化时的温度，即得样品的粗测熔点。移去热源，当导热液慢慢冷却到样品粗测熔点以下 30℃，参考粗测熔点再进行精测。

b. 精测。取出温度计，换上新的毛细熔点管[3]做精密测定。精测时，开始升温可以稍快一些，$4\sim5℃ \cdot min^{-1}$，当离粗测熔点约 10℃时，要控制升温速度在 $1℃ \cdot min^{-1}$ 左右，在接近熔点时，加热速度更应缓慢，正确控制升温速度是准确测定熔点的关键[4]。此时应特别注意温度的上升和毛细熔点管中样品的变化情况。当熔点管中样品开始润湿、塌落、出现小液滴时，表示样品开始熔化，记录此时的温度（初熔点）。继续微热，当固体刚好完全消失、变为透明液体时，则表示完全熔化，记录此时的温度（全熔点）。初熔点至全熔点的温度范围就是该样品的熔程。熔程越小表示样品越纯。在测量过程中，还应注意观察样品是否有萎缩、变色、发泡、升华、炭化等现象，并详细记录。例如，某一样品在 154℃开始萎缩塌落，155.5℃时有液滴出现，156.5℃时全熔，可记录为熔程 155.5~156.5℃，154℃萎缩。

测定熔点时，每个样品应测定两三次，每次测定的误差不能大于±1℃，取平均值作为熔点。

对于易升华的化合物，在装好样品后将熔点管的开口端也用小火熔封，熔点管全部浸入导热液中，然后测定。对于易吸潮的化合物，快速装样后立即将上端烧熔封闭，以免在测定熔点的过程中，样品吸潮使熔点降低。

如果需要测定几个不同样品的熔点时，应按照熔点由低到高的次序测定，因为等待导热液降温需要较长的时间。

c. 后处理。实验完毕，取出温度计，待其自然冷却至室温方可用水冲洗，否则，可能造成温度计水银球炸裂。若用浓 H_2SO_4 作导热液，应先用废纸擦去温度计上的浓 H_2SO_4，再用水冲洗。待 b 形管冷却后，将导热液倒入回收瓶中，或者用实心塞子塞紧 b 形管口，以免导热液吸水或被污染。

2）显微熔点测定仪测熔点

显微熔点测定仪的结构如图 2-74 所示。

使用显微熔点仪测熔点时，先将一块洁净干燥的载玻片放在仪器的加热台上，然后将微量样品研细，小心地平铺在载玻片的中央，不可堆积。用盖玻片盖住样品，轻轻按压并转动，使上、下两块玻片贴紧。用拨动圈移动载玻片，使待测样品位于加热台中心的孔洞，再用隔热玻璃罩盖住加热台。转动反光镜并缓缓旋转手轮，调节显微镜焦距，使样品对准光线的入射孔道，获得最清晰的晶体图像。通电加热，调节电位器旋钮控制升温速度，开始加热速度可以稍快，当温度低于样品熔点 10~15℃时，用微调旋钮控制升温速度不超过 $1℃ \cdot min^{-1}$。仔细观察样品变化，当晶体棱角开始变圆时，表明样品开始熔化，此时的温度就是

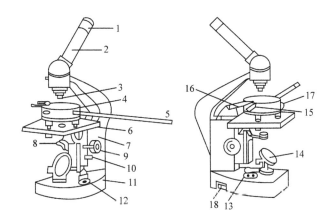

图 2-74　X_4 型显微熔点仪示意图

1. 目镜；2. 棱镜检偏部件；3. 物镜；4. 热台；5. 温度计；6. 载热台；7. 镜身；8. 起偏振件；9. 粗动手轮；
10. 止紧螺钉；11. 底座；12. 波段开关；13. 电位器旋钮；14. 反光镜；15. 拨动圈；16. 上隔热玻璃；
17. 地线柱；18. 电压表

初熔温度。当晶体刚刚完全消失时,表明样品正好完全熔化,此时的温度即为全熔温度。记录初熔和全熔温度。在此过程中可能会相伴产生其他现象,如晶形改变等,都要详细记录。

测定操作完成后停止加热,移去隔热玻璃罩和拨动圈,待载玻片稍稍冷却,用镊子取走载玻片和盖玻片,将铝散热块放在加热台上使之快速散热。待温度下降到熔点以下约 30℃时,取下铝散热块,另换载玻片重复测定两三次。

全部测定操作结束后,切断电源,取出温度计,将加热台调低。用脱脂棉球蘸取丙酮擦去载玻片上的样品,用丙酮洗净后,存入盒子保管。

3. 温度计的校正

采用以上方法测定的熔点往往与真实熔点存在差异,除操作误差外,温度计的误差也是一个重要因素。因此,要获得准确的温度数据,就必须对所用温度计进行校正。

1) 温度计读数的校正

普通温度计的刻度是在温度计的水银线全部均匀受热的情况下刻出来的,但我们在测定温度时常常只是将温度计的一部分插入热液中,另一部分水银线露在液面外,这样测定的温度就比温度计全部浸入液体中所得的结果偏低。因此,要准确测定温度,就必须对外露出来的水银线造成的误差进行校正。

读数的校正,可按照式(2-6)求出水银线的校正值:

$$\Delta t = kn(t_1 - t_2)$$

$$(2-6)$$

式中:Δt——外露段水银线的校正值,℃;

　　　t_1——温度计测得的熔点,℃;

　　　t_2——热浴上的气温(用另一支辅助温度计测定,将这支温度计的水银球紧贴于露出液面的一段水银线的中央),℃;

　　　n——温度计的水银线外露段的度数;

　　　k——水银和玻璃膨胀系数的差。

普通玻璃在不同温度下的 k 值为 $t=0\sim150$℃时,$k=0.000158$;$t=200$℃时,$k=0.000159$;$t=250$℃时,$k=0.000161$;$t=300$℃时,$k=0.00164$。

例如,浴液面在温度计的 30℃处测得的熔点为 190℃,即 $t_1=190$℃,则外露段为 190℃-30℃$=160$℃,这样,辅助温度计水银球应放在待校正温度计的 160℃×$1/2+30$℃$=110$℃处。测得 $t_2=65$℃,熔点为 190℃,则 $k=0.000159$。按照式(2-6)则可求出:$\Delta t=0.000159\times160\times(190$℃$-65$℃$)=3.18$℃$\approx3.2$℃。因此,校正后的熔点应为 190℃$+3.2$℃$=193.2$℃。

2) 温度计刻度的校正

市售温度计的刻度有可能不准确;温度计在使用过程中周期性的加热或冷却,也会导致零点的变动,影响测定的结果。因此,有必要对温度计的刻度进行校正。

若进行温度计刻度的校正,则不必再作读数的校正。

温度计刻度的校正通常有以下两种方法。

(1) 以纯有机化合物的熔点为标准。选择数种已知熔点的纯有机化合物,用该温度计测定其熔点。以实测熔点为纵坐标,实测熔点与已知标准熔点的差值为横坐标,画出如图 2-75 的校正曲线。这样,凡是用这支温度计测得的温度均可在曲线上找到校正数值。

某些适用于以熔点方法校正温度计的标准样品的熔点如表 2-5 所示,校正时可选择其中几种。

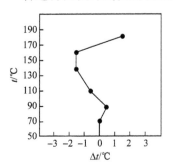

图 2-75　温度计刻度校正曲线

表 2-5　标准化合物的熔点

化合物	熔点/℃	化合物	熔点/℃
H_2O-冰(蒸馏水制)	0	苯甲酸	122
α-萘胺	50	尿素	133~134
二苯胺	53	二苯基羟基乙酸	151
苯甲酸苯酯	69.5~71	水杨酸	158~159
萘	80	对苯二酚	173~174
间二硝基苯	90.02	3,5-二硝基苯甲酸	205
二苯乙二酮	95~96	蒽	216.2~216.4
乙酰苯胺	114	酚酞	262~263

（2）与标准温度计比较。将标准温度计与待校正的温度计平行放在热浴中，缓慢均匀加热，每隔 5℃分别记下两支温度计的读数，计算出两温度计的偏差量 Δt（$\Delta t=$ 待校正温度计的温度－标准温度计的温度）。以待校正温度计的温度为纵坐标，Δt 为横坐标，画出校正曲线供校正使用。

注释

　　[1] 待测样品要充分干燥，如果含有水分，会导致熔点下降，熔程变宽。同时，样品还应充分研细；否则，装样不紧密，颗粒间传热不均匀，也会导致熔程变宽。

　　[2] 导热液不宜加得过多，以免受热后膨胀溢出引起危险。另外，液面过高易引起毛细熔点管漂移，偏离温度计，影响测定的准确性。

　　[3] 每一次测定必须用新的毛细管另装样品，不能将已用过的毛细管冷却后再用，因为有时某些物质会产生部分分解，或转变成具有不同熔点的其他结晶形式。

　　[4] 原因有三：①温度计水银球的玻璃壁比毛细熔点管管壁薄，因此水银受热早，样品受热相对较晚，只有缓慢加热才能减少由此带来的误差；②热量从熔点管外传至管内需要时间，所以加热缓慢；③实验者需要在观察样品熔化的同时读出温度。只有缓慢加热，才能给实验者以充足的时间，减少误差。如果加热过快，势必引起读数偏高，熔程扩大，甚至看不清在熔融过程中样品的变化情况，观察到初熔而观察不到全熔。

2.8.2　沸点测定

　1. 实验原理

　　一定温度下，由于分子运动的存在，液体分子有从表面逸出的倾向，这种倾向随着温度的升高而增大。如果把液体置于密闭的真空容器中，液体分子会连续不断地逸出液面，形成蒸气，同时，液体上方气相的蒸气分子也不断地回到液体中。当分子由液体逸出的速度与由蒸气回到液体的速度相等时，即达到动态平衡，液面上的蒸气达到饱和，此时液面上的蒸气所产生的压力称为该液体的饱和蒸气压（简称蒸气压）。

　　实验证明，液体的蒸气压只与液体的本性和温度有关，即某种液体在一定温度下具有一定的蒸气压。它与体系中存在的液体和蒸气的绝对量无关。

　　当液体受热时，它的蒸气压随着温度的升高而增大，当液体的蒸气压增加到与外界大气压相等时，就有大量气泡不断地从液体内部逸出，液体呈沸腾状态，这时的温度称为该液体的沸点（boiling point）。液体的沸点与所受外界压强的大小有关。因此，描述某种液体的沸点常要注明压力条件。例如，水在 85.326kPa 时沸腾温度为 95℃，这时水的沸点可以表示为 95℃/85.326kPa。通常所说的沸点是指 101.325 kPa 下液体沸腾时的温度，此时可不注明压强。例如，水的沸点为 100℃，即是指在 101.325kPa 压强下，水在 100℃时沸腾。

　　纯液体化合物在一定的压强下具有一定的沸点，其温度变化范围（沸程）极小，通常不超过 0.5～1℃。若液体含有杂质,则溶剂的蒸气压降低,沸点随之下降,沸程也扩大。但是,具有固定沸点的液体有机化合物不一定都是纯的有机化合物,因为某些有机化合物常常与其他组分形成二元或三元共沸混合物,它们也具有一定的沸点,如 95.57% 的乙醇和 4.43% 的水组成的二元共沸物,其沸点为 78.17℃ (常见共沸混合物见附录 12.11.2)。尽管如此,沸点仍可作为鉴定液体有机化合物和检验物质纯度的重要物理常数之一。

液体沸点的测定可以通过蒸馏的方法,用蒸馏法测定沸点的方法称为常量法,这种方法试剂用量较大(10 mL 以上)。如果样品量较少,可以采用微量法测定其沸点。

2. 操作步骤

1) 常量法测沸点

常量法测沸点所用的仪器装置及安装、操作中的要求和注意事项都与普通蒸馏相同(见 2.6.4 蒸馏与分馏)。

蒸馏过程中应调节加热速度,始终保持温度计水银球上有被冷凝的液滴,这是气-液两相达到平衡的保证,此时温度计的读数才能代表液体(馏出液)的沸点。

记录第一滴馏出液滴入接受器时的温度 T_1,继续加热,并观察温度有无变化,当温度计读数稳定时,此温度即为待测样品的沸点。当样品大部分被蒸出时(残留 0.5～1mL,切记不能蒸干,以免发生意外),记录最后的温度 T_2,停止加热。T_1～T_2 值就是样品的沸程。

2) 微量法测沸点

(1) 沸点管的准备。取一根内径 3～4 mm、长 8～9 cm 的玻璃管,用小火封闭其一端,作为沸点管的外管。另取一根内径约 1mm、长约 4cm 的毛细管,一端封闭,作为沸点管的内管。

(2) 安装测定装置。向沸点管的外管中加入 3～4 滴待测样品,将内管开口向下插入外管中,使开口处浸入待测液中,然后用橡皮圈把沸点管固定在温度计旁,使沸点管底端位于温度计水银球的中部,如图 2-76(a) 所示,然后将其插入热浴中加热。若用 b 形管加热,应调节温度计的位置使水银球位于上下两叉管中间,如图 2-76(b) 所示;若用烧杯加热,为了加热均匀,需要不断搅拌。

(3) 加热、测定沸点。做好准备工作后开始加热。由于毛细管内的空气受热膨胀,可观察到有小气泡从内管开口处通过液体缓缓逸出。当温度升至略高于液体沸点时,管内快速而连续逸出气泡并出现气泡流,这表明毛细管内压力超过了大气压,立即停止加热(以免蒸干)。此时留在毛细管内的唯一蒸气是由毛细管内的样品受热所形成。随着浴液温度的降低,气泡逸出的速度也渐渐减慢。当气泡不再冒出而液体刚要进入沸点内管(即最后一个气泡刚要缩回毛细管)时,毛细管内

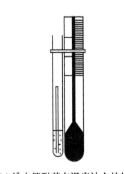

(a) 沸点管附着在温度计上的位置　　　　　(b) b形管测沸点装置

图 2 - 76　微量法沸点测定装置

蒸气压与外压正好相等(若液体受热温度超过其沸点,管内蒸气的压力就高于外压,气泡冒出;若液体冷却,其蒸气压下降到低于外压时,液体即被压入毛细管内),立即记下温度计的读数,此温度即为该液体在常压下的沸点。

每种样品的沸点测定需重复两三次,所得数值相差不超过 1℃。

微量法测沸点时应注意以下几点:①加热速度不宜过快,待测液体不宜太少,否则沸点管内液体会迅速气化而来不及测定;②内管的空气要尽量赶干净;③如果在加热过程中没能观察到一连串小气泡快速逸出,可能是内管封口不严所致,应立即停止加热,换一根内管,待热浴温度降低 20℃后再重新测定;④观察要仔细、及时。

2.8.3　旋光度测定

某些有机化合物,特别是许多天然有机化合物,因其分子具有手性能使偏振光振动平面发生旋转,这类物质称为旋光性物质。使偏振光振动平面向左旋转一定角度为左旋性物质,使偏振光振动平面向右旋转的为右旋性物质。偏振光通过旋光性物质后使偏振光振动平面旋转的角度称为旋光度(optical rotation),以 α 表示。

1. 实验原理

光学活性物质的旋光度除了与物质的本性有关外,还与溶液的浓度、溶剂、温度、样品管长度和所用光源的波长等密切相关。为便于比较各种光学活性物质的旋光性能,将每毫升溶液中含 1g 旋光性物质的溶液,放在 1dm 长的样品管中,所测得的旋光度称为比旋光度,用 $[\alpha]_D$ 表示,比旋光度与旋光度的关系为

$$\text{纯液体的比旋光度} = [\alpha]_\lambda^t = \frac{\alpha}{l \cdot \rho} \tag{2-7}$$

$$溶液的比旋光度 = [\alpha]_\lambda^t = \frac{\alpha}{l \cdot c} \qquad (2-8)$$

式中：$[\alpha]_\lambda^t$——旋光性物质在 t℃、光源波长为 λ 时的比旋光度；

　　　　t——测定时的温度；

　　　　λ——所用光源的波长，常用的单色光源为钠光灯的 D 线（$\lambda=589.3$nm），可用"D"表示；

　　　　α——测得的旋光度；

　　　　ρ——密度，$g \cdot mL^{-1}$；

　　　　l——样品管的长度，dm；

　　　　c——溶液浓度，$g \cdot mL^{-1}$。

　　比旋光度是光学活性物质的物理常数之一，通过对旋光性物质旋光度的测定，可以测定旋光性物质的纯度和含量，也可作为鉴定未知物的依据之一。

　　旋光度的大小和方向必须通过旋光仪测定。旋光仪的类型很多，但主要部件和测定原理基本相同（图 2-77）。

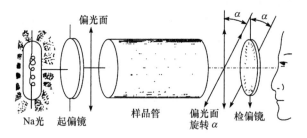

图 2-77　旋光仪结构示意图

　　光线从光源经过起偏镜变成平面偏振光。当此偏振光通过盛有旋光性物质的样品管（图 2-78）时，其振动平面旋转一个角度，不能通过第二块棱镜，必须调节附有刻度盘的检偏镜，使最大量的光线通过，检偏镜所旋转的度数和方向均显示在刻度盘上，这就是该物质在此浓度的旋光度。若刻度盘向右旋转，样品的旋光性是右旋的，以（＋）表示；若刻度盘向左旋转，则表示样品的旋光性是左旋的，用（－）表示。

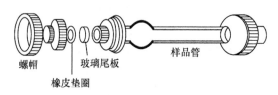

图 2-78　旋光仪样品管

2. 操作步骤

1) 预热

打开开关,接通电源,预热 5min,待钠光灯发出稳定的黄光后即可开始工作。

2) 旋光仪零点校正

将洁净的样品管直立,装入蒸馏水,使液面凸出管口,将玻璃盖沿管口边缘轻轻平推盖好,不要带入气泡,然后垫上橡皮垫圈,旋紧螺帽,使之不漏水,但不要过紧,过紧时会使玻璃盖产生扭力,致使管内有空隙,影响旋光度的测定。

将样品管擦干,放入旋光仪的样品室内,盖上盖子,将刻度盘调至零点附近,旋转手轮,使视场内三部分亮度一致,见图 2-79。记下刻度盘上的读数,重复操作 3 次,取平均值。若零点相差太大,则应重新调节。

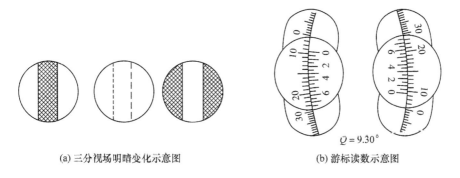

(a) 三分视场明暗变化示意图   (b) 游标读数示意图

图 2-79 旋光仪三分视场及读数示意图

3) 旋光度的测定

称取 10g 样品(如糖类化合物)于烧杯中,用蒸馏水使之溶解,然后定量转入 100mL 容量瓶中稀释至刻度配成溶液。用少量溶液润洗样品管两次,将溶液装入样品管,测定其旋光度。取三次读数的平均值,所得数值与零点的差值即为该样品的旋光度。记下样品管的长度及测定时的温度,按式(2-8)计算其比旋光度。

测定完毕,将样品管中的液体倒出,洗净,吹干,并在橡皮垫上加滑石粉保存。

3. 注意事项

(1) 旋光仪连续使用时间不宜超过 4h。

(2) 在样品管中装入蒸馏水或待测溶液时不能带入气泡或悬浮物。如有气泡,可将样品管带凸颈的一端面向上倾斜至气泡全部进入凸颈为止;如有悬浮物的溶液应过滤后再测。

(3) 如果样品的比旋光度较小,可将样品溶液配得浓一些,并选用长一点的样品管,以便观察。

(4) 温度变化对旋光度有一定影响。若采用波长 $\lambda=589.3nm$ 的钠光进行测定,温度每升高 1℃,多数旋光性物质的旋光度会减少约 0.3%。对于要求较高的测定工作,应在(20±2)℃条件下进行。

2.8.4 折光率测定

折光率(refractive index)是有机化合物(特别是液体有机物)最重要的物理常数之一,可用于液态有机物的纯度检验,也可用来鉴定未知物。

1. 实验原理

光在不同介质中的传播速率不同。当光从一种介质射入另一种介质时,传播方向会发生改变,这种现象就称为光的折射(图 2-80)。光在空气中的传播速率与在待测液体中的传播速率之比称为该液体的折光率(n),即

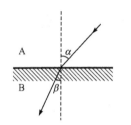

图 2-80　光的折射现象

$$n=\frac{v_{空气}}{v_{液体}} \qquad (2-9)$$

光从介质 A(空气)中射入介质 B 时,入射光(空气中)与界面垂线之间的夹角 α 为入射角,折射光(介质 B)与界面垂线之间的夹角 β 为折射角。根据折射定律,当入射光波长和温度一定时,入射角 α 与折射角 β 的正弦之比与两种介质的折光率成反比,即

$$\frac{\sin\alpha}{\sin\beta}=\frac{n_B}{n_A} \qquad (2-10)$$

若介质 A 为真空,则 $n_A=1$,$n_B=\sin\alpha/\sin\beta$ 称为介质 B 的绝对折光率(通常以空气作为标准)。

化合物的折光率除了与它本身的结构有关外,还随入射光的波长和测定时的温度而变化,所以,折光率的表示必须注明所用光线(或光线波长)及测定温度。例如,在 20℃时,以钠光 D 线(589.3nm)作为入射光所测得的某液体的折光率为 1.4699,则表示为 $n_D^{20}=1.4699$。另外,温度对折光率的影响呈反比关系,通常温度升高 1℃,液体有机物的折光率降低 $(3.5\sim5.5)\times10^{-4}$。

折光率常用阿贝(Abbe)折光仪测定。根据式(2-10),利用阿贝折光仪可方便而精确地测出物质的折光率。

2. 仪器结构

阿贝折光仪的构造如图 2-81 所示,其主要组成部分是两块直角棱镜,上面一

块是表面光滑的测量棱镜(也称为折光棱镜),下面一块是磨砂面的辅助棱镜(也称为进光棱镜),辅助棱镜可以开启。液体样品夹在辅助棱镜与测量棱镜之间形成薄层。此外,还有两个镜筒。右边一个镜筒是测量望远镜,用来观察折光情况,筒内装有消色散棱镜,也称消色补偿器,通过它的作用可将复色光变为单色光。左边的一个镜筒是读数显微镜,用以观察刻度盘,盘上刻有 1.3000～1.7000 的刻度,即为折光率读数。

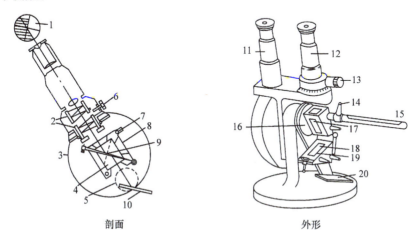

剖面　　　　　　　　　　　　外形

图 2-81　阿贝折光仪的构造

1. 测量望远镜中的视场;2. 消色散棱镜;3. 刻度盘;4. 辅助棱镜;5. 转动手柄;6. 消色散手柄;
7. 温度计;8. 测量棱镜;9. 转轴;10. 反射镜;11. 读数显微镜;12. 测量望远镜;13. 消色散手柄;
14. 恒温水入口;15. 温度计;16. 转轴;17. 测量棱镜;18. 辅助棱镜;19. 加液槽;20. 反射镜

3．操作步骤

1) 仪器的准备

将折光仪置于光线充足的实验台上(但避免阳光直射),装上温度计,与恒温水槽连接,调节至所需温度后再进行测定。也可直接在室温下测定,再根据温度变化常数进行换算。打开两面棱镜,用镜头纸蘸少量乙醚或丙酮(切勿用滤纸),顺同一方向轻轻擦洗上下棱镜镜面,晾干备用。

2) 校正

为保证测定时仪器的准确性,对折光仪刻度盘读数应经常校正,常用的方法有以下两种。

(1) 用重蒸馏水校正。打开棱镜,取 2～3 滴重蒸馏水均匀地滴在辅助棱镜的磨砂面上,立即闭合棱镜并旋紧。旋转仪器左侧的棱镜转动手柄,使刻度盘的读数等于重蒸馏水的折光率(见附注),调节反光镜,使入射光进入棱镜组,从测量望远镜中观察,使视场最亮,调节测量镜,使视场最清晰。转动右侧的消色散手柄,消除

图 2-82　阿贝折光仪在测量时的半明半暗视图

色散,再用附件方孔调节扳手转动望远镜筒上的物镜调节螺钉(也称值示调节螺钉),使望远镜筒内明暗分界线恰好落在"十"字交叉线的交点上,如图 2-82 所示。

(2) 用标准折光晶片校正。将棱镜完全打开使成水平,取仪器所附的标准晶片(上面刻有其折光率),用 1 滴溴化萘将标准晶片粘贴在折射棱镜的光面上(使标准晶片的小抛光面一端向上,以接受光线),调节刻度盘读数,使之等于标准晶片上所刻的数值,观察望远镜内明暗分界线是否通过"十"字交叉点。若有偏差,按上述方法用方孔调节扳手调节之。

3) 样品的测定

打开两面棱镜,将棱镜表面擦净、晾干。取待测液 2~3 滴加在棱镜的磨砂面上,立即关闭棱镜并旋紧,使液体在两棱镜的夹缝中成一液层,均匀、无气泡,并充满视场。调节反光镜,使两镜筒内视场明亮。

调节棱镜转动手柄,直到望远镜内可观察到明暗分界线,再旋转消色散棱镜手柄消除色散,使明暗分界线清晰。继续调节棱镜转动手柄,使明暗分界线恰好落在"十"字形的交叉点上。记录读数,重复测定两三次。所得数据的平均值即为所测样品的折光率,注意记录测定时的温度。

测定完毕,应立即用乙醚或丙酮顺同一方向擦洗两棱镜表面,晾干后再关闭,保存。

4. 注意事项

(1) 注意保护折光仪的棱镜,防止被镊子、滴管等划伤镜面,也不得用于测定强酸、强碱等腐蚀性液体。

(2) 操作过程中,严禁油渍或汗水触及光学零件,以免造成污染。

(3) 如果测定易挥发性液体样品,操作应迅速,或用滴管由棱镜侧面的小孔滴加待测液。

附:不同温度下纯水和乙醇的折光率

温度/℃	14	16	18	20	24	26	28	32
水的折光率	1.33348	1.33333	1.33317	1.33299	1.33262	1.33241	1.33219	1.33164
乙醇的折光率	1.36210	1.36120	1.36048	1.35885	1.35803	1.35721	1.35557	—

2.9　光谱分析技术

由于不同结构的物质具有特征的吸收光谱。因此,根据物质的特征光谱可以研究物质的结构和测定物质的化学成分。这种利用特征光谱研究物质结构或测定化学成分的方法,统称为光谱分析。光谱分析法可分为以下三种基本类型:吸收光谱法(如原子吸收光谱法、紫外-可见吸收光谱法、红外吸收光谱法、核磁共振波谱法等)、发射光谱法(如原子发射光谱法、X 射线荧光光谱法、原子荧光光谱法、分子荧光光谱法等)和散射光谱法(如拉曼光谱)。

　　本节将简要介绍紫外-可见吸收光谱分析、红外吸收光谱分析和分子荧光光谱分析。

2.9.1　电磁辐射与光谱分析法

1. 电磁辐射的基本特性

　　光的本质是电磁辐射,光的基本特性是波粒二象性(wave-particle duality)。

　　光的波动性是指光可以用互相垂直的、以正弦波振荡的电场和磁场表示。电磁波具有速度、方向、波长、振幅和偏振面等。光有自然光、偏振光、连续波、调制波、脉冲波等。

　　光的粒子性是指光可以看成是由一系列量子化的能量子(光子)组成。

2. 电磁辐射与物质的相互作用

　　物质与光的作用可看成是光子对能量的接受,即 $h\nu = E_1 - E_0$,该原理广泛应用于光谱分析。电磁辐射与物质的作用本质是物质吸收光能后发生跃迁。跃迁是指物质吸收光能后自身能量的改变,因为这种改变是量子化的,故称作跃迁。根据不同波长的光能量不同,跃迁的形式也不同,因此有不同的光谱分析法。常用光谱分析法见表 2-6。

表 2-6　常用光谱分析法分类

光谱分析法	波长区域	波数区域/cm^{-1}	跃迁类型
γ 射线发射	5~140 pm	$2 \times 10^{10} \sim 2 \times 10^{7}$	核
X 射线吸收、发射、荧光、衍射	0.01~10 nm	$10^{9} \sim 10^{6}$	内层电子
真空紫外吸收	10~180 nm	$1 \times 10^{6} \sim 5 \times 10^{4}$	价电子
紫外-可见吸收、发射、荧光	180~780 nm	$5 \times 10^{4} \sim 1.3 \times 10^{4}$	价电子
红外吸收、拉曼散射	0.78~300 μm	$1.3 \times 10^{4} \sim 3.3 \times 10^{1}$	分子振动/转动
微波吸收	0.1~100 cm	10~0.01	分子转动
电子自旋共振	3cm	0.33	电子在磁场中的自旋
核磁共振	0.6~10 m	$1.7 \times 10^{-2} \sim 1 \times 10^{-3}$	核在磁场中的自旋

3. 电磁波区域

　　电磁波可分为高频、中频及低频区。高频区是指放射线(γ 射线、X 射线),涉及原子核和内层电子;中频区是指紫外-可见光,近红外、中红外和远红外光,涉及外层电子能级的跃迁、振动及转动;低频区是指电波(微波、无线电波),涉及转动、电子自旋、核自旋等。

一般进行光谱分析时,要同时注意谱图的位置(能量)、强度(跃迁概率)、波宽等三个要素,进行综合分析才能得出正确的结论。

2.9.2 紫外-可见吸收光谱法概述

紫外-可见吸收光谱法(ultraviolet and visible spectrometry,UV-VIS)是基于分子内电子跃迁产生的吸收光谱进行分析的光谱分析法,分子在紫外-可见光区的吸收与其电子结构紧密相关。紫外光谱的研究对象大多是具有 π-π 共轭双键结构的分子。如图 2-83,胆甾酮(a)与 4-甲基-3-戊烯酮(b)分子结构差异很大,但两者具有相似的紫外吸收峰。两分子中相同的 O=C—C=C 共轭结构是产生紫外吸收的关键基团。

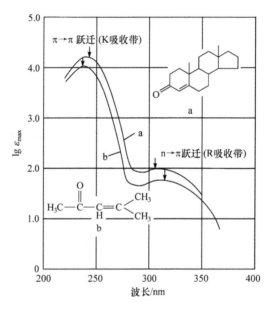

图 2-83   生色团对分子紫外吸收的影响

紫外-可见光区一般用波长(nm)表示。其研究对象大多为在 200~380 nm 的近紫外光区和(或)380~780 nm 的可见光区有吸收的物质。紫外-可见吸收光谱测定的灵敏度取决于产生光吸收分子的摩尔吸光系数。该法仪器设备简单,应用广泛。如医院的常规化验中,95%的定量分析都用紫外-可见分光光度法。在化学研究中,如平衡常数的测定、求算主-客体结合常数等都离不开紫外-可见吸收光谱。

1. 光的吸收定律

物质对光的吸收遵循 Lambert-Beer 定律,即当一定波长的光通过某物质的溶液时,入射光强度 I_0 与透过光强度 I_t 之比的对数与该物质的浓度及液层厚度成正比。其数学表达式为

$$A = \lg(I_0/I_t) = \varepsilon bc \qquad (2-11)$$

式中:A——吸光度;

　　b——液层厚度,cm;

　　c——被测物质浓度,mol·L^{-1};

　　ε——摩尔吸光系数。

当被测物浓度单位是 g·L^{-1} 时,ε 就以 a 表示,称为吸光系数。此时

$$A = abc \qquad (2-12)$$

摩尔吸光系数 ε 的大小与吸光物质的性质、入射光的波长及温度等因素有关,在数值上等于在 1 cm 光程中所测得的单位物质的量浓度溶液的吸光度。它是表示物质吸光能力量度的一个特征常数,可作为定性分析的参数。

对于未知成分的化合物,其物质的量浓度也无法确定时,无法使用 ε。此时常采用 $[\alpha]_{1cm}^{1\%}$(称为比吸光系数),它表示某物质浓度为 1%[1g·(100mL)$^{-1}$]的溶液在 1cm 比色皿中的吸光度。

Lambert-Beer 定律是紫外-可见吸收光谱法定量分析的依据。当温度、比色皿及入射光源等条件一定时,即可根据所测吸光度值和 Lambert-Beer 定律计算吸光物质的浓度。

2. 分光光度计组成

紫外-可见吸收光谱法所采用的仪器称分光光度计。分光光度计的主要组件有五个部分组成,即光源、单色器、样品吸收池、检测系统、信号显示系统。它们的方框示意图如图 2-84 所示。

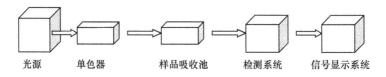

光源　　　单色器　　　　样品吸收池　　　检测系统　　　信号显示系统

图 2-84　紫外-可见分光光度计方框图

1) 光源

紫外-可见分光光度计常用的光源有热光源和气体放电灯两种。

热光源有钨灯和卤钨灯。钨灯是可见光区和近红外区最常用的光源,其波长

范围为 320～2500nm。钨灯靠电能加热发光,钨灯内常填充有一些惰性气体,以提高其使用寿命。钨灯的工作温度与它的光谱分布有关,一般在 2400～2800K。可见光区钨灯的能量输出波动为电源电压波动的 4 次方倍。因此,要使钨灯光源稳定,必须对钨灯电源电压严加控制,需要采用稳压变压器或电子电压调制器来稳定电源电压,也可用 6V 直流电源供电。

卤钨灯是在钨灯中加入适量的卤化物或卤素,灯泡用石英制成。卤钨灯具有较长的寿命和高的发光效率,不少分光光度计已采用这种光源代替钨灯。

另一种属紫外区的光源为气体放电灯,如氢灯、氘灯、汞灯等,用稳压电源供电,放电过程十分稳定,光强恒定。常用的有氢灯及其同位素氘灯,其波长范围是 165～375nm。氘灯的光谱分布与氢灯相同,但其光强度比同功率的氢灯要大 3～5 倍,寿命比氢灯长。

低压汞灯发射的是一些分立的线光谱,主要能量集中在紫外区(200～400nm),其中以 253.7nm 线最强。低压汞灯在紫外区可专门用作校正分光光度计单色器的波长标尺。

2) 单色器

单色器是将光源的混合光分解为单色光的光学装置,它是分光光度计的心脏部分。单色器主要由狭缝、色散元件、聚焦元件和准直元件等部分组成,其中色散元件是关键部分,棱镜和光栅是最常使用的色散元件。

3) 样品吸收池

紫外-可见分光光度计常用的吸收池有石英和玻璃两种材料制成。熔融石英池可用于紫外光区,可见光区用硅酸盐玻璃。

常用吸收池光程有 1cm、2cm、10cm 等,形状有方形、长方形和圆柱形等。

4) 检测器

检测器的作用是对透过样品池的光做出响应,并将它转变成电信号输出。其输出电信号大小与透过光的强度成正比。分光光度计中常用的检测器有硒光电池、光电管和光电倍增管。

硒光电池是由可透光的金属薄膜、具有光电效应的半导体硒和铁片或铝片等三层构成。当光照射到硒光电池时,由硒表面逸出的电子只能单向流动,使金属薄膜表面带负电,底层铁片就带正电,电路接通就会产生光电流。光电流的大小与硒光电池受光照的强度成正比。如果光电池连续受光照时间太长或受强光照射,将导致光电池产生"疲劳"而降低灵敏度。此时,应及时让光电池"休息",使它恢复原来的灵敏度。光电池应注意防潮。

光电管是由一阴极和一阳极构成。当光照射在光电管阴极时,阴极就会发射出电子并被引向阳极而产生电流。入射光越强,光电流越大。光电管的灵敏度比硒光电池的大。

光电倍增管是检测弱光最常用的光电元件,它的灵敏度比光电管高 200 多倍。

5) 信号显示系统

分光光度计信号显示常采用检流计、微安表、电位计、数字电压表、X-Y 记录仪、示波器、数据台等。简单分光光度计常采用前三种,近代的分光光度计多采用后四种。

2.9.3　红外吸收光谱法概述

红外吸收光谱是分子振动光谱,通过谱图解析可以获取分子结构的信息。任何气态、液态、固态样品均可进行红外光谱测定,这是其他仪器分析方法难以做到的。红外吸收光谱法(infrared absorption spectrometry,IR),简称红外光谱法,是解析有机化合物结构的重要手段之一。红外测定技术如全反射红外、显微红外、光声光谱以及色谱-红外联用等也不断发展和完善,使红外光谱法得到广泛应用。

利用红外光谱鉴定有机化合物的结构时,通过与标准谱图比较可以确定化合物的结构;对于未知样品,通过官能团、顺反异构、取代基位置、氢键结合以及配合物的形成等结构信息可以推测结构。近年来红外光谱的定量分析应用也有不少报道,尤其是近红外、远红外区的研究明显增多。如近红外区用于含有与 C、N、O 等原子相连基团化合物的定量;远红外区用于无机化合物研究等。傅里叶变换红外光谱还可作为色谱检测器。

红外光谱吸收区域可简单分为如下几个部分。

(1) $3750 \sim 2500 cm^{-1}$ 区。此区为各类 X—H 单键的伸缩振动区(包括 C—H、O—H、N—H 的吸收带)。$3000 cm^{-1}$ 以上为 C—H 的不饱和键伸缩振动,而 $3000 cm^{-1}$ 以下为饱和 C—H 键的伸缩振动。

(2) $2500 \sim 2000 cm^{-1}$ 区。叁键和累积双键的伸缩振动区,包括 C≡C、C≡N、C≡O、C=O 等基团以及 X—H 基团化合物的伸缩振动。

(3) $2000 \sim 1300 cm^{-1}$ 区。双键伸缩振动区,包括 C=O、C=C、C=N、N=O 等键的伸缩振动。C=O 在此区内有一强吸收峰,其位置按酸酐、酯、醛、酮、酰胺等不同而异。在 $1650 \sim 1550 cm^{-1}$ 处还有 N—H 的弯曲振动带。

(4) $1300 \sim 1000 cm^{-1}$ 区。包括 C—C、C—O、C—N、C—F 等单键的伸缩振动和 C=S、S=O、P=O 等双键的伸缩振动。反应结构的微小变化十分灵敏。

(5) $1000 \sim 667 cm^{-1}$ 区。此区包括 C—H 的弯曲振动。在鉴别键的长、短,烯烃双键取代程度、构型及苯环取代基位置等方面提供有用的信息。

1. 红外分光光度计组成

双光束红外分光光度计的构造原理如图 2-85 所示。

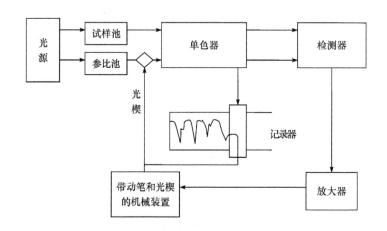

图 2-85　双光束红外分光光度计的构造原理图

从光源发出的红外辐射分成两束：一束通过样品池，另一束通过参比池，然后进入单色器。在单色器内先通过一定频率转动的扇形镜（斩光器），其作用是使试样光束和参比光束交替进入单色器中的色散棱镜或光栅，最后进入检测器。检测器随扇形镜的转动也交替接受这两束光。由检测器出来的信号通过交流放大器放大，然后通过伺服系统驱动光楔进行补偿，以达到两束光强度相等。若试样对某一波数的红外吸收越多，光楔就越多地遮住参比光路，以达到参比光强度同样减弱，使两束光重新处于平衡。记录笔与光楔相连，使光楔的变化转化为透光率的改变。

1）光源

理想的红外光源是能发射高强度连续红外波长的高温黑体物质。但是，事实上自然界的一切炽热物体都是非黑体。因此，一般红外分光光度计多采用近于黑体特性的白炽能斯特灯或硅碳棒。

能斯特灯是由耐高温的氧化锆（ZrO_2）、氧化钇（Y_2O_3）和氧化钍（ThO_2）等稀土元素氧化物混合烧结而成的中空棒或实心棒。两端绕有铂丝作导线，室温下为非导体，加热至 800℃ 以上成为导体，具有负电阻特性。工作之前需要预热，工作温度一般约为 1750℃。其优点是发出的光强度高，稳定性好，使用寿命 6 个月至 1 年，但是其机械强度差。

硅碳棒一般是两端粗而中间细的实心棒，中间部分长 5cm，直径 5mm。硅碳棒在室温下是导体，有正电阻，工作前不需预热。其优点是坚固耐用，发光面积大。缺点是工作时电极接触部分需用水冷却。

2）吸收池

一般用具有岩盐窗片的吸收池。这些岩盐窗片系用 NaCl（透明到 $16\mu m$）、KBr（透明到 $28\mu m$）、薄云母片（透明到 $8\mu m$）、AgCl（透明到 $25\mu m$）等制成。同样，用岩盐窗片应注意防潮。其中仅 AgCl 片可用于水溶液的测定。

3）单色器

单色器是指从入射狭缝到出射狭缝这一段光程中所包含的部件，由狭缝、准直镜和色散元件组合而成。色散元件有棱镜和光栅两种，棱镜可以由 LiF、CaF_2、NaCl、KBr 等晶体制成，其特点是易吸潮，因此必须干燥，对实验环境要求较高；衍射光栅目前使用较普遍。

4）检测器

红外分光光度计所用的检测器主要有三种：热电偶、电阻测辐射热计和高莱池。其中，真空热电偶是最常用的一种检测器。它利用不同导体构成回路时的温差现象，将温差转变成电位差。此外，还有光电导检测器和热释电检测器等灵敏度高、响应快的检测器，一般用于傅里叶变换红外光谱仪（Fourier transform infrared spectrometry，FT-IR）。

5）放大器和记录器

由于检测器产生的电信号很小，必须经过电子管放大器放大，以带动光楔和记录笔的伺服电机绘出红外光谱图。

2. 红外光谱试样的制备

1）气体样品

气体样品的红外测试可采用气体池进行。在样品导入前先抽真空，样品池的窗口多用抛光的 NaCl 或 KBr 晶片。常用的样品池长 5cm 或 10cm，容积为 $50\sim150mL$。吸收峰强度可通过调整气池内样品的压力来达到。对于红外吸收强的气体，只需要注入 666.6Pa 的气体样品。对弱吸收气体，需注入 66.66kPa 的样品。因为水蒸气在中红外区有吸收峰，所以气体池一定要干燥。样品测完后，用干燥的氮气流冲洗。

2）液体样品

低沸点样品可采用固定池（封闭式液体池）。封闭式液池的清洗方法是在红外灯下（带上指套）向池内灌注一些能溶解样品的溶剂来浸泡。最后，用干燥空气或氮气吹干溶剂。

一般常用的是可拆式液池。将样品滴在盐片上，再垫上橡皮垫片，将池壁对角用螺丝拧紧，夹紧窗片即可。注意：窗片内不能有气泡。

纯液样可直接放入池中，对某些吸收很强的液体或者固体，可配成溶液后，再注入样品池。选用的溶剂应合适：一般要求溶剂对溶质的溶解度要大，红外透光性好，不腐蚀窗片，分子结构简单，极性小，对溶质没有强的溶剂化效应如 CS_2、CCl_4 及 $CHCl_3$ 等。它们本身的吸收峰可以通过溶剂参比进行校正。

3）固体样品

固体样品的制备，除了采用合适的溶剂将固体配成溶液后，按液体样品处理之

外,还可采用以下几种常用方法:

(1) 糊状法。大多数的固体试样在研磨中若不发生分解,则可把研细的样品粉末悬浮分散在石蜡油、全氟煤油等糊剂中,再将糊状物夹在二晶片之间即可。本法要求糊剂自身红外吸收光谱简单,折射率和样品相近,且不与样品发生化学反应。糊状物在窗片上应分布均匀。测完后,窗片应用无水乙醇冲洗,软纸擦净,抛光。

(2) 压片法。这是红外光谱分析固体样品的常用方法。将分析纯的 KBr 与固体样品混合研磨(样品占混合物的 $1\%\sim5\%$)。磨细的混合物(颗粒直径约 $2\mu m$)装在模具中,放于压片机上,加压至 29.4MPa,1min 后取出。将透明的薄片样品放入样品池中进行测定。

(3) 薄膜法。对可塑性试样,可以直接滚压成薄膜。对某些熔点低、熔融时不分解、不升华、没有其他化学变化的物质,也可将其熔融后直接涂在盐片上进行测定。

大多数聚合物可先将其溶于挥发性溶剂中,然后滴在平滑的玻璃或金属板上,待溶剂挥发后成膜,直接揭下使用,也可将溶液直接滴在盐片上成膜。

薄膜法在高分子化合物的红外光谱分析中应用广泛。

在制备试样时应做到以下几点:①选择适当的试样浓度和厚度。使最高谱峰的透过率在 $1\%\sim5\%$、基线在 $90\%\sim95\%$、大多数的吸收峰透过率在 $20\%\sim60\%$ 范围;②试样中不含游离水;③多组分试样的红外光谱测绘前应预先分离。

2.9.4　拉曼光谱法概述

拉曼光谱与红外光谱一样,是测定分子的振动和转动光谱的,但与红外光谱不同,它属于散射光谱。拉曼散射效应是印度科学家 C. V. 拉曼(Raman)于 1928 年发现的。拉曼光谱与红外光谱在化合物结构分析上各有所长,相辅相成,更好的研究分子振动跃迁及结构组成。

1. 基本原理

当用波长比试样粒径小得多的单色光照射气体、液体或透明试样时,大部分的光会按原来的方向透射,而一小部分则按不同的角度散射开来,产生散射光。在垂直方向观察时,除了与原入射光有相同频率的瑞利散射外,还有一系列对称分布着若干条很弱的与入射光频率发生位移的拉曼谱线,这种现象称为拉曼效应(图 2-86)。拉曼散射中频率减少的称为斯托克斯散射,频率增加的散射称为反斯托克斯散射,斯托克斯散射通常要比反斯托克斯散射强得多,因此,拉曼光谱仪通常测定的大多是斯托克斯散射,统称拉曼散射光谱。

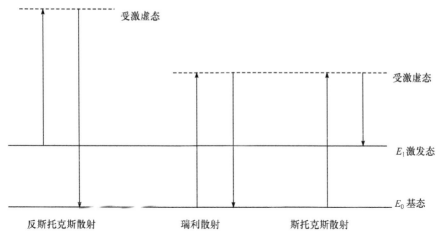

图 2-86　拉曼散射原理图

散射光与入射光之间的频率差 ν 称为拉曼位移,拉曼位移与入射光频率无关,只与散射分子本身的结构有关。拉曼散射是由于分子极化率的改变而产生的。拉曼位移取决于分子振动能级的变化,不同化学键或基团有特征的分子振动,ΔE 反映了振动能级的变化,因此与之对应的拉曼位移也是特征的。这是拉曼光谱可以作为分子结构定性分析的依据。

2. 拉曼光谱仪的组成

拉曼光谱仪主要由五个部分构成。

1) 光源

光源是提供单色性好、功率大并且最好能多波长工作的入射光。目前的拉曼光谱仪一般以激光器作为光源。

2) 外光路

外光路部分包括聚光、集光、样品架、滤光和偏振等部件。

(1) 聚光:用一块或两块焦距合适的会聚透镜,使样品处于会聚激光束的腰部,以提高样品光的辐照功率,可使样品在单位面积上辐照功率比不用透镜会聚前增强 10^5 倍。

(2) 集光:常用透镜组或反射凹面镜作散射光的收集镜。通常是由相对孔径数值在 1 左右的透镜组成。为了更多地收集散射光,对某些实验样品可在集光镜对面和照明光传播方向上加反射镜。

(3) 样品架:样品架的设计要保证使照明最有效和杂散光最少,尤其要避免入射激光进入光谱仪的入射狭缝。

(4) 滤光:安置滤光部件的主要目的是为了抑制杂散光以提高拉曼散射的信

噪比。在样品前面,典型的滤光部件是前置单色器或干涉滤光片,它们可以滤去光源中非激光频率的大部分光能。小孔光栏对滤去激光器产生的等离子线有很好的作用。在样品后面,用合适的干涉滤光片或吸收盒可以滤去不需要的瑞利线的一大部分能量,提高拉曼散射的相对强度。

(5) 偏振:做偏振谱测量时,必须在外光路中插入偏振元件。加入偏振旋转器可以改变入射光的偏振方向;在光谱仪入射狭缝前加入检偏器,可以改变进入光谱仪的散射光的偏振;在检偏器后设置偏振扰乱器,可以消除光谱仪的退偏干扰。

3) 色散系统

色散系统使拉曼散射光按波长在空间分开,通常使用单色仪。由于拉曼散射强度很弱,因而要求拉曼光谱仪有很好的杂散光水平。各种光学部件的缺陷,尤其是光栅的缺陷,是仪器杂散光的主要来源。当仪器的杂散光本领小于 10^{-4} 时,只能作气体、透明液体和透明晶体的拉曼光谱。

4) 接收系统

拉曼散射信号的接收系统类型分单通道和多通道两种。光电倍增管接收器是单通道接收系统,而 CCD 探测器接收是多通道接收系统。

5) 信息处理与显示

为了提取拉曼散射信息,常用的电子学处理方法是直流放大、选频和光子计数,然后用记录仪或计算机接口软件画出图谱。

3. 拉曼光谱分析试样的制备

拉曼光谱分析样品的制备较红外光谱简单。在拉曼光谱分析中,既可以直接使用单晶或固体粉末样品测试,也可以将样品配制成溶液,尤其是水溶液进行测试。因为水的拉曼光谱较弱,干扰小,测定只能在水中溶解的生物活性分子的振动光谱,拉曼光谱优于红外光谱。不稳定的、贵重的样品可在原封装的安瓿瓶内直接测试。此外,还可进行高温样品或低温样品的测定,有色样品和整体样品的测定。

4. 应用

拉曼光谱技术以其信息丰富,制样简单,水的干扰小等优点,在化学、材料科学、物理学、电子科学、生物生命科学、医学等领域有广泛的应用。拉曼光谱在化学方面主要用于有机化合物的结构鉴定和分子间的相互作用,它与红外光谱互为补充,可以鉴别特殊的结构或特征基团。而拉曼位移的大小、强度及拉曼峰形状是鉴定化学键和官能团的重要依据。利用偏振特性,拉曼光谱还可以作为分子异构体判断的依据。例如,—C≕C—、—C≡C— 和 —N≕N— 等基团,当它们在分子中的环境接近对称时,其振动光谱在红外光谱中极为微弱,而在拉曼光谱中是活性的。拉曼光谱在聚合物材料结构分析中可以提供重要信息。如分子结构与组成、立体规整性、结晶与取向、分子相互作用，以及表面和界面的结构等。拉曼光谱同时还是研究生物大分子的有力手段。由于水的拉曼光谱很弱、谱图又很简单，故拉曼光谱可以在接近自然状态或活性状态下研究生物大分子的结构及其变化。此外，拉曼光谱技术已成功地应用于宝石的鉴定领域。拉曼光谱技术可以准确地鉴定宝石内部的包裹体，提供宝石的成因及产地信息，并且可以有效、快速、无损和准确地鉴定宝石的类别——天然宝石、人工合成宝石和优化处理宝石。

另外，拉曼显微镜的共聚焦设计可以实现在不破坏样品的情况下对样品进行不同深度的探测而同时完全排除其他深度样品的干扰信息，从而获得不同深度样品的真实信息，这对于多层材料的分析具有重要意义。共焦显微拉曼光谱技术有很好的空间分辨率，从而可以获得界面过程中物种分子变化情况、相应的物种分布、物种分子在界面不同区域的吸附取向等。

2.9.5　分子荧光光谱法概述

分子吸收辐射能成为激发分子，其中处于激发态的电子回到基态时发射光，其波长一般比吸收的入射光波长要长，这种发光方式称为光致发光。分子荧光是常见的光致发光。

多数分子在常温时处在基态最低振动能级，处于基态的同一轨道中的两个电子自旋方向相反，净电子自旋量子数为零($s=0$)，多重态 $m=1(m=2s+1)$，这种电子称基态单重态，以 S_0 表示。当基态分子中的一个电子被激发至较高能级的激发态时，若该电子自旋方向不变，则净电子自旋量子数仍为零，这种激发态称为激发单重态，分别以 S_1、S_2 表示第一、第二激发单重态；若该电子改变自旋方向与基态电子平行自旋，则净电子自旋量子数为 $1(s=1)$。多重态 $m=3$，这种激发态称为激发三重态，可以 T_1、T_2 表示第一、第二激发三重态。

处于激发态的分子，通过无辐射去活，将多余的能量转移给其他分子或激发态分子内的振动或转动能级后，降低至第一激发单重态的最低振动能级，再通过辐射跃迁回至基态各振动能级，发射出荧光(fluorescence)。当第一激发单重态与三重态之间发生振动耦合，以无辐射方式去活，降低至三重态最低能级，然后通过辐射跃迁回至基态时，便发射出磷光(phosphorescence)，如图 2-87 所示。

荧光是光致发光，因此，必须选择合适波长的激发光源，这可以根据它们的激发光谱曲线来确定。若固定荧光最大发射波长(λ_{em})，然后改变激发光波长，所测得的荧光强度与激发光波长的关系，即为激发光谱曲线。由激发光谱曲线可选得最大激发波长(λ_{em})。如果固定激发光波长为其最大激发波长，然后测定不同发射波长时的荧光强度，即得荧光光谱曲线。

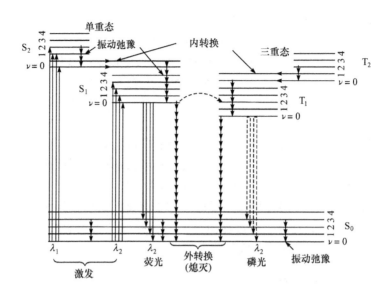

图 2-87　荧光与磷光能级图

大多数无机盐类金属离子不能产生荧光,然而某些情况下,金属螯合物可产生很强的荧光。对于有机物而言,至少应具有一个芳环或多个共轭双键的物质才可产生荧光,稠环化合物也会产生荧光。饱和的或只有一个双键的化合物,不呈现显著的荧光。最简单的杂环化合物,如吡啶、呋喃、噻吩和吡咯等,不产生荧光。

取代基的性质对荧光体的荧光特性和强度均有强烈的影响。苯环上的取代基会引起最大吸收波长的位移及相应荧光峰的改变。通常给电子基团,如—NH_2、—OH、—OCH_3、—$NHCH_3$ 和—$N(CH_3)_2$ 等,使荧光增强;吸电子基团,如—Cl、—Br、—I、—$NHCOCH_3$、—NO_2 和—$COOH$,使荧光减弱。具有刚性结构的分子容易产生荧光。除了分子结构之外,化学环境也是影响物质发射荧光及其荧光强度的重要因素,溶剂的性质、体系的 pH 和温度等条件都会影响荧光的强度。

荧光分子与溶剂或其他溶质分子之间相互作用,使荧光强度减弱的现象称为荧光猝灭。引起荧光强度降低的物质称为猝灭剂。当荧光物质浓度过大时,常产生自猝灭现象。

1. 荧光强度与浓度的关系

荧光强度正比于该体系吸收的激发光的强度,即

$$F = \varphi(I_0 - I) \tag{2-13}$$

式中:F——荧光强度;

I_0——入射光的强度;

I——通过厚度为 b 的介质后的光强度;

φ——荧光量子效率,为发射的光子与吸收的光子之比。

由 Lambert-Beer 定律,得

$$F = \varphi I_0 (1 - 10^{-\varepsilon bc}) \qquad (2-14)$$

式中:ε——荧光分子的摩尔吸光系数;

　　　b——液槽厚度;

　　　c——荧光物质的浓度。

将式(2-14)展开,得

$$F = \varphi I_0 \left[2.303\varepsilon bc - \frac{(2.303\varepsilon bc)^2}{2!} + \frac{(2.303\varepsilon bc)^3}{3!} - \cdots + \frac{(2.303\varepsilon bc)^n}{n!} \right]$$

当 $\varepsilon bc < 0.01$ 时,高次项的值小于 1%,则可近似写成

$$F = 2.303\varphi I_0 \varepsilon bc \qquad (2-15)$$

当入射光强度一定时

$$F = Kc \qquad (2-16)$$

即在低浓度时,荧光强度与荧光物质的浓度呈线性关系。

荧光分析法灵敏度高(比分光光度法高 $10^3 \sim 10^4$ 倍),选择性好,简便快速,应用广泛。

2. 荧光分析仪

荧光分析仪分为目视、光电、分光三种类型。其组成有光源、单色器(滤光片或光栅)、液池和检测器。图 2-88 为荧光分析仪的光学系统示意图。

激发光源发出的光经第一单色器(激发光单色器),得到所选波长的强度为 I_0 的激发光,通过液池。荧光物质吸收部分光线、激发,向四面八方发射

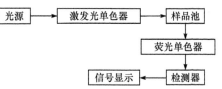

图 2-88　荧光分析仪的光学系统示意图

荧光。为了消除入射光及杂散光的影响,荧光的测量一般在与激发光成直角的方向上进行。经过第二单色器(荧光单色器),将所需要的荧光与可能共存的其他干扰光分开。荧光通过检测器由光信号转变成电信号,经放大器和记录仪记录。

1) 光源

要求发射强度大、波长范围宽。常用高压汞灯和氙弧灯。高压汞灯发射的 365nm、405nm、436nm 三条谱线是荧光分析中常用的。氙弧灯在 $200 \sim 700$nm 波长范围发射连续光谱。

高功率连续可调染料激光光源是一种单色性好、强度大的新型光源。脉冲激光的光照时间短,可避免被照物质分解。但其设备复杂,应用不广。

2）滤光片和分光器

用滤光片作为单色器时，以干涉滤光片的性能最好。精密的荧光分析仪多采用光栅分光器作单色器。

3）检测器

简单的荧光计用目视或硒光电池作检测器。精密的荧光分析仪则采用光电倍增管检测。

3. 现代光学探针技术

光学分子成像是基于基因组学、蛋白质组学和现代光学成像技术而发展起来的新兴研究领域，其突出特点就是对动、植物体内参与生理和病理过程的分子事件进行原位、实时、动态监测，是目前国际上公认的开展细胞、组织及活体内分子事件研究的主流手段之一，在生命科学研究中具有重大应用前景。2008 年 10 月，日本科学家下村修、美国科学家马丁·沙尔菲和美籍华裔科学家钱永健因发展了新的光学分子成像探针而获得诺贝尔化学奖。现代光学探针的广泛应用，大大促进了其他学科的飞速发展，其中包括 20 世纪末期人类基因组计划的完成。本专题通过小分子探针、纳米标记探针及荧光蛋白标记探针分别介绍现代光学探针一些基本情况。

小分子探针已经在化学、生物等领域得到了广泛的应用，这类探针不仅可以用于生化活性物质的快速检测，而且可以用于生物大分子之间的相互作用以及细胞可视化示踪等多个方面。2007 年，国家自然科学基金委将"基于化学小分子探针的信号转导过程研究"列为自然科学基金重大研究计划项目。小分子探针包括有机发光探针、稀土探针等，如罗丹明、荧光素、Cy3.5 等探针已经成为生化分析中的一种必备工具。有关新型小分子探针的研制目前仍然是一个非常活跃的研究领域。

纳米材料由于其特殊的结构表现出不同与宏观材料的光电特性。其中，纳米金及量子点是目前研究最为活跃的两类光学探针。当纳米金尺寸在一定范围内发生变化时，其颜色会有明显的改变，基于纳米金的变色效应已经建立了大量的检测及诊断方法，其中很多方法已经被临床广泛采用，取得了良好的社会效益与经济效益。与大多数有机染料及荧光蛋白相比，量子点的荧光发射光谱具有激发光谱宽、发射光谱窄、量子产率高、光稳定性好等优点，可实现一元激发、多元发射。基于量子点的新型标记及成像技术已经被用于生化活性小分子的快速检测、蛋白质及核酸等生物大分子的标记及检测、细胞成像及活体成像等多个领域。

多功能标记探针也是近年来研究的一个热点领域。目前，研究者已经合成出磁性、荧光、生物靶向多功能标记探针以及磁性、拉曼活性、生物靶向多功能荧光探针等。与单一功能探针相比,多功能探针集多种探针于一体,具有明显的优势。Rosenzweig 课题组将鼠抗周期素 E 抗体修饰到 Fe_2O_3 与 CdSe/ZnS 量子点组装纳米粒子表面,构建出可特异性筛选 MCF-7 乳腺癌细胞的多功能纳米探针,在外加磁场作用下,成功实现了 MCF-7 乳腺癌细胞的快速分离及检测,为乳腺癌的早期诊断奠定了基础。武汉大学庞代文教授课题组将叶酸偶联到包埋 Fe_2O_3 与 CdSe/ZnS 量子点的聚(苯乙烯-丙烯酰胺)共聚物微球表面,制备出磁性、荧光及靶向识别多功能纳米探针,成功地实现了 Hela 细胞及 MCF-7 细胞的分离及检测。该课题组采用表面偶联麦胚凝集素的多功能纳米探针,实现了对 DU-145 细胞的快速分离及识别,而扁豆凝集素修饰的微球则不能实现 DU 145 细胞的快速分离及识别,说明多功能纳米探针的特异性识别特征,拓展了微球的应用范围。

由此可见,在未来的科学研究中,光学探针技术必将成为解决生命科学、医学等学科重大问题的有力武器,在学科交叉、学科融合的过程中将起到举足轻重的作用。

2.10　纳米材料和纳米结构制备策略简介

以"纳米"来命名的材料是 20 世纪 80 年代初提出来的,即把纳米颗粒维度限制为 $1\sim100$ nm。纳米材料是指在三维空间中至少有一维处于纳米尺度范围。如果按照材料的维数来划分,纳米材料的基本单元可分为三类:(Ⅰ)零维,指在空间三维尺度均在纳米尺度,如纳米尺度颗粒、原子团簇等;(Ⅱ)一维,指在空间有两维处于纳米尺度,如纳米丝、纳米棒、纳米管等;(Ⅲ)二维,是指在三维空间中只有一维处于纳米尺度。新的研究对象如复杂纳米结构、等级纳米结构还在不断涌现。纳米材料与体相材料所表现的物理化学性质有很大的不同,因而在电子学、医学、环境处理以及催化等领域具有优异的应用潜质。发展新的可控制备方法是目前纳米材料研究的热点。下面以一维纳米材料和纳米结构为例,对相应的制备策略作一个简单介绍。

2.10.1　纳米材料的制备策略

准一维纳米材料的制备方法按照其策略归纳起来大致有六个方面(图 2-89):①由于各向异性的晶体学结构所决定的定向生长[图 2-89(a)];②引入一个液-固界面来减少籽晶的对称性,如在 VLS 生长机制中的合金液滴所产生的限域与引导作用[图 2-89(b)];③模板限域自组装一维纳米结构[图 2-89(c)];④应用合适的包敷剂来动力学地控制籽晶的不同晶面的生长速率[图 2-89(d)];⑤零维纳米结构前驱物的自组装[图 2-89(e)];⑥通过各种机械或物理手段,来减小一维微结构的尺寸维度[图2-89(f)]。在一维纳米材料的制备中最常用的是前五种。

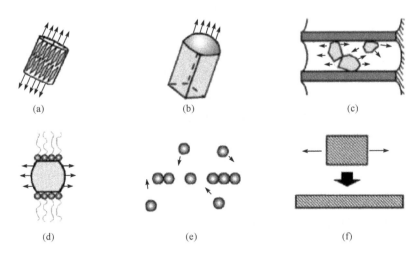

图 2-89　获得一维材料生长的六种不同策略的示意图
(a)由各向异性的晶体学结构所决定的定向生长;(b)VLS生长机制中的合金液滴所引导的生长;(c)模板限域生长或组装;(d)由某种包敷剂所提供的动力学控制;(e)零维纳米结构前驱物的自组装;(f)用机械等手段减少一维微结构的尺寸维度

2.10.2　准一维纳米材料的制备和生长机制

按照生长机制的特点,可以将准一维纳米材料的制备分为三大类:气相法、液相法和模板法。

1. 气相法

在合成一维纳米结构(如纳米晶须、纳米棒和纳米线等)时,气相合成可能是用得最多的方法。气相法中的主要机制有气-液-固(vapor-liquid-solid,简称 VLS)生长机制、气-固(vapor-solid,简称 VS)生长机制。

1) VLS 机制的提出和最新的发展

早在 20 世纪 60 年代,Wagner 在研究单晶硅晶须的生长过程中首次提出了VLS 机制。在之后的几十年中,又通过这种普适性的方法制备出了大量的单质或化合物晶须。一般说来,VLS 机制要求必须有催化剂的存在,在适宜的温度下,催化剂能与生长材料的组元互熔而形成液态的共熔物,生长材料的组元不断地从气相中获得,当液态中溶质组元达到过饱和后,晶须将沿着固-液界面的择优方向析出。图 2-90 所示为哈佛大学的 Lieber 研究小组提出的以金属纳米团簇(以 Au 为例)为催化剂,以 VLS 机制生长半导体纳米线(以 Si 纳米线为例)的方案示意图。

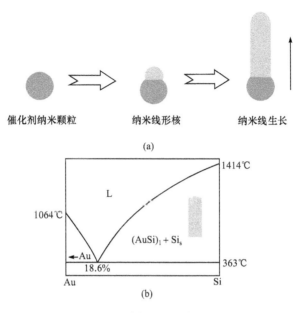

图 2 - 90 金属纳米团簇催化法制备纳米线过程示意图

VLS 机制的一个显著特点是在生成纳米线的顶端附着有一个合金颗粒。同时合金颗粒的尺寸大小很大程度上决定了所生长纳米线的最终直径,而反应时间则是影响纳米线长径比的重要因素之一。Yang 等人通过透射电镜原位观测手段,证实了 VLS 机制引导纳米线的生长全过程。

大量的研究证明,VLS 生长机制具有很大的潜力。基于催化剂辅助生长的 VLS 机制,人们已经成功的制备了单质、金属氧化物等众多体系材料的一维纳米材料。特别重要的是,这种合成方法为可控制备具有良好结构和形貌特征的准一维纳米材料提供了极大的便利。

在 VLS 机制中,纳米线生长所需的气相前驱物既可以由物理方法也可以由化学方法产生,由此衍生出一些人们所熟知的纳米线制备技术。例如,物理方法有激光烧蚀法(laser ablation)、热蒸发(thermal evaporation)等;化学方法有化学气相沉积(chemical vapor deposition,简称 CVD)、化学气相输运(chemical vapor transport)、金属有机化合物气相外延法(metal organic vapor phase epitaxy,简称 MOVPE)等。

在 VLS 引导纳米线等一维纳米材料的生长中,同时出现了很多的拓展方法,如香港的李述汤院士等人在确保稳态和平衡的反应气氛条件下用自催化 VLS(ZnO 与 C 反应,生成金属 Zn 作为中间催化剂再引导 ZnO 纳米线的生长)手段在 Si 基片上成功的制备了 ZnO 纳米线阵列。这一拓展可以有效地避免不必要的杂质污染所得纳米线。另外还有一些用 VLS 机制制备的纳米线或阵列均可以有效地控制直径或取向生长而使产物具有优异的光学、电学性能。

另外,值得一提的是,在利用 VLS 机制生长一维纳米结构的研究中,除了 Au 外,其他的一些低熔点金属常用作催化剂,如 Sn、In、Ga 等。最近,Meyyappan 等人为解决采用 Au 作为 VLS 生长一维纳米材料中的所导致的 Au 在相应的材料的晶格融入等污染问题,系统的研究了采用其他的催化剂材料问题。他们采用了 15 种不同的催化剂材料(如 Ti、Cr、Fe、Ni、Co、Cu、Nb、Pd、Mo、Ag、Ta、W、Ir、Pt、Al 等)成功地合成了 SnO_2 一维纳米材料。这样就为寻求合适的纳米催化剂颗粒提供了可行的替代物选择。

2) VS 机制

研究表明,许多一维材料不使用催化剂也可生长出来,即直接通过气-固(VS)机制生长出一维材料。在 VS 过程中,可以通过热蒸发、化学还原或气相反应等方法产生气相,随后该气相被传输到低温区并沉积在基底上。其生长方式通常是以液-固界面上微观缺陷(位错、孪晶等)为形核中心生长出一维材料。研究发现,在 VS 生长机制中,气相的过饱和度决定着晶体生长的主要形貌。低的过饱和度对应晶须的生长,而中等的过饱和度对应块状晶体的形成,在很高的过饱和度下则通过均匀形核生成粉末。现在,用 VS 机制来生长纳米线、纳米管及纳米带等已是非常普遍的方法。

典型的研究工作有王中林小组用简单的物理蒸发与 VS 机制相结合制备出了无位错和缺陷的氧化物纳米带。Yang 等采用 VS 机制与碳热还原法合成了 ZnO、MgO、Al_2O_3、SnO_2 纳米线。中国科学院固体物理研究所的王业伍等利用碳热还原与 VS 相结合制备出了金属锌纳米带。

2. 液相法

1) 溶液-液相-固相生长机制

美国华盛顿大学 Buhro 小组在低温下通过溶液-液相-固相(solution-liquid-solid,SLS)生长机制获得了高结晶度的半导体纳米线,如 InP、InAs、GaAs 纳米线。这种方法生长的纳米线为多晶或近单晶结构,纳米线的尺寸分布范围较宽。但这种方法可以在低温下就获得结晶度较好的纳米线,具有较好的应用前景。

SLS 生长的机理有点类似于 VLS 机制。与 VLS 机制的区别仅在于,在 VLS 机制生长过程中,所需的原材料由气相提供;而在 SLS 机制生长过程中,所需的原料是从溶液中提供的。一般来说,此方法中常用低熔点金属(如 In、Sn 或 Bi 等)作为助溶剂(flux droplet),相当于 VLS 机制中的催化剂。恰恰由于这个原因,能在较低的反应温度溶剂中形成液相合金的选择范围则受到了限制,这也是该方法的一个缺点。

2）基于包敷作用的液相法

根据晶体生长动力学的观点,晶体形态取决于各晶面生长速度,快速生长的晶面(界面能较高)逐渐隐没,晶体表面逐渐为慢生长面(界面能较低)所覆盖。因此,人们可以通过引入合适的包敷剂(capping reagent)来改变晶体晶面的界面自由能,从而改变各晶面的生长速度,达到控制晶体生长形态的目的。

3）溶剂热化学合成方法

溶剂热合成方法(solvothermal chemical synthesis)已经被证明是一种有效的制备纳米丝的方法。在该制备过程中,金属前驱物和还原剂如胺的混合溶液放入一个高压釜中,然后在一定的压力和温度下实现纳米丝的生长。钱逸泰小组利用该方法制备出了大量的半导体纳米丝。

3. 模板法

准一维纳米材料合成所采用的另一种代表性的方式是模板法限域合成,图2-91给出了这样一个示意过程。从理论上来说,一般只需要采取适当的方法将前驱物质填充进入模板的纳米量级孔道,就可以制备出任意材料的一维纳米结构。模板限域合成一维纳米结构材料所涉及的模板,应该是具有一维纳米孔道的材料。根据已有的研究报道,常用的模板材料主要有多孔阳极氧化铝(PAA, porous anodic alumina)薄膜、径迹蚀刻(track-etch)聚合物薄膜、有序介孔硅基材料(如MCM-41)、碳纳米管(carbon nanotube)、以及沸石分子筛等。

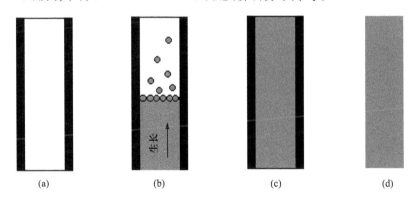

图 2-91　纳米线的模板限域合成过程示意图

(a) 多孔模板;(b) 充填组装过程;(c) 模板与组装材料复合体;(d) 除去模板获得一维目标材料

根据模板材料自身的结构特点,不同的材料在合成纳米结构中有着不同的应用. 模板法合成纳米线一般具有以下几个显著的特点:适用于多种材料体系、多种制备方法,可以合成单分散的纳米线,可以合成有序微阵列体系,通过改变模板的几何尺寸或沉积过程参数合成出纳米点、纳米线及纳米管。

采用多孔模板,结合电化学沉积、溶胶凝胶、化学沉积、气相沉积、金属氧化或硫化等众多方法,研究者们已经制备了大量的各种体系材料的准一维纳米材料及其微阵列结构。在目前的研究中,模板法合成已经成为一种普适性的准一维纳米材料合成策略。

参 考 文 献

郜涛,孟国文,张立德. 2002. 多孔阳极氧化铝在纳米结构合成中的应用. 世界科技研究与发展. 24:50~56

张立德,牟季美. 2001. 纳米材料与纳米结构. 北京:科学出版社

张立德,谢思深. 2005. 纳米材料和纳米结构——国家重大基础研究项目新进展. 北京:化学工业出版社

C A Bruckner,B J Prazen,R E Synovec. 1998. Anal Chem,70(14):2796~2804

C M Reddy,T I Eglinton,A Hounshell,et al. 2003. Environ Sci Technol,37(9):2021~2026

E A Stach,P J Pauzauskie,T Kuykendall,et al. 2003. Watching GaN nanowires grow. Nano Lett,3:867~869

G S Cheng,S H Chen,X G Zhu,et al. 2000. Highly ordered nanostructures of single crystalline GaN nanowires in anodic alumina membranes. Mater Sci Eng A,286:165~168

G S Frysinger,R B Gaines. 2002. J Forens Sci,47(3):471~482

G S Wu,L D Zhang,B C Cheng,et al. 2004. Synthesis of Eu_2O_3 nanotube arrays through a facial sol-gel template approach. J Am Chem Soc,126:5976~5977

J B Phillips,Z Xu. 1995. Comprehensive multi-dimensional gas chromatography. J Chromatogr A,703(1-2):327~334

J Dallüge,J Beens,U A Th Brinkman. 2003. J Chromatogr A,1000(1-2):69~108

J Dallüge,L L P Stee,X Xu,et al. 2002. J Chromatogr A,974(1-2):169~184

J H Wendorff,M Steinhart,U Gösele,et al. 2004. Nanotubes by template wetting:a modular assembly system. Angew Chem Int Ed,43:1334~1344

J Hu,T W Odom,C M Liber. 1999. Chemistry and physics in one dimension:synthesis and properties of nanowires and nanotubes. Acc Chem Res,32:435~445

J Wu,X Lu,W Tang,et al. 2004. Chromatogra A,1034(1-2):199~205

J-M D Dimandja,S B Stanfill,J Grainger,et al. 2000. J High Resol Chromatogr,23(3):208~214

M Adahchour,J Beens,R J J Vreuls,et al. 2002. Chromatographia,55:361~367

M Harju,C Danielsson,P Haglund. 2003. J Chromtogr A,1019(1-2):111~126

O Nishimura,J Agric. 1995. Food Chem,43:2941~2945

P Haglund,M Harju,R Ong,P Marriott. 2001. J Microcol Sep,13(7):306~311

P M Ajayan. 2004. How does a nanofiber grow? Nature,427:402~403

P M Ajayan. 1999. Nanotubes from carbon. Chem Rev,99:1787~1799

P Nguyen,H T Ng,M Neyyappan. 2005. Catalyst metal selection for synthesis of inorganic nanowires. Adv Mater,17:1773~1777

R A Shellie, P J Marriott, C W Huie. 2003. J Sep Sci, 26(12-13): 1185~1192

R P Feynman. 1961. There is plenty of room at the bottom. In Miniaturiation. New York: Reinhold [Published later in Journal of MicroelectroMechanical systems, 1(1992) 60~66]

R S Wagner, W C Ellis. 1964. Vapor-liquid-solid mechanism of single crystal growth. Appl Phys Lett, 4: 89~90

S H Sun, G W Meng, M G Zhang, et al. 2003. Microscopy Study of the Growth Process and Structural Features of Closely Packed Silica Nanowires. J Phys Chem B, 107: 13029~13032

T J Trentler, K M Hickman, S C Goel, et al. 1995. Solution-Liquid-Solid growth of crystalline III-V semiconductors: an analogy to vapor-liquid-solid growth. Science, 270: 1791~1794

Y L Li, I A Kinloch, A H Windle. 2004. Direct spinning of carbon nanotube fibers from chemical vapor deposition synthesis. Science, 304: 276~278

Y Ding, P X Gao, Z L Wang. 2004. Catalyst-Nanostructure Interfacial Lattice Mismatch in Determining the Shape of VLS Grown Nanowires and Nanobelts: A Case of Sn/ZnO. J Am Chem Soc, 126: 2066~2072

Y Lei, L D Zhang, G W Meng, et al. 2001. Preparation and photoluminescence of highly ordered TiO_2 nanowire arrays. Appl Phys Lett, 78: 1125~1127

Y Li, G W Meng, L D Zhang, F Phillipp. 2000. Ordered semiconductor ZnO nanowire arrays and their photoluminescence properties. Appl Phys Lett, 76: 2011~2013

Y N Xia, P D Yang, Y G Sun, et al. 2003. One-dimensional nanostructures: synthesis, characterization and properties. Adv Mater, 15: 353~389

Y Wu, P D Yang. 2001. Direct observation of vapor-liquid-solid nanowire growth. J Am Chem Soc, 123: 3165~3166

Z D Xiao, L D Zhang, X K Tian, et al. 2005. Fabrication and structural characterization of porous tungsten oxide nanowires. Nanotechnology, 16: 2647~2650

Z Pan, Z Dai, C Ma, Z L Wang. 2002. Molten gallium as a catalyst for the large-scale growth of highly aligned silica nanowires. J Am Chem Soc, 124: 1817~1822

Z R Tian, J A Voigt, J Liu, et al. 2003. Complex and oriented ZnO nanostructures. Nature Mater, 2: 821~826

Z W Pan, Z R Dai, Z L Wang. 2001. Nanobelts of semiconducting oxides. Science, 291: 1947~1949

第二篇
实验选编

第 3 章　物质的制备及分离纯化

实验 1　粗食盐的提纯

预习

（1）过滤、离心等基本操作。

（2）查阅 NaCl 的溶解度。

实验目的

（1）通过粗食盐的提纯，了解盐类溶解度知识及沉淀溶解平衡原理的应用。

（2）练习并掌握离心、减压过滤、蒸发浓缩、pH 试纸的使用、无机盐的干燥等基本操作。

（3）练习并掌握天平的使用和杂质的鉴定方法。

实验原理

NaCl 试剂或氯碱工业所用的盐都是以粗食盐为原料进行提纯得到的。一般粗食盐中含有泥沙等不溶性杂质以及 Ca^{2+}、Mg^{2+}、K^+ 和 SO_4^{2-} 等可溶性杂质。

粗食盐中不溶性杂质可以用溶解和过滤等方法除去。

NaCl 的溶解度受温度的影响不大，故不能使用重结晶的方法提纯，而应该采用化学方法处理，使其中可溶性的杂质转化为难溶性物质，过滤除去。可溶性杂质的除去方法是：利用稍微过量的 $BaCl_2$ 与食盐中的 SO_4^{2-} 反应，使之转化为难溶的 $BaSO_4$ 而除去。反应式为

$$Ba^{2+} + SO_4^{2-} =\!=\!= BaSO_4 \downarrow \tag{3-1}$$

将溶液过滤，在滤液中加入微量过量的 Na_2CO_3，则有

$$Ba^{2+} + CO_3^{2-} =\!=\!= BaCO_3 \downarrow \tag{3-2}$$

$$Ca^{2+} + CO_3^{2-} =\!=\!= CaCO_3 \downarrow \tag{3-3}$$

$$2Mg^{2+} + 2CO_3^{2-} + H_2O =\!=\!= [Mg_2(OH)_2]CO_3 \downarrow + CO_2 \uparrow \tag{3-4}$$

过滤，除去 Ca^{2+}、Mg^{2+} 和过量的 Ba^{2+}。再向滤液中加入 HCl，以除去过量的 Na_2CO_3，反应式为

$$CO_3^{2-} + 2H^+ =\!=\!= H_2O + CO_2 \uparrow \tag{3-5}$$

少量的可溶性杂质（如 KCl），由于含量较少，其溶解度比 NaCl 大，所以将母

液蒸发浓缩后,NaCl 晶体析出,KCl 则留在母液中,而与 NaCl 晶体分开,少量多余的盐酸在干燥 NaCl 时会逸出。

实验仪器及药品

1. 仪器

电子天平(0.01g)、离心机、普通漏斗、布氏漏斗、抽滤瓶、蒸发皿、烧杯(100mL)、玻璃棒、滴管。

2. 药品

粗食盐、$BaCl_2$（$1mol \cdot L^{-1}$）、Na_2CO_3（$1mol \cdot L^{-1}$）、HCl（$2mol \cdot L^{-1}$）、$(NH_4)_2C_2O_4$（$0.5mol \cdot L^{-1}$）、NaOH（$1mol \cdot L^{-1}$）、镁试剂。

3. 材料

广泛 pH 试纸、滤纸。

实验步骤

1. 粗盐的提纯

1）粗盐的溶解

用小烧杯称取 5 g 粗食盐,加蒸馏水 30 mL,用玻璃棒搅拌加热使之溶解,溶液中的少量不溶性杂质保留,下一步过滤时一并除去。

2）化学处理

(1) 除去 SO_4^{2-}。将粗食盐溶液加热至沸腾,用小火保持微沸,边搅拌边逐滴加入 $1 mol \cdot L^{-1} BaCl_2$ 溶液（约 25 滴）至沉淀完全。为了检验沉淀是否完全,将上述溶液静置分层,然后向上层清液中加入 1 滴 $BaCl_2$ 溶液,如有沉淀产生,表明 SO_4^{2-} 未被除尽,继续向烧杯中滴加 $BaCl_2$ 溶液,直至上层清液加 1 滴 $BaCl_2$ 溶液后不再产生沉淀为止。沉淀完全后,继续加热约 5 min,以使沉淀颗粒长大而易于沉降。冷却,用倾注法过滤,用 5 mL 蒸馏水洗涤残渣,收集滤液。

(2) 除去 Ca^{2+}、Mg^{2+} 和 Ba^{2+}。将(1)中的滤液加热至沸腾,用小火维持微沸,边搅拌边滴加 $1 mol \cdot L^{-1} Na_2CO_3$ 溶液,使 Ca^{2+}、Mg^{2+} 和 Ba^{2+} 都转化为难溶的碳酸盐或碱式碳酸盐沉淀,采用(1)中的方法检验 Ca^{2+}、Mg^{2+} 和 Ba^{2+} 生成沉淀是否完全。此过程中适当补充蒸馏水,保持原体积,防止 NaCl 晶体析出。当沉淀完全后,用普通漏斗常压过滤。

(3) 除去 CO_3^{2-}。向(2)中的滤液中滴加 $2 mol \cdot L^{-1}$ HCl 溶液,调节 pH 至 2～3。将滤液转入蒸发皿中,小火蒸发使 CO_3^{2-} 转化为 CO_2 逸出。

3) 蒸发、浓缩

适当蒸发 HCl 处理过的溶液,当液面出现晶体时,改用小火并不断搅拌,以免溶液溅出。蒸发后期,再检查溶液的 pH,必要时可加 1~2 滴 2 mol·L^{-1} HCl 溶液,保持溶液微酸性(pH=6),当溶液蒸发至稀糊状时(切勿蒸干!),停止加热。充分冷却,减压过滤,并尽可能将 NaCl 晶体抽干。

4) 干燥

将晶体转入蒸发皿中,在石棉网上用小火烘炒,用玻璃棒不断搅动,以防结块。直至无水蒸气逸出后,改用大火烘炒数分钟,即得洁白、松散的 NaCl 晶体,冷却至室温,称量,计算产率。

2. 产品纯度的检验

称取 1 g 粗食盐和精制食盐各一份,分别用 5mL 蒸馏水溶解,然后分别盛于 3 支试管中组成 3 组试样,对照检验它们的纯度。

1) SO_4^{2-} 的检验

在第一组溶液中分别加入 2 滴 1 mol·L^{-1} $BaCl_2$,比较沉淀产生的情况,在精制食盐溶液中无 $BaSO_4$ 沉淀产生。

2) Ca^{2+} 的检验

在第二组溶液中分别加入 2 滴 0.5 mol·L^{-1} $(NH_4)_2C_2O_4$ 溶液及 2 滴 6 mol·L^{-1} HAc 溶液,在精制食盐溶液中无 CaC_2O_4 沉淀产生。

3) Mg^{2+} 的检验

在第三组溶液中各加入 2~3 滴 1 mol·L^{-1} NaOH 溶液,使溶液呈碱性(用 pH 试纸检验),再各加入 2~3 滴镁试剂[1],精制食盐溶液无天蓝色沉淀产生。

数据处理及结果讨论

粗食盐质量/g:_____。

精制食盐质量/g:_____。

产率:_____。

注释

[1] 镁试剂是一种有机染料,学名为对硝基偶氮间苯二酚。它在酸性条件下呈黄色,在碱性条件下呈红色或紫色,但被 $Mg(OH)_2$ 沉淀吸附后,则呈天蓝色,因此可以检验 Mg^{2+} 的存在。

思考题

1. 粗食盐中不溶性杂质和可溶性杂质如何除去?

2. 除去可溶性杂质的先后次序是否可以任意改变? 为什么?

3. 为什么往粗盐溶液中加 $BaCl_2$ 和 Na_2CO_3 后,均要加热至沸腾?

4. 固液分离有哪些方法? 根据什么条件选择固液分离的方法?

实验 2　工业乙醇的蒸馏与分馏及其折光率的测定

预习

(1) 蒸馏与分馏的原理以及分离纯化对象。

(2) 蒸馏与分馏的实验装置、操作方法及实验注意事项。

(3) 查阅乙醇的沸点、折光率等物理常数。

(4) 折光率测定的方法。

实验目的

(1) 学习并掌握蒸馏与分馏的实验原理及操作方法。

(2) 学习有机化合物折光率的测定方法,理解折光率测定的意义。

实验原理

蒸馏是将液态化合物加热至沸腾变成蒸气,然后将蒸气冷凝,并在另一容器中收集馏分的过程。在蒸馏沸点相差较大的液体混合物时,沸点较低的物质先蒸出来,沸点较高的物质后蒸出,难挥发的物质则残留在蒸馏瓶内,从而达到分离和提纯的目的。

当待蒸馏混合物的沸点比较接近时,采用蒸馏法难以达到分离提纯的目的,若要获得良好的分离效果,应该选用分馏法。分馏是使混合物的蒸气通过分馏柱进行一系列热交换的过程。物质受热后,上升的蒸气中高沸点的组分容易被冷却成为液体,回流到烧瓶中,而其中低沸点组分的含量相对增加,在分馏柱内反复进行气化、冷凝、回流等过程,最后分馏出纯度较高的低沸点组分,从而达到分离的目的。

折光率是物质的物理常数之一。折光率不仅作为物质纯度的标志,也可用来鉴定未知物。物质的折光率随入射光波长不同而变化,也随测定时温度的不同而变化。

实验仪器及药品

1. **仪器**

密度计、圆底烧瓶(10mL、100mL)、蒸馏头、直形冷凝管、韦氏分馏柱、尾接管、温度计(150℃)、锥形瓶(5mL、100mL)、量筒(5mL、100mL)、折光仪、电热套。

微型蒸馏装置、微型分馏装置、微型回流装置。

2. 药品

工业乙醇。

实验步骤

1. 常量实验操作步骤

(1) 量取 70mL 工业乙醇倒入长玻璃筒中,小心放入密度计,待其稳定后(勿使其贴靠筒壁),读出相对密度 d_1,查表 3-1,记录待蒸馏乙醇的浓度。

表 3-1 乙醇的相对密度与质量分数

相对密度	质量分数/%	相对密度	质量分数/%
0.9346	49.9	0.8799	74
0.9344	50	0.8773	75
0.9325	51	0.8747	76
0.9305	52	0.8721	77
0.9285	53	0.8694	78
0.9264	54	0.8667	79
0.9244	55	0.8639	80
0.9222	56	0.8611	81
0.9201	57	0.8583	82
0.9180	58	0.8554	83
0.9158	59	0.8552	84
0.9136	60	0.8496	85
0.9113	61	0.8465	86
0.9101	62	0.8435	87
0.9086	63	0.8400	88
0.9044	64	0.8372	89
0.9021	65	0.8339	90
0.8997	66	0.8306	91
0.8974	67	0.8276	92
0.8949	68	0.8236	93
0.8925	69	0.8199	94
0.8990	70	0.8161	95
0.8875	71	0.8121	96
0.8850	72	0.8079	97
0.8825	73		

（2）量取 60mL 工业乙醇倒入 100mL 圆底烧瓶中，加入两三粒沸石，以防止暴沸。

（3）按图 2-42 的蒸馏装置或图 2-44 的分馏装置安装仪器。调整温度计的位置，使之在蒸馏时水银球完全被蒸气包围。

（4）通入冷凝水，水浴加热。开始小火加热，慢慢增大火力使之沸腾。调节火力，使蒸馏速度保持 $1\sim2$ 滴·s^{-1}。在蒸馏过程中，温度计水银球被冷凝的液滴润湿，此时温度计的读数就是馏出液的沸点。收集所需温度范围的馏出液。

（5）当蒸馏至不再有馏出液蒸出温度突然下降时，先停止加热，后关闭冷凝水。

（6）取 $3\sim4$ 滴乙醇蒸馏液测定折光率（n）。然后将蒸馏结果与分馏结果进行比较。折光率的测定方法见 2.8.4 折光率的测定。

（7）将乙醇蒸馏液倒入长玻璃筒中，小心放入密度计，待其稳定后读出其相对密度 d_2，查表 3-1，记录蒸馏后乙醇的浓度。

2. 微型实验操作步骤

（1）在公用台上读取待蒸馏工业乙醇的相对密度 d_1，查表 3-1 记录此时乙醇浓度。

（2）量取 6.5mL 待蒸馏乙醇倒入 10mL 磨口圆底烧瓶中，放入 2 粒沸石，按图 2-42 的蒸馏装置或图 2-45 的分馏装置安装仪器，并调整好温度计的位置。

（3）通入冷凝水，水浴加热。调整火力，当温度恒定时，记下此温度。控制蒸馏速度在 $1\sim2$ 滴·s^{-1}，收集 $3\sim4$mL 馏出液。

（4）取 $3\sim4$ 滴蒸馏乙醇（或分馏乙醇）测定折光率（n）。测定方法与常量相同。

（5）收集全班同学的蒸馏液置于长玻璃筒中，测其相对密度（d_2），并查表 3-1，得蒸馏后乙醇的质量分数（w）。

注意事项

（1）蒸馏装置始终保证不漏气，以免在蒸馏过程中蒸气渗漏造成损失或发生火灾。

（2）蒸馏易挥发和易燃物质不能用明火加热，否则易引起火灾。

（3）蒸馏前加入 2 粒沸石，防止暴沸现象发生。

（4）通入冷凝水时，冷凝水应从冷凝管的下端流入，从上端流出。

（5）切忌将被蒸馏液体蒸干，否则易导致产生过氧化物而引起爆炸。

（6）必须注意保护折光仪的棱镜，不得被镊子、滴管等用具造成刻痕，不得测定腐蚀性液体。

（7）测定易挥发液体样品时，操作应迅速，或者在测定过程中，用滴管由棱镜侧面的小孔滴加待测液。

（8）每次使用折光仪后，应认真清洗镜面，待其晾干后再关闭棱镜，并置于干燥处保存。

思考题

1. 在蒸馏操作中应注意哪些问题？（从安全和效果两个方面来考虑）
2. 在蒸馏（或分馏）操作中为什么要加入沸石？
3. 在蒸馏（或分馏）操作中，当加热至有馏出液馏出时才发现未通冷凝水，能否马上通入冷凝水？为什么？
4. 为什么冷凝水要从冷凝管下端流入，从上端流出？
5. 分馏和蒸馏在原理及装置上有哪些异同点？

实验 3　五水硫酸铜的制备与提纯

预习

（1）重结晶的原理及溶解、过滤等基本操作。
（2）浓硫酸的稀释方法及注意事项。

实验目的

（1）了解重结晶法提纯物质的原理。
（2）练习并掌握溶解、过滤、加热、蒸发、重结晶等基本操作技能。

实验原理

由于浓硫酸与单质铜制备硫酸铜会产生有害气体 SO_2，因此本实验采用氧化铜与硫酸作用制取硫酸铜。其反应为

$$CuO + H_2SO_4 =\!=\!= CuSO_4 + H_2O \tag{3-6}$$

将制备得到的硫酸铜在水中结晶，即得到五水硫酸铜晶体，其反应为

$$CuSO_4 + 5H_2O =\!=\!= CuSO_4 \cdot 5H_2O \tag{3-7}$$

由于反应物纯度不高，反应产物中有可能存在少量杂质。其中不溶性杂质可用过滤的方法除去。硫酸铜的溶解度随温度的变化显著，其中可溶性杂质可用重结晶法除去。所以，在重结晶时，应先制成浓的热溶液，冷却时硫酸铜易达到饱和而优先结晶析出，少量可溶性杂质难以达到饱和而残留在母液中，从而达到分离杂质提纯产品的目的。

实验仪器及药品

1. 仪器与用品

电子天平(0.01g)、玻璃棒、酒精灯、石棉网、三角架、烧杯(500mL)、蒸发皿、表面皿、量筒(10mL、50mL)、滤纸、漏斗、漏斗架、锥形瓶(100mL)。

2. 药品

浓 H_2SO_4(C. P.)、CuO(C. P.)、95％乙醇(C. P.)。

实验步骤

1. 稀 H_2SO_4 溶液的配制(每12人配制 300 mL)

根据实验的用量,将浓 H_2SO_4 稀释配成 3 mol·L^{-1}(切勿将水注入浓硫酸中!)。

2. $CuSO_4 \cdot 5H_2O$ 粗晶体的制备

(1) 称样。在电子天平上称取约 2.0g CuO 粉末于洁净、干燥的蒸发皿中。

(2) 反应。用量筒量取 20 mL 3 mol·L^{-1} H_2SO_4 于上述蒸发皿中,将蒸发皿隔着石棉网用酒精灯加热,同时用玻璃棒不停搅拌,以防止 CuO 结块,待 CuO 全部溶解后,继续加热至有大量结晶出现(防止蒸干!),停止加热。用坩埚钳将蒸发皿取下,待其充分冷却,即有晶体析出,将母液倾析倒入回收瓶中,即得 $CuSO_4 \cdot 5H_2O$ 粗晶体。

3. $CuSO_4 \cdot 5H_2O$ 的提纯

(1) 溶解。用量筒量取 15 mL 纯水,倒入盛有 $CuSO_4 \cdot 5H_2O$ 粗晶体的蒸发皿中,加热搅拌,待晶体全部溶解后立即停止加热。

(2) 过滤。将 $CuSO_4$ 溶液趁热过滤,并用另一蒸发皿承接滤液。

(3) 重结晶。将盛有滤液的蒸发皿在酒精灯上加热,当蒸发的水分约占全部体积的 1/4(3~4mL)后,即制得浓热的 $CuSO_4$ 溶液(此时尚未饱和)。停止加热。此时溶液不应该析出晶体,如有少量晶体出现,应加入少许纯水溶解之,并适当蒸发(为什么?)。自然冷却,即有晶体析出。待其充分结晶后,小心倾出母液,即得纯度较高的 $CuSO \cdot 5H_2O$ 晶体。

若要得到纯度更高的产品,重复操作(3)。

4. 称量

用少量 95% 乙醇(5mL)洗涤晶体 1~2 次(为什么?),将晶体置于表面皿上用吸水纸(或滤纸)轻压以吸干母液,晾干,称量。将提纯后的 $CuSO_4 \cdot 5H_2O$ 晶体倒在干净的已知质量的表面皿上,称量,记录数据。将产品全部倒入回收瓶中。

数据处理及结果讨论

物 品
CuO/g
表面皿/g
产品与表面皿/g
实际产量/g
理论产量/g
产率/%

思考题

1. 实验中有哪些注意事项?
2. 根据你做实验的体会,说明如何提高产率。

扩展实验 硫酸四氨合铜的制备

配制 $0.5 \ mol \cdot L^{-1} CuSO_4$ 溶液 50mL(使用自制的 $CuSO_4 \cdot 5H_2O$),取 10 mL 于烧杯中加入 $6 \ mol \cdot L^{-1} NH_3 \cdot H_2O$ 至生成深蓝色溶液。在此深蓝色溶液中加入 50mL 95%乙醇,此时会析出$[Cu(NH_3)_4]SO_4$,减压抽滤,即得到所需物质。将$[Cu(NH_3)_4]SO_4$与$CuSO_4 \cdot 5H_2O$进行比较,二者有何差别?

实验 4 从烟草中提取烟碱(微型实验)

预习

(1) 回流和水蒸气蒸馏操作的原理、实验装置及操作方法。
(2) 生物碱的提取原理、方法及一般性质。
(3) 了解烟碱的紫外光谱吸收情况。

实验目的

(1) 学习水蒸气蒸馏操作的原理及其应用。

（2）掌握水蒸气蒸馏装置的安装及操作方法。

（3）了解生物碱的提取原理、方法及一般性质。

实验原理

烟碱（又名尼古丁）是烟叶中的一种主要生物碱，其结构式如下：

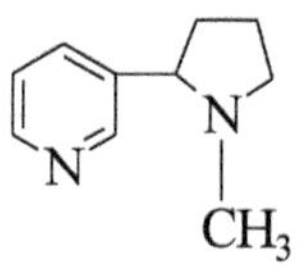

由于它是含氮的碱性化合物，很容易与盐酸反应生成烟碱盐酸盐而溶于水。其提取液加入 NaOH 后可使烟碱游离，游离烟碱在 100℃ 左右具有一定的蒸气压，因此，可用水蒸气蒸馏法分离提取。

水蒸气蒸馏原理是根据道尔顿分压定律，即当水蒸气产生的蒸气压与被分离物质产生的蒸气压之和等于外界大气压时，被分离物质就会和水蒸气一起蒸馏出来。

$$p_{总} = p'_{水} + p'_{物}$$

实验仪器及药品

1. 仪器

微型回流装置、微型水蒸气蒸馏装置、烧杯（100mL）、玻璃棒。

2. 药品

粗烟叶或烟丝、HCl（10％）、NaOH（50％）、饱和苦味酸、乙酸（0.5％）、碘化汞钾溶液、红色石蕊试纸。

实验步骤

（1）取 1/2～2/3 支香烟的烟丝置于 10mL 圆底烧瓶中，加入 6mL 10％ HCl，装上球形冷凝管回流 20min。

（2）待烧瓶中混合物冷却后，将其中液体转入小烧杯，用 50％ NaOH 中和至明显碱性（用石蕊试纸检验，注意充分搅拌）。

（3）将上述混合物转入蒸馏试管中，装好微型水蒸气蒸馏装置（图 2 - 46）。

（4）取微型试管 2 支各收集约 5 滴烟碱馏出液。在第一支试管中逐滴加入饱和苦味酸溶液，观察是否有沉淀产生；第二支试管中加 2 滴 0.5％ 乙酸溶液及 2 滴碘化汞钾溶液，观察有无沉淀生成。

思考题

1. 为什么要用盐酸溶液提取烟碱？
2. 水蒸气蒸馏提取烟碱时，为什么要用 NaOH 中和至明显碱性？

扩展实验　　烟碱的紫外光谱分析

实验用品

752 型紫外光栅分光光度计、烟碱馏出液 1mL。

实验操作

以蒸馏水为空白溶液，以烟碱馏出液为被测溶液，将被测溶液和空白溶液分别装入两只比色皿中，用 752 型紫外光栅分光光度计测量在各个波长的吸光度，由 200nm 开始，每隔 20nm 测一次。将空白调节到吸光度为零，然后测定溶液的吸光度，在有吸收峰或吸收的波段，以每 5nm 为间隔测定吸光度，并记录下不同波长及其对应的吸光度值。以波长为横坐标，吸光度为纵坐标，逐点标记在坐标纸上，描成一光滑的曲线，即得到待验证的烟碱的吸光光谱曲线。

将所绘制的烟碱的吸光光谱曲线与标准烟碱的吸光光谱曲线相比较，根据两种曲线形状以及最大波长是否相同，可以鉴定物质。

实验 5　乙酸异戊酯的制备（微型实验）

预习

（1）分离纯化液态有机物的常用方法。
（2）回流、蒸馏操作的实验装置及操作方法。
（3）计算乙酸异戊酯的相对分子质量并查阅相关物理常数。
（4）液体有机物的干燥方法以及干燥剂的选用。
（5）液-液萃取的原理及方法。
（6）分液漏斗的使用方法。

实验目的

（1）学习并掌握液态有机化合物的分离纯化方法。
（2）熟练掌握回流、蒸馏、萃取及干燥等实验技术。

实验原理

乙酸异戊酯（又名香蕉水），可通过乙酸和异戊醇直接酯化的方法制备。

$$CH_3COOH + \begin{array}{c} H_3C \\ \\ H_3C \end{array} CHCH_2CH_2OH$$

$$\underset{\longleftarrow}{\overset{\text{浓 } H_2SO_4}{\rightleftharpoons}} \quad H_3C \overset{\overset{O}{\|}}{-} C - OCH_2CH_2 - CH \begin{array}{c} CH_3 \\ \\ CH_3 \end{array} + H_2O \qquad (3-8)$$

酯化反应是可逆反应。为了使反应进行得比较完全,通常使其中某一种反应物过量,或者不断移去某一种生成物,以促使平衡向右移动,使反应更加完全。我们通常使用过量的乙酸,因其价格便宜,并且易于从反应混合物中除去。

实验仪器及药品

1. 仪器

圆底烧瓶(5mL、10mL)、微型球形冷凝管、微型蒸馏接头、微型直形冷凝管、分液漏斗(25mL)、锥形瓶(5mL)。

2. 药品

冰醋酸(C. P.)、异戊醇(C. P.)、浓硫酸(C. P.)、无水硫酸镁(C. P.)。

实验步骤

1. 乙酸异戊酯的制备

在 10mL 圆底烧瓶中加入 1.8mL 异戊醇(0.017mol)和 2.4mL 乙酸(0.04mol),摇匀后小心加入 4 滴浓 H_2SO_4,边滴加边振摇圆底烧瓶,加入 2 粒沸石,装上微型球形冷凝管(图 2-22)。隔着石棉网用酒精灯加热,回流 30min。

停止加热,使反应体系冷却至室温。

2. 萃取

将粗产品转入分液漏斗[1]中,加入 3mL 蒸馏水,盖好塞子,振摇,静置,分出水层。加入 3mL 5% 的 NaHCO₃ 溶液,用玻璃棒不断搅拌直至大部分 CO₂ 气体放出。盖好塞子,振摇,打开活塞排出气体,重复操作,直至无气体排出。静置,分出水层。然后再分别用 3mL 5% NaHCO₃ 溶液洗涤 2 次,每次洗完均要分出水层,直至分出的水层呈碱性(用红色石蕊试纸检验)。

加入 2mL 蒸馏水洗涤有机层,再加入 0.5mL 饱和 NaCl 溶液帮助分层。用玻璃棒慢慢搅动混合物(不要振摇),分出水层。

3. 干燥

从分液漏斗上部将有机层转入干燥洁净的锥形瓶中,加入少许无水 $MgSO_4$[2] (约 0.1g),盖好瓶塞,振摇后静置 10min。

4. 蒸馏

将干燥的液体转入 5mL 圆底烧瓶中,加入 2 粒沸石,按图 2 - 42 安装蒸馏装置,加热,蒸馏[3],收集 134~141℃ 馏分。计算产率,回收产品。

注释

　[1] 分液漏斗使用前,必须先检漏。
　[2] 若液体仍是浑浊的,可再添加少许无水 $MgSO_4$,直到液体透明为止。
　[3] 蒸馏装置应该预先干燥;接收器应预先干燥、称量。

思考题

　1. 为什么从反应产物中除去过量的乙酸比过量的异戊醇更容易?
　2. 归纳出分离、纯化乙酸异戊酯的程序(用方框图表示)。

扩展实验　乙酸异戊酯的气相色谱分析

实验用品

　石油醚:乙醚=2:1(体积比)、气相色谱仪(氢火焰离子化检测器)(日本岛津)。

实验操作

　1) 色谱柱装柱
　(略)
　2) 色谱测定条件
　氢火焰离子化检测器
　色谱柱:长 3m、内径 3mm 的不锈钢柱
　固定液:SE-30
　担体:Chromosorb(W) 60~80 目
　柱温:150℃
　气化室温:200℃
　检测室温:200℃
　载气:N_2(200mL · min^{-1})

进样量:10μL

3) 操作步骤

色谱柱在仪器内装好后,以 200 mL · min^{-1} 的速度通入载气 16h 老化处理。至记录仪基线稳定即可进行样品分析。

实验6　乙酰苯胺的制备(微型实验)

预习

(1) 有机化合物发生酰化反应的原理和方法。

(2) 结晶、重结晶的原理及操作方法。

(3) 减压抽滤装置及操作方法。

实验目的

(1) 学习苯胺酰化的原理和方法。

(2) 掌握固态有机物的分离提纯技术。

(3) 学习重结晶的操作技术。

(4) 学习减压抽滤实验技术。

实验原理

苯胺可与乙酰氯、乙酸酐或乙酸作用生成乙酰苯胺。其中苯胺与乙酰氯反应速度最剧烈,但是反应过程中能剧烈释放出 HCl,并使 1/2 的苯胺转变成其盐酸盐,丧失反应能力。苯胺与乙酸酐反应是实验室常用的合成方法,且得到产物纯度高,产量高,但它对活性较差的胺类如硝基苯胺等不适用。用乙酸作乙酰化试剂反应平缓,虽然反应时间较长,但乙酸价格便宜,操作方便。

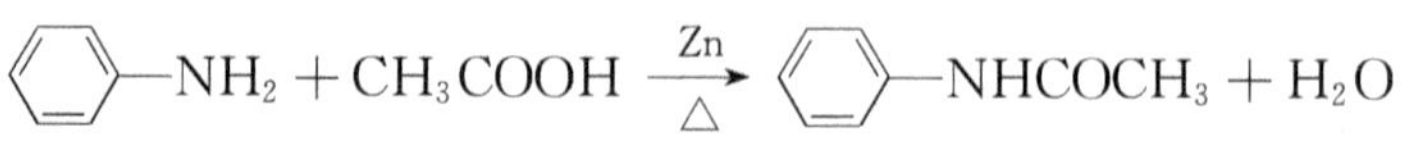

$$\langle\text{苯环}\rangle{-}NH_2 + CH_3COOH \xrightarrow[\triangle]{Zn} \langle\text{苯环}\rangle{-}NHCOCH_3 + H_2O \qquad (3-9)$$

实验仪器及药品

1. 仪器

圆底烧瓶(10mL)、微型空气冷凝管、微型抽滤装置、烧杯(50mL)、表面皿、量筒(10mL)、循环式水泵。

2. 药品

苯胺(C. P. ,新蒸过)、冰醋酸(C. P.)、锌粉(C. P.)、活性炭(C. P.)。

实验步骤

(1) 在 10mL 干燥的圆底烧瓶中,加入新蒸过的苯胺 1.2mL(0.0132mol)、冰醋酸 1.6mL (0.028mol) 和少许锌粉(约 0.1g)[1],装上微型空气冷凝管(图 3-1)。小火加热至沸腾。

(2) 沸腾后,加强火力,使蒸气上升至高于冷凝管柱高的 2/3,但不使蒸气冲出冷凝管,回流 40min。

(3) 趁热将反应物慢慢转入盛有 10mL 冷水的烧杯中(切勿将 Zn 粉倒入烧杯),并不断搅拌,冷却后即有乙酰苯胺粗品结晶析出。充分冷却,减压抽滤。然后用 5mL 蒸馏水淋洗粗产品(边抽滤边淋洗),以除去残留的酸液。

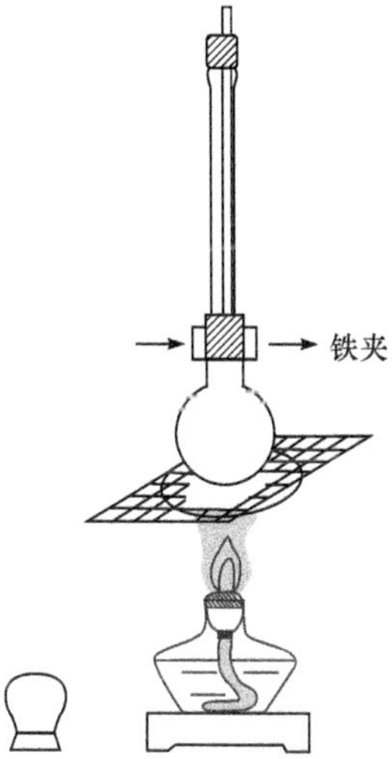

(4) 将乙酰苯胺的粗产品溶于 12mL 热水中(用水量不可太大),加热至沸(若煮沸时,溶液仍呈浑浊状态,可适量添加热水使之溶解)。移去火源,稍稍冷却,加入活性炭[2](约 0.02g),搅拌煮沸,然后趁热减压过滤。迅速将母液转入洁净烧杯中。

图 3-1　空气回流装置

(5) 母液冷却后即有乙酰苯胺结晶析出。待母液充分冷却后,减压抽滤,晾干固体得精制产品。

(6) 测定其熔点。

纯乙酰苯胺[3]为白色片状晶体,熔点 114℃。

注释

[1] 锌粉的作用是防止苯胺在反应过程中被氧化,但不宜多加,否则生成氢氧化锌会影响产品的纯度。

[2] 不能将活性炭加入至沸腾的溶液中,否则会引起暴沸,使溶液溢出容器外。

[3] 不同温度下乙酰苯胺在 100g 水中的溶解度为

温度/℃	100	80	50	25	20
溶解度/[g·(100g 水)⁻¹]	5.55	3.45	0.84	0.56	0.46

思考题

1. 实验中,夹杂在乙酰苯胺粗产品中的少量乙酸及苯胺是如何除去的?

2. 以苯胺为原料进行苯环上的某些取代反应时,为什么常先将苯胺酰基化? 取代反应完成后怎样才能除去乙酰苯胺的酰基?

3. 在重结晶操作中,怎样才能得到产量高、质量好的产品?

扩展实验　乙酰苯胺的红外光谱分析

实验用品

红外分光光度计、乙酰苯胺、无水 KBr。

实验操作

1）制备样品薄片（压片法）

称取干燥乙酰苯胺样品 1～2mg，与 200mg 干燥的 KBr 粉末一起放入洁净干燥的玛瑙研钵中研细，混合均匀，然后倒入制片模具中铺匀；合上模具在油压机上加压至 9t·cm^{-2} 以上，并维持 2～3min；取出压成片状的样品，装入样品架上待测。

2）测定光谱

（1）在教师指导下，开启仪器进行预热。

（2）校验仪器。

（3）扫描并记录乙酰苯胺的红外光谱图。

3）结果处理

将所得乙酰苯胺谱图（图 3-2）与标准谱图对照，确认所测样品为乙酰苯胺。

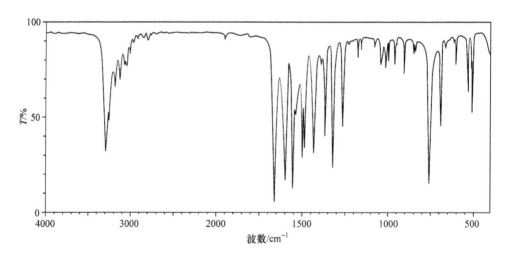

图 3-2　乙酰苯胺的标准红外光谱（KBr 压片）

实验 7　苯甲酸的制备

预习

(1) 沙浴加热实验技术。

(2) 搅拌回流操作技术。

(3) 利用格氏试剂制备化合物的一般方法及注意事项。

(4) 查阅苯甲酸的相对密度等物理常数。

实验目的

(1) 学习由甲苯氧化制备苯甲酸的原理和方法。

(2) 了解格氏试剂与二氧化碳反应制备羧酸的方法。

实验原理

苯甲酸可通过甲苯氧化制备或格氏试剂与二氧化碳反应等方法制备。

方法 1　氧化法

甲苯经高锰酸钾氧化和酸化后，得到产物苯甲酸。反应式为

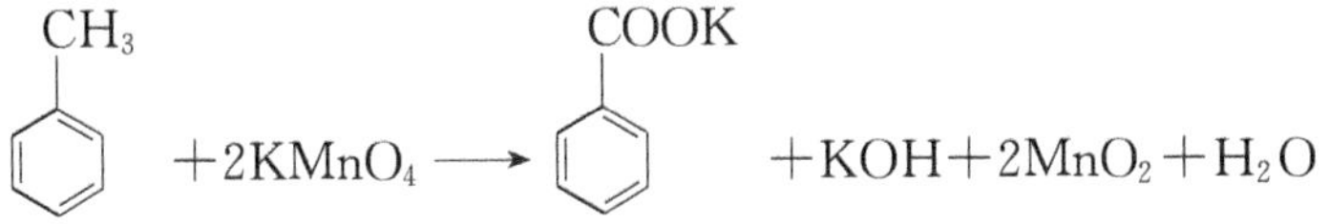

$$+2KMnO_4 \longrightarrow \qquad +KOH+2MnO_2+H_2O \qquad (3-10)$$

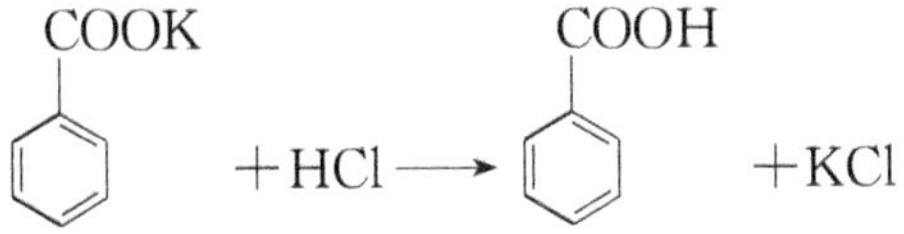

$$+HCl \longrightarrow \qquad +KCl \qquad (3-11)$$

方法 2　格氏试剂法

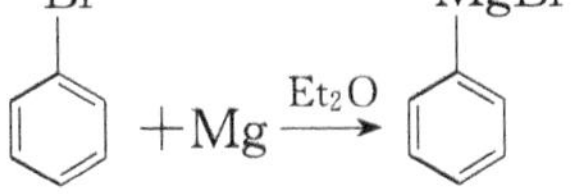

$$+Mg \xrightarrow{Et_2O} \qquad (3-12)$$

$$+CO_2 \xrightarrow{Et_2O} \qquad \xrightarrow{H^+} \qquad (3-13)$$

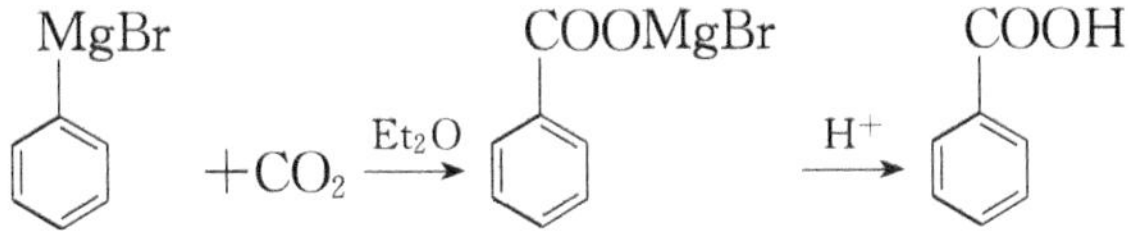

副反应为

$$\underset{\text{MgBr}}{\underset{\bigcirc}{}} + \underset{\text{Br}}{\underset{\bigcirc}{}} \longrightarrow \bigcirc\!\!-\!\!\bigcirc + \text{MgBr}_2 \qquad\qquad (3-14)$$

实验仪器及药品

1. 仪器

圆底烧瓶(10mL)、二颈烧瓶(100mL)、球形冷凝管、干燥管、烧杯(50mL)、吸量管(1mL)、电磁加热搅拌器、玻璃钉漏斗、抽滤瓶、分液漏斗、试管。

2. 药品

甲苯(C. P.)、$KMnO_4$(C. P.)、$NaHSO_3$(C. P.)、HCl(25%)、刚果红试纸、镁条、溴苯、碘、大理石、浓 H_2SO_4(C. P.)、NaOH(5%)、无水 $CaCl_2$(C. P.)、无水乙醚(C. P.)。

实验步骤

方法1　氧化法

(1) 用1mL吸量管取0.18mL(1.64mmol)甲苯加入10mL圆底烧瓶中,再加入6mL水,装上冷凝管,在电磁加热搅拌器上沙浴加热至微沸(图2-8)。在搅拌下,从冷凝管上口分批加入0.50g(5.2mmol)$KMnO_4$[1],最后用少量水(约1mL)将黏附在冷凝管内壁上的 $KMnO_4$ 冲入瓶内,继续回流,直至甲苯层消失,回流液中无明显油珠为止。

(2) 将反应混合物趁热过滤[2],并用少量热水洗涤滤渣。合并滤液和洗液,在冷水浴中冷却,然后用25%HCl酸化至酸性(用刚果红试纸检验,现象:刚果红试纸变蓝),晶体析出。减压过滤,晶体用少量冷水淋洗,抽干水分。晾干,得粗产品约0.1g,产率约50%。

方法2　格氏试剂法

(1) 在二颈烧瓶[3]中放置0.23g剪碎的干燥的并除去氧化膜的镁条、3mL无水乙醚、1.1mL(1.65g,10.5mmol)溴苯和一小粒碘,加入搅拌磁子,装上冷凝管和无水 $CaCl_2$ 的干燥管。数分钟后便开始反应,用冷水浴控制反应温和进行,10min后改用温水浴加热回流并搅拌,约15min后镁条几乎消失并形成灰白色黏稠液体。

(2) 用冰盐浴冷却到-5℃,从另一瓶口插入导气管,通 CO_2 气体约15min[4],瓶内形成灰色黏稠固体。继续在冰盐浴冷却下不断搅拌,缓慢滴加由冰水与浓盐酸配成的 1∶1 混合液[5],开始滴加时会形成膨化固体,继续滴加时固体溶解。

(3) 将反应液转入分液漏斗中,静置分层,分出有机层,将水层用 4mL 乙醚分两次萃取,合并有机层。有机层用 4mL 5％NaOH 溶液萃取两次,碱性萃取液合并置于小烧杯中,逐滴加入 25％HCl 溶液,直到溶液显酸性,静置,抽滤,用蒸馏水洗涤沉淀,晾干,可得粗产品 0.5～0.7g。粗产品可用水作溶剂进行重结晶,然后测其熔点。苯甲酸的熔点为 122.4℃[6]。

注释

[1] 每次加料不宜太多,否则反应异常剧烈。

[2] 滤液如果呈紫色,加入少量 NaHSO₃ 使紫色褪去,重新减压过滤。

[3] 本实验所有仪器与药品均应干燥。

[4] CO₂ 可用石灰石加盐酸自制,通过浓 H₂SO₄ 干燥后再通入二口烧瓶中。

[5] 开始滴加酸液时要慢,以免生成的 CO₂ 将产物冲出。

[6] 苯甲酸的红外光谱图如图 3-3 所示。

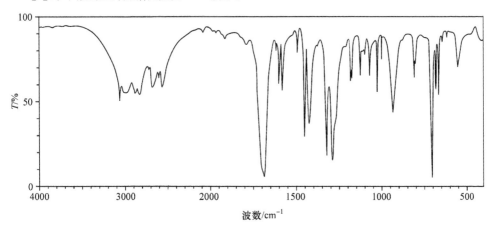

图 3-3　苯甲酸的标准红外光谱(KBr 压片)

思考题

1. 在氧化反应中,影响苯甲酸产量的重要因素有哪些?

2. 氧化反应时,向反应瓶中加入 NaHSO₃ 的目的是什么?

实验 8　菠菜叶中色素的提取及其薄层色谱(微型实验)

预习

(1) 薄层色谱实验技术的基本原理及操作技术。

（2）提取植物色素的原理及常用方法。

（3）实验过程中的注意事项。

实验目的

（1）了解植物色素提取的原理和方法。

（2）学习薄层色谱法进行定性分析的原理。

（3）学习并掌握薄层色谱法的操作技术。

实验原理

薄层色谱原理：薄层色谱法（TLC）是快速分离和定性分析少量物质的重要实验技术。由于薄层板上吸附剂对不同结构物质的吸附能力不同，在展开剂的作用下，它们发生解吸的速度也不同。在展开过程中，经过吸附-解吸-再吸附-再解吸的不断重复作用，最终不同结构的物质在薄层板上所移动的距离就不同，从而使其得以分离。

绿色植物如菠菜中含有叶绿素（绿色）、胡萝卜素（橙色）和叶黄素（黄色）等多种天然色素。

叶绿素存在两种相似的结构形式：叶绿素 a（$C_{55}H_{72}O_5N_4Mg$）和叶绿素 b（$C_{55}H_{70}O_6N_4Mg$）。它们都是吡咯衍生物与金属镁的配合物，是植物进行光合作用的催化剂。尽管叶绿素中含有一些极性基团，但大的烃基结构使它不溶于水，而易溶于苯、乙醚、氯仿、丙酮等有机溶剂。

胡萝卜素是一种橙黄色的天然色素，有 α、β、γ 三种异构体，在植物中以 β 异构体含量最高，三种异构体在结构上的区别只在于分子的末端。

叶黄素是一种黄色色素，其结构与胡萝卜素相似，属于胡萝卜色素类化合物。

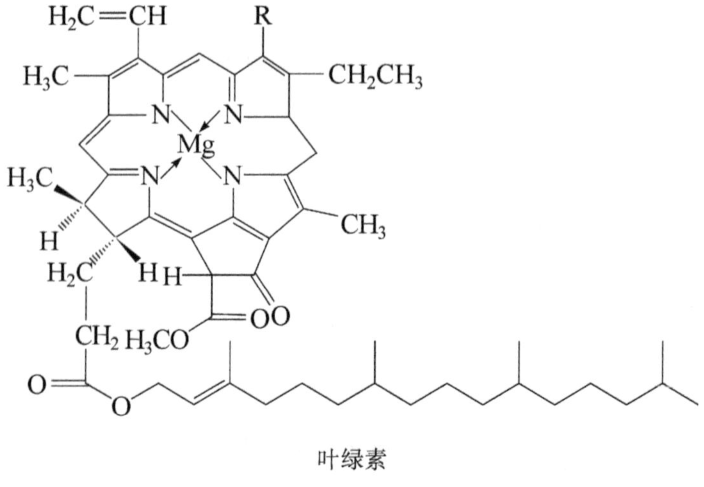

叶绿素

叶绿素 a:R＝CH₃,蓝绿色;叶绿素 b:R＝CHO,绿色。

实验仪器及药品

1. 仪器

层析缸(12cm×5.5cm)、分液漏斗(25mL)、锥形瓶(50mL)、载玻片(7.5cm× 2.5cm)、研钵、量筒(10mL)、烧杯(50mL)、滴管、玻棒、洗耳球。

2. 药品

硅胶 G(薄层层析用)、石油醚(60～90℃)、NaCl 饱和溶液,95％乙醇(C.P.)、苯(C.P.)、丙酮(C.P.)、无水 MgSO₄(C.P.)、展开剂(丙酮:石油醚＝3:7)。

实验步骤

1. 薄层板的制备

取两块载玻片,用蒸馏水洗净使之表面光洁无斑痕。称取 2.5g 硅胶 G 于洁净的小烧杯中,加入 7mL 蒸馏水,搅拌调成均匀糊状(无气泡),倾注到载玻片上。然后捏住载玻片一端边缘水平方向振摇并轻轻在桌边敲动,使硅胶均匀的涂布在载玻片上。将制好的薄层板放置在桌面上晾干,然后放入烘箱中于105~110℃活化 30min[1]。

2. 叶绿素的提取

在研钵中放入 2g 新鲜(或冷冻)菠菜叶,加入 12mL 石油醚:乙醇(1:1,体积比)混合液,适当研磨(不要研成糊状,否则很难分离)。将提取液用滴管转移至分液漏斗中,加入 3mL 饱和 NaCl 溶液洗涤两次(防止生成乳浊液),以除去水溶性物质。分去水层,再用 5mL 蒸馏水洗涤两次。将有机层转入干燥的锥形瓶中,加入约 0.1g 无水 MgSO₄ 干燥。将干燥的提取液转移至另一锥形瓶中(如果溶液颜色太浅,可在通风橱中适当蒸发浓缩)。

3. 点样[2]

用一根内径 1mm 的毛细管,吸取适量提取液,轻轻点在距薄板一端 1cm 处,若一次点样不够,可待样品溶剂挥发后,再在原点重复点样,但点样斑点直径不得超过 2mm。

4. 展开[3]

将 2.5mL 展开剂(丙酮:石油醚＝3:7,体积比)倒入层析缸中,液面高度约为 0.5cm,盖好缸盖并摇动,使缸内被溶剂蒸气所饱和。将已点样的薄板小心地垂直置于层析缸中(点样端向下,但勿使样品斑点浸入展开剂),盖好盖子。当溶剂润湿的前沿上升至距离薄层板的上端约 1cm 时,取出薄层板,并在溶剂前沿做一记号,晾干,薄层板上会显现斑点。

　　5. 计算各色素的 R_f。

　　根据式(2-2)计算各组分的 R_f。

注释

　　[1] 薄层板活化后,不能从热烘箱中立即取出,以免吸潮。应该让其在烘箱中慢慢冷却至室温后再取出,或放入干燥器中备用。

　　[2] 点样时,注意不要破坏硅胶涂层,点样量约 $1\sim2\mu L$。点样位置应控制好,不宜太低,大约离下端 1cm 处。

　　[3] 展开剂前沿高度不宜太高或太低,大约离上端 1cm。薄板取出后应立即在展开剂前沿做记号,否则待其干燥后无法确定展开剂前沿的位置。

思考题

　　1. 点样时,样品斑点过大对分离效果会有何影响?
　　2. 展开剂的液面高度若超过点样基线,对薄层色谱分析有何影响?

实验 9　柱色谱分离有机染料(微型实验)

预习

　　(1) 柱色谱实验技术的基本原理及操作方法。
　　(2) 选用洗脱剂的一般原则。
　　(3) 实验过程中的注意事项。

实验目的

　　(1) 学习柱色谱分离的基本原理。
　　(2) 掌握柱色谱的操作方法。

实验原理

　　本实验的柱色谱为吸附柱色谱。它是利用固定相(又称为吸附剂)对混合物中各组分的吸附能力不同,流动相(又称为洗脱剂)对各组分的解吸速度的差异进行分离的。吸附能力弱,解吸速度快的组分必将先被洗脱下来;吸附能力强,解吸速度慢的组分后被洗脱下来,从而使各组分得以分离。

实验仪器及药品

1. 仪器

层析柱(10cm×1cm)、烧杯(50mL)2 个、脱脂棉、长玻棒、滴管。

2. 药品

微晶纤维素粉(柱层析用)、乙醇(95%)、靛红[1]和罗丹明 B[2]混合液。

实验步骤

1) 装柱

(1) 称取 0.4 g 微晶纤维素置于洁净烧杯中,加入 7～8 mL 95%乙醇浸润。

(2) 取一根层析柱,将少许脱脂棉放入层析柱底部,并将层析柱垂直于桌面固定在铁架台上,关闭活塞。

(3) 将浸润的微晶纤维素在搅拌状态分次装入层析柱中。当微晶纤维素在柱中有一定沉淀时,打开活塞,通过流动相的流动使柱内的固定相装得均匀,松紧合适。若烧杯底部或层析柱内壁黏附微晶纤维素,用少量乙醇冲洗下去,直到所有微晶纤维素都均匀地装入柱中,此时,固定相的填充高度约 5 cm(图 3 - 4)。

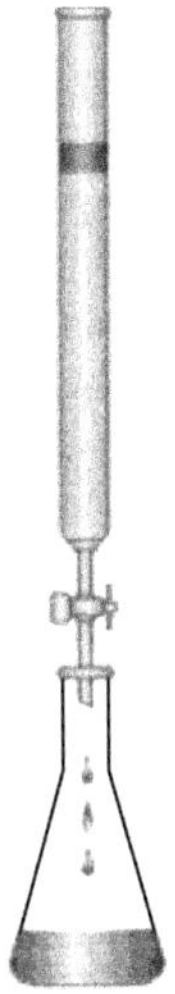

2) 加样

当层析柱中的洗脱剂液面下降至与固定相面相切时,小心加入靛红和罗丹明 B 混合液 2～3 滴(滴加前应充分摇匀),使之被固定相吸附。

3) 洗脱

少量多次地加入 95%乙醇进行洗脱。待有一种染料被完全洗脱后,改用水作为洗脱剂继续洗脱。待第二种染料全部被洗脱下来,即分离完全,停止层析操作。两种染料分别收集于不同的烧杯中。注意洗脱过程中,应不断添加 95%乙醇或水,并始终保持洗脱剂液面覆盖着固定相。

图 3 - 4　柱色谱图

注意:洗脱剂使用次序不能颠倒!

注释

[1] 靛红:学名靛蓝胭脂红,又名酸性靛蓝。性状:深蓝色粉末,有铜样光泽。

[2] 罗丹明 B:绿色结晶或红紫色粉末。其水溶液为蓝红色,醇溶液有红色荧光。

思考题

　　1. 为什么极性大的组分要用极性较大的溶剂洗脱?

　　2. 本实验中,何者为固定相,何者为流动相?

实验 10　纸色谱分离氨基酸

预习

　　(1) 纸色谱实验技术的基本原理及操作技术。

　　(2) 实验过程中的注意事项。

实验目的

　　(1) 掌握纸色谱分离的基本原理。

　　(2) 学习并掌握纸色谱的操作技术。

实验原理

　　纸色谱法属于分配色谱分离方法。纸色谱并不是以滤纸的吸附作用为主,而是以滤纸作为载体,根据各组分在两相溶剂中分配系数不同而互相分离的。用于纸色谱的滤纸要求厚薄均匀。

　　在纸色谱方法中,以含有一定比例水分的有机溶剂为流动相(通常称为展开剂);以滤纸纤维素分子上吸附的水分子为固定相。当混合样品点在滤纸上,并受流动相推动作用而前进时,由于待分离各组分在滤纸上的吸附水与流动相之间连续发生多次分配,结果在流动相中溶解度较大的组分随流动相移动的速度较快,而在水中溶解度较大的物质随流动相移动的速度较慢,这样便能把混合物分开。此法多用于微量(5~500μg)有机物的分离鉴定。

　　本实验是以含正丁醇、乙酸、乙醇和水的混合物为展开剂,以标准样品作对照鉴定未知氨基酸样品的。显色剂为水合茚三酮。

实验仪器及药品

　　1. 仪器

　　色谱缸(或 250mL 配塞锥形瓶)、电吹风、喷雾器、内径 0.3mm 毛细管、色谱用滤纸条(50mm×120mm)。

　　2. 药品

　　丙氨酸(0.1%)、精氨酸(0.1%)、胱氨酸(0.1%)(加微量 NaOH 使之溶解)、未知氨基酸样品液(以上三种氨基酸之一)、0.1%茚三酮乙醇溶液。

展开剂：正丁醇∶乙酸∶乙醇∶水＝4∶1∶1∶2(体积比)。

实验步骤

1. 点样

取一张色谱用滤纸铺在白纸上,用铅笔在距离滤纸一端约 2cm 处画一直线作为点样线。注意,整个过程不得用手接触滤纸条中部,因为皮肤表面沾着的脏物碰到滤纸时会出现复杂的斑点。用直尺将滤纸条对折,剪好一个悬挂该纸条的小孔。纸条上下都要留有手持部位。

在点样线上标出相距约 1cm 的三个点,标明样品编号。分别用毛细管(或微量注射器)小心吸取样品 10μL,在对应的点上点样,控制点的直径不超过 3mm。为了避免原点太大,可分次点样,但每次点样后应将样品点吹干后再点第二次,而且每次点样的位置相同。用带小钩的玻璃棒钩住滤纸,剪去滤纸条上手拿过的部分。

2. 展开

小心沿色谱缸壁注入展开剂至 2cm 高度,然后将点有样品的滤纸悬挂在色谱缸中,使滤纸条下端浸入展开剂中约 1cm,点样线应保持在液面之上,盖紧盖子(图2-56),此时溶剂沿滤纸上升,氨基酸也随之展开,待展开剂上升至距离上端约 2cm 时,将滤纸取出,尽快用铅笔标出溶剂前沿,然后用电吹风将滤纸吹干(或用红外灯烤干)。

3. 显色

用喷雾器将 0.1%茚三酮溶液均匀喷在滤纸上,再用电吹风热风吹干(或 80℃烘干)后,即显出各氨基酸的色斑,用铅笔标记各斑点中心的位置。

4. 计算 R_f

分别量出原点至溶剂前沿的距离和原点至各氨基酸色斑中心的距离。根据式(2-2)求出各氨基酸的 R_f,确定未知样品为何种氨基酸。

思考题

1. 为什么纸色谱点样点的直径不得超过 3mm? 斑点过大或点样量过大有什么弊病? 为什么?

2. 纸色谱的展开剂(流动相)中,为什么要含一定比例的水? 纸色谱的展开为什么要在密闭的容器中进行?

3. 上行展开时,样品原点为什么必须处在展开剂的液面之上?

实验 11　有机磷农药的薄层色谱（微型实验）

预习

(1) 薄层色谱用于分离分析的原理。

(2) 展开剂的选用原理。

(3) 薄层色谱的操作方法及注意事项。

(4) 查阅有机磷农药 1605 的 R_f。

实验目的

(1) 学习吸附薄层色谱的基本原理和方法。

(2) 学会运用薄层色谱的方法分析有机磷农药。

(3) 掌握薄层色谱的操作方法。

实验原理

薄层色谱法(thin layer chromatography，TLC)是快速分离和定性分析少量物质的一种重要的实验技术。由于薄层板上吸附剂对不同结构的有机磷农药的吸附能力不同，在展开剂的作用下，它们发生解吸的速度也不同。在展开过程中，经过吸附-解吸-再吸附-再解吸的不断重复作用，最终不同结构的有机磷农药在薄层板上所移动的距离就不同，从而使其得以分离。

实验仪器及药品

1. 仪器

层析缸、毛细管、电吹风、烧杯(50mL)。

2. 药品

展开剂：正己烷∶乙酸乙酯＝9∶1(体积比)。

显色剂：①溴蒸气 5％Br$_2$/CCl$_4$ 溶液；②0.4％刚果红的乙醇溶液。

有机磷农药(1605 标准溶液)、含 1605 的混合液(未知液)、吸附剂(硅胶 G)。

实验步骤

1. 薄层板的制备

取两块载玻片，用蒸馏水洗净使之表面光洁无斑痕。称取 2.5g 硅胶 G 于洁净的小烧杯中，加入 7～8mL 蒸馏水，搅拌调成均匀糊状(无气泡)，小心倾注到载玻片上。然后捏住载玻片一端边缘水平方向振摇并轻轻在桌边敲动,使硅胶均匀的涂布在载玻片上。将制好的薄层板放置在水平桌面上,晾干,再放入烘箱中于 $105 \sim 110^\circ\mathrm{C}$ 活化 $30\mathrm{min}$[1],备用。

2. 点样[2]

用一根内径 1mm 的毛细管,取适量有机磷农药,在离薄层板底线约 1cm 的基线上点样。若一次点样量不够,可待样品溶剂挥发后,再在原点重复点样,但点样斑点直径不得超过 2mm。

3. 展开[3]

点样后,将薄层板置于盛有展开剂的层析缸中展开(图 2-54)。待展开剂在薄层板上爬升的高度离薄板顶部约 1cm 时,取出薄板,并在展开剂前沿做一记号,然后用电吹风吹干。

4. 显色

将已展开的薄层板置于充满溴蒸气的玻璃缸中,熏蒸 $1\mathrm{min}$[4]。取出,待溴挥发后,用喷雾器均匀喷洒刚果红的乙醇溶液[5],此时桃红色背景呈现蓝色的样品斑点。

5. 计算各组分的 R_f(图 2-55)

根据式(2-2)计算各组分的 R_f,并根据标准样品确定未知样品中农药 1605 的斑点。

注释

[1] 薄层板活化后,不应从热烘箱中立即取出,以免吸潮。应该让其在烘箱中慢慢冷却至室温再取出,或放入干燥器中备用。

[2] 点样应小心,不能破坏硅胶涂层,用量为 $1 \sim 2\mu\mathrm{L}$。点样位置应控制好,不宜太低,不宜太靠边缘,大约离下端 1cm 处。

[3] 展开剂前沿高度不宜太高或太低,大约离上端 1cm。薄板取出后应立即在展开剂前沿做记号,否则待其干燥后无法确定展开剂前沿的位置。

[4] 溴蒸气有毒,熏蒸完后应立即盖好瓶盖。

[5] 显色时,喷刚果红溶液不宜距离薄层板太近,以防止硅胶脱落。

思考题

1. 活化的薄层板为什么不能立即从烘箱中取出? 吸潮后的薄板对层析有什么影响?
2. 在一定条件下,为什么可利用 R_f 来鉴定化合物?

实验 12　纸上电泳分离氨基酸

预习

（1）查阅天门冬氨酸、赖氨酸和丝氨酸的等电点，根据实验条件判断各氨基酸组分在电场中的移动方向。

（2）了解纸上电泳法分离混合物的原理及安全注意事项。

实验目的

（1）了解电泳实验技术分离混合物的原理。

（2）掌握纸上电泳实验的操作方法。

实验原理

电泳是指在电场的作用下，溶液中的离子和带电荷的大分子的移动。其移动的速度与分子的大小、形状、所带的电荷、电流强度及介质的电阻等因素有关。

氨基酸的电离形式受溶液 pH 的影响。当某种氨基酸在一定的 pH 溶液中以偶极离子形式存在时，此时溶液的 pH 就是该氨基酸的等电点（pI）。若调节溶液的 pH 小于某种氨基酸的等电点（pI）时，氨基酸带正电荷，在电场中向负极移动；若调节溶液的 pH 大于某种氨基酸的等电点（pI）时，氨基酸带负电荷，在电场中向正极移动。如果氨基酸在缓冲溶液中所带的正电性或负电性越强，则氨基酸在电场中的移动速度就越快；反之，移动速度就越慢。所以，在一定 pH 范围的缓冲溶液中，以一定电场强度进行电泳，可以使不同离子形式的混合氨基酸得以分离。

电泳根据所加电压的不同有不同的电泳仪，分别为低压、中压和高压三种类型。$0 \sim 75V$ 为低压，电流为 $0 \sim 100mA$；$0 \sim 600V$ 为中压，电流为 $0 \sim 100mA$；$0 \sim 5000V$ 为高压，电流为 $0 \sim 100mA$。电压可根据实验需要进行调节，而电流随电压而定。

根据电泳过程是否在载体上进行，可将电泳分为自由界面电泳和区带电泳两种，自由界面电泳除溶液（多为缓冲溶液）外，无其他支持体；区带电泳是在载体上（如滤纸、凝胶等）进行的。本实验是在滤纸上进行的，称为纸上电泳。

实验仪器及药品

1. 仪器与用品

电泳仪、毛细管、喷雾器、电吹风机、新华滤纸、直尺、铅笔、剪刀、竹片夹。

2. 药品

0.5%茚三酮/无水丙酮溶液、pH＝5.8 的缓冲溶液[1]、混合氨基酸溶液[2]、氨基酸标准溶液[3]。

实验步骤

(1) 标记。取一张滤纸(5cm×15cm)[4](图 3-5),用铅笔(不得用圆珠笔)在纸条中间轻轻画一条直线,然后按等距离在铅笔线上做记号"×",其交叉点为点样标记;将滤纸条一端做"＋"标记,并在电泳时将此端与电泳槽正极相连。

图 3-5 滤纸点样示意图

(2) 点样。用毛细管吸取一定量的氨基酸溶液(1~2μL·点$^{-1}$)点于点样处,注意每次点样后迅速用电吹风冷风吹干,控制点样斑点直径不超过 2mm。若需重复点样,同一样品每次点样位置应完全重合。

(3) 在电泳槽(图 3-6)两侧加入缓冲溶液(各加入 500mL),然后将滤纸条两端插入缓冲溶液中,用有机玻璃条夹住,盖好盖板。

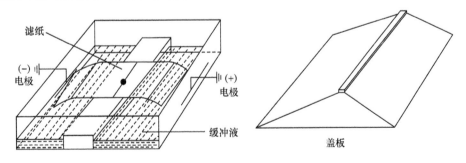

图 3-6 电泳装置图

(4) 接通电泳仪[5]电源,调整电压至 250V,使电场强度大约维持在 33V·cm^{-1},通电 1h(当整个滤纸被缓冲溶液完全浸湿后开始计时)。

(5) 电泳结束后,先关掉电源,再用竹片夹取出滤纸。用电吹风吹干后,在滤纸条上均匀喷洒茚三酮溶液,再用热风吹干[6],即可见到氨基酸的紫色或紫红色斑点。

（6）用铅笔圈出它们的各自位置，与标准氨基酸比较，确定混合氨基酸分离后，各组分的移动方向。

注释

[1] 按吡啶∶冰醋酸∶水＝9∶1∶90（体积比）比配成 1000mL 的缓冲溶液（pH＝5.8）。

[2] 天门冬氨酸、丝氨酸、赖氨酸各 10mg 混合后溶于 30％乙醇中配成 0.2％的混合样。

[3] 天门冬氨酸、丝氨酸、赖氨酸各 10mg 分别溶于 5mL 30％乙醇中配成 0.2％的标准样。

[4] 不能用手直接接触滤纸条，因皮肤汗腺中含有微量氨基酸会造成滤纸污染，操作时必须用竹片夹。点样时，不要讲话，以防止唾液溅出，污染滤纸。

[5] 使用电泳仪时，应严格遵守操作规程，严禁在赤足情况下操作仪器，以免发生触电事故。电泳过程中，注意电压、电流的变化情况，避免烧断滤纸条，防止烧坏仪器。电泳完毕，将调节旋钮旋转至最小处，关闭电源开关后，方可取出滤纸条。

[6] 热风吹干过程中，必须均匀吹风，否则局部过热，斑点模糊不清。

思考题

1. 根据实验中各氨基酸的等电点（pI），预测它们在 pH＝5.8 的缓冲溶液中进行电泳，各组分将向电泳槽的哪一极移动？

2. 除氨基酸外，还有哪些物质适用于纸上电泳实验技术进行分离？

第4章 物理量的测定技术

实验 13 熔点的测定

预习

(1) 显微熔点仪和电热熔点仪的构造及其测试方法。

(2) 毛细管法测定固体化合物熔点的方法和操作技术。

实验目的

(1) 了解固体化合物的熔点和熔点范围。

(2) 了解显微熔点仪的构造及其使用方法。

(3) 掌握毛细管法测定固体化合物熔点的方法和操作技术。

实验原理

在标准大气压下,物质的固态和液态处于平衡时的温度,即为该物质的熔点。熔点是判断晶体纯度的重要指标,并可用于固体有机化合物的鉴定。

选用毛细管法测定熔点时应注意两个温度:首先是在晶体之间形成第一滴液体时的温度,第二是全部晶体转变成清亮液体时的温度。此时,所记录的温度范围就是该物质的熔点距。纯净的化合物一般都有固定的熔点,并且熔点范围极短,为0.5~1℃;不纯物质的熔点一般会降低,熔点距增大。

因此,熔点测定常用于鉴定固体有机化合物,并作为检验化合物纯度的一个指标。

实验仪器及药品

1. 仪器

长玻管(35cm)、毛细管、电热熔点测定仪、显微熔点测定仪、表面皿。

2. 药品

乙酰苯胺(A. R.)。

实验步骤

1. 电热熔点仪测定法

1) 毛细管的准备

选取一段内径 1mm,长 8～10cm 的薄壁毛细管,将其一端在酒精灯火焰上烧熔封口,即为熔点管。

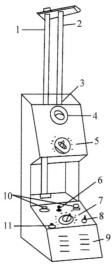

图 4-1　IA-630 电热熔点测定仪
1. 支柱;2. 温度计;3. 加热板上的硼硅酸盐玻璃外罩;4. 放大镜;5. 控温微调开关;6. 指示灯;7. 控温粗调分挡旋钮;8. 电源开关;9. 选择温度范围指南;10. 装毛细管的塑料筒;11. 弹顶式加热按钮

2) 装样

取少量干燥样品置于洁净干燥的表面皿中,用玻璃棒碾细,并堆成小堆。将熔点管开口端插入样品中,装入少量样品后,将 35cm 的长玻管直立于桌面上,让熔点管开口端朝上,由玻管上口投入使之沿管壁自由落下,利用这种上下弹跳作用力,使样品均匀紧密地落到熔点管底部,样品高度以 2～3mm 为宜。

3) 实验步骤

电热熔点测定仪由变压器、加热板、放大镜等组成(图 4-1)。在加热板上有三个熔点管小插孔,可同时测定三个样品。在加热板外套有硼硅酸盐玻璃罩,以免气流通过加热板影响测定温度的稳定性。仪器的面板上装有控温粗调分挡旋钮和控温微调分挡旋钮,用来选择适当的温度。在底座前的面板上有温度选择指南,粗调挡次及对应的温度范围如表 4-1 所示。

表 4-1 可以帮助选择适当的温度挡,面板左侧设有弹顶式加热按钮(Boost),可用于迅速升温。

表 4-1　温度选择指南

粗调挡次	温度范围/℃	粗调挡次	温度范围/℃
1	60～80	5	175～235
2	80～110	6	205～275
3	105～145	7	240～310
4	140～290	8	270～370

其操作步骤如下：

（1）将装好样品的熔点管插入加热板上的小孔中，如果只测一个样品，其余两个小孔必须插上空熔点管，以免气流通过而影响测定温度的稳定性。

（2）打开电源开关，指示灯亮，加热板开始加热。

（3）将控温粗调分挡旋钮旋转到所需位置，使之控制在所需温度范围，注意升温速度不宜太快[1]。

（4）通过装在加热板前面的放大镜，观察样品熔化的全过程。

（5）熔点范围（开始熔化的温度至完全熔化成透明液体的温度）可从仪器上部的温度计上读出。

（6）如果需要迅速升温可按底座面板左侧的弹顶式加热按钮，接近熔点时，不宜使用。

2. 显微熔点仪测定法

使用电热熔点仪，仪器简单，操作方便，但不能清晰地观察样品在受热过程中的变化情况，而使用显微熔点测定仪就能克服这些缺点，它通过显微镜对样品进行观察，能清晰地看到样品在受热过程中的细微变化。显微熔点测定仪还可对微量的样品和熔点较高的有机化合物进行熔点测定。

1）仪器的结构

本实验用 X_4 型显微熔点测定仪测定乙酰苯胺的熔点。仪器构造如图 2-74 所示。

2）实验步骤

（1）准备。取一块洁净的载玻片轻轻地放在加热台上，然后小心把微量样品粉末平铺在载玻片上（不可堆积）。盖上盖玻片，稍稍按压使之贴紧。用拨圈移动载玻片，使被测样品位于加热台中央的小孔上，再将隔热玻璃盖在加热台上，移动反光镜及旋转手轮使显微镜对焦，以获得清晰的图像，并通过拨动载玻片使棱角分明的晶体处于视场内。

（2）加热[1]。先把选择开关旋至快速升温的位置"△"，当加热器的温度（由温度计上读出）升至低于样品熔点 30～40℃ 时，将选择开关旋至缓慢升温的位置"△"。同时旋转升温控制器至适当的位置，通过改变输入加热台的电压（由电压表读出）控制升温速度在 1℃·min^{-1}。

（3）观察记录。当样品的晶体棱角开始变圆，表示样品开始熔化，此时立即将选择开关旋至停止加热的位置并记录此时的温度（开始熔化的温度）。重新将开关旋至"△"位置，继续加热至晶体全部消失，表示样品完全熔化，立即记录此时的温度（完全熔化的温度）。对于纯净的样品而言，从开始熔化到完全熔化两个温度相差很小，甚至基本一致。最后将选择开关旋至停止加热的位置。

　　（4）重复测定。进行第二次测定前，先降低加热台位置，取下隔热玻璃和拨圈，用镊子取走载玻片和盖玻片。将金属散热块置于加热台上使加热台较快冷却。然后再按上述（1）～（3）的步骤进行测定，每种样品至少测定两次，测定完毕，将加热台降低至最低位置[2]。

注释

　　[1] 当样品熔点未知时，可先做一次粗测，加热速度可稍快，知道熔点范围，然后再另取样品，做精确测定。

　　[2] 若采用提勒管法测定熔点，测定完毕，不能立即从溶液中取出温度计，而要待溶液自然冷却到 100℃ 以下再取出，以防温度计的水银柱断裂。提勒管法测定熔点见 2.8.1。

思考题

　　1. 熔点管中样品松散，对测定结果有什么影响？
　　2. 简述显微熔点仪的构造及其测试方法。
　　3. 简述毛细管法测定固体化合物熔点的方法和操作技术。

实验 14　光学活性物质旋光度的测定

预习

　　（1）查阅果糖、葡萄糖、蔗糖的比旋光度。
　　（2）了解旋光仪的使用方法及读数方法。
　　（3）了解影响测定旋光度的各种因素。

实验目的

　　（1）学习旋光仪测定物质旋光度的基本原理。
　　（2）学会正确使用旋光仪。
　　（3）掌握测定旋光度的应用及其计算方法。

实验原理

　　某些化合物由于其分子结构的不对称性，使之具有使偏振光振动平面发生旋转的能力。若使偏振光振动平面向右旋转某一个角度，这种化合物就是右旋化合物；若使偏振光振动平面向左旋转某一个角度，这种化合物就是左旋化合物。

　　比旋光度 $[\alpha]_D^t$ 是光学活性物质特有的物理常数之一。通过测定化合物的旋光度，可以测定光学活性物质的浓度，检验其纯度。

　　物质的旋光度与其溶液的浓度、溶剂、温度、样品管长度（dm）以及光源的波长

等因素有关。比旋光度$[\alpha]_D^t$与旋光度的关系见式(2 - 8),旋光仪的结构如图
2 - 77所示。

实验仪器及药品

旋光仪、果糖溶液、葡萄糖溶液、蔗糖溶液、蒸馏水。

实验步骤

1. 预热

接通电源,打开电源开关,预热约 5min。当钠光灯发出正常的黄光后即可开
始工作。

2. 零点校正

将样品管洗干净,装上蒸馏水,使液面凸出管口,将玻璃盖沿管口边缘轻轻平
推盖好,尽量不带入气泡,然后将螺丝帽盖旋紧至不漏水。将样品管擦干放进旋光
仪,盖上盖子。将标尺盘调在零左右,微动手轮,使视场内三部分亮度一致,记下读
数,重复操作,取其平均值。若零点相差太大,则应重新调节。

3. 旋光度的测定

洗净样品管,用少量待测液润洗样品管两次,依步骤 2 所叙述的方法将待测液
装入样品管中,测定其旋光度,并从刻度盘上读取数据。

4. 样品浓度计算

记录样品的旋光度和样品管长度(dm)。相应物质的比旋光度分别为葡萄糖
$[\alpha]=+52.5°$,果糖$[\alpha]=-92°$,蔗糖$[\alpha]=+66.5°$,根据式(2 - 8)分别计算出样品
的浓度。

思考题

1. 测定旋光度时,为什么一定要将待测液装满样品管,不能有气泡?
2. 为什么糖类化合物具有旋光性?
3. 旋光度的测定具有什么实际意义?

实验 15　阿伏伽德罗常量的测定

预习

(1) 复习理想气体状态方程和分压定律。

（2）预习置换法测定阿伏伽德罗常量的原理。

实验目的

（1）熟悉理想气体状态方程和分压定律的应用。
（2）掌握置换法测定阿伏伽德罗常量的原理。
（3）练习测量气体体积的操作。
（4）学会正确使用电子天平。

实验原理

用一定质量的 Mg 与过量的稀 H_2SO_4 反应，置换出一定体积的 H_2，根据理想气体状态方程，将此体积换算为标准状况下的体积，利用标准状况下 H_2 的密度（$0.089g \cdot L^{-1}$）求得 H_2 的质量，利用 Mg 的物质的量求得 H_2 的物质的量。已知每个 H_2 分子的质量（3.34×10^{-24} g），求得每摩尔 H_2 的分子数，即阿伏伽德罗常量。

$$Mg + H_2SO_4 === MgSO_4 + H_2 \uparrow \tag{4-1}$$

H_2 的物质的量：
$$n(H_2) = \frac{m(Mg)}{24.3} \tag{4-2}$$

标准状况下 H_2 的体积：
$$V_0 = \frac{273.15 \times [p - p(H_2O)] \times V(H_2)}{1.013 \times 10^5 \times T} \tag{4-3}$$

阿伏伽德罗常量：
$$L = \frac{0.089 V_0}{3.34 \times 10^{-24} n(H_2)} \tag{4-4}$$

实验仪器及药品

1. 仪器

电子天平（0.0001g）、量气管（碱式滴定管，50mL）、橡皮塞、反应管、长颈漏斗、橡皮连接管、气压计、温度计（0～150℃）、量筒、滴定台、砂纸。

2. 药品

H_2SO_4（1 mol $\cdot$ L^{-1}）、镁条。

实验步骤

1. 称量样品

准确称取 0.025～0.030 g（准确至 0.0001 g）镁条[1]2 份。

2. 连接装置并检查气密性

（1）按图 4－2 所示连接装置后，取下量气管上端的反应管，从漏斗中注入自来水，使水面保持在"0"刻度附近，然后装好反应管。

（2）降低漏斗高度，若量气管中水面有少许下降后即保持恒定，则表明装置不漏气；若水面不断下降，则表明装置漏气，应查找漏气原因，并加以纠正。

3. 测定前准备

（1）检漏后，如果装置气密性好，小心取下反应管，用长颈漏斗向反应管底部注入 5 mL 1mol · L^{-1} H$_2$SO$_4$ 溶液，注意勿使管壁上端沾有 H$_2$SO$_4$ 溶液。

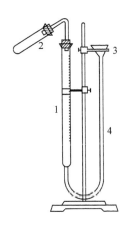

图 4－2　气体体积
测定装置
1. 量气管；2. 反应管；
3. 漏斗；4. 橡胶管

（2）倾斜反应管，将已称量的 Mg 条用少量蒸馏水黏贴在反应管的上半部（勿与 H$_2$SO$_4$ 溶液接触），小心将反应管按图 4－2 连接好。

（3）再次检查装置气密性。

（4）调整漏斗位置，使漏斗中水面与量气管中水面平齐，并记录量气管水面位置 V_1（准确至 0.01 mL）。

4. 测定并记录数据

（1）轻轻托起反应管底部，使 H$_2$SO$_4$ 溶液与 Mg 条接触，反应产生 H$_2$。此时量气管内水面开始下降，不断调整漏斗高度，使漏斗内水面与量气管内水面保持同等高度，待反应停止后，将反应管冷至室温，再将漏斗内水面与量气管水面平齐，读取量气管水面位置 V_2，1～2min 后，再读一次量气管水面位置，若两次读数相同，则表明管内气体温度与室温相同，记录数据。

（2）重复测定一次，记录数据。

数据处理及结果讨论

实验序号	I	II
镁条质量 m(Mg) /g		
反应前量气管液面位置/mL		
反应后量气管液面位置/mL		
氢气体积 V(H$_2$)/mL		

续表

实验序号	I	II
大气压 p/Pa		
室温 T 时水的饱和蒸汽压 $p(H_2O)$/Pa		
氢气分压 $p(H_2)$/Pa		
室温 T/K		
标态下氢气的体积 V_0/mL		
阿伏伽德罗常量 L		
L 的平均值		
相对误差＝[L(测)－L(理)]/L(理)×100%		

注释

[1] Mg 易被氧化失去原有银色,称量前应打磨,以除去表面氧化膜。

思考题

1. 量气管内气压是否等于氢气的压强?

2. H_2SO_4 的浓度和用量是否必须准确量取? 此实验中为什么使用长颈漏斗加入 H_2SO_4?

3. 实验时,若漏斗中的水向外溢出一部分,读数时使漏斗水面与量气管水面平齐,会不会影响到测定结果?

4. 当 H_2SO_4 与 Mg 作用完毕,试管冷却后方可读数,为什么?

5. 本实验中的 Mg 可用 Al 代替吗? H_2SO_4 可以用 HCl 代替吗?

实验 16　中和热的测定

预习

(1) 熟悉盖斯定律、恒压摩尔焓变、热容、比热容等概念。

(2) 量热计热容的测定方法。

(3) 测定化学反应焓变的方法。

实验目的

(1) 了解测定中和热的原理。

(2) 学习测定中和热的简易方法。

实验原理

在恒定的温度和压力下,1mol H^+ 和 1mol OH^- 完全反应时放出的热量称为

中和热。强酸、强碱溶液反应的实质是

$$H^+(aq) + OH^-(aq) === H_2O(l) \qquad (4-5)$$

$$\Delta_r H^{\ominus}_{m,298K} = -57.2 kJ \cdot mol^{-1}$$

本实验使用简易量热计测定 HCl 溶液与 NaOH 溶液反应的中和热。

在量热计中进行的放热反应,所放出的热量一部分使溶液的温度升高,一部分使量热计的温度升高。因此,反应放出的总热量可表示为

$$Q = (c_p + c_p') \times \Delta T \qquad (4-6)$$

式中:c_p——量热计的定压热容,$J \cdot K^{-1}$;

$\quad c_p'$——溶液的定压热容,$J \cdot K^{-1}$;

$\quad \Delta T$——体系温度变化,K。

量热计的定压热容 c_p 是指量热计温度升高 1K 所需吸收的热量。

量热计的定压热容 c_p 的测定:在量热计中加入一定质量(m)的冷水所测的温度为 T_1,再加入相同质量的热水,所测的温度为 T_2,将冷、热水混合后所测的温度为 T_3,则有

$$c_p(T_3 - T_1) = mc(T_2 - T_3) - mc(T_3 - T_1) \quad (c \text{ 为水的比热容}^{[1]})$$

$$c_p = \frac{mc(T_1 + T_2 - 2T_3)}{T_3 - T_1} \qquad (4-7)$$

溶液的热容 $\qquad\qquad c_p' = Vdc \qquad (4-8)$

式中:V——溶液的体积,mL;

$\quad d$——溶液的密度(近似为水的密度,$1\ g \cdot mL^{-1}$);

$\quad c$——溶液的比热容(近似为水的比热容,$4.18\ J \cdot g^{-1} \cdot K^{-1}$)。

如 HCl 溶液与 NaOH 溶液反应生成 n mol H_2O,则中和热为

$$\Delta_r H^{\ominus}_m = -\frac{Q_p}{n} = -\left[\frac{mc(T_1 + T_2 - 2T_3)}{T_3 - T_1} + Vdc\right] \times \frac{\Delta T}{n} \qquad (4-9)$$

实验仪器及药品

1. 仪器

简易量热计、烧杯(100 mL)、酒精灯、三角架、温度计(最小刻度为 0.1℃)、量筒(50 mL)、石棉铁丝网。

2. 药品

HCl(1mol $\cdot$ L^{-1})、NaOH(1mol $\cdot$ L^{-1})(浓度均要求准确到小数点后 2 位,NaOH 溶液浓度略高于 HCl 溶液)。

实验步骤

1. 测定量热计的热容

（1）按图 4-3 安装简易量热计。

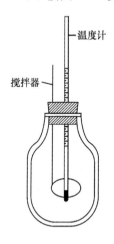

温度计

搅拌器

图 4-3　简易量热计
装置图

（2）量热计的定压热容 c_p 的测定：用量筒量取 50.0mL 纯水，倒入量热计中，盖好盖子，慢慢搅拌，直至体系内部达到热平衡为止，此时的温度记作 T_1。取一洁净烧杯加入 50.0mL 纯水，用酒精灯加热，当水温升至高于 T_1 约 20℃ 时，停止加热，取下烧杯，转动摇匀，迅速测量热水温度 T_2，并快速将此热水倒入量热计中，立即盖好盖子，慢慢搅拌。与此同时，将温度计迅速插入盛有冷水的烧杯中，使温度下降至接近 T_1，取出温度计，用滤纸擦干，立即插入量热计中，准确观察并记录最高温度 T_3。

重复操作一次。

2. 测定 HCl 和 NaOH 反应的中和热

（1）将量热计中的水倒尽，量取 $1mol \cdot L^{-1}$ HCl 溶液 50.0mL 倒入量热计中，盖好盖子，慢慢搅拌，待 HCl 达热平衡后记下温度 T_4。

（2）用量筒量取 $1mol \cdot L^{-1}$ NaOH 溶液 50.0mL。从量热计中取出温度计，用水冲去残留的 HCl 溶液，测定 NaOH 溶液温度，使其等于 T_4[2]。小心将碱液倒入量热计中，插入温度计，慢慢搅拌，记录最高温度 T_5。

重复测量一次。

数据处理及结果讨论

1. 量热计定压热容 c_p 的计算

实验序号	I	II
冷水的温度 T_1/K		
热水的温度 T_2/K		
冷、热水混合后的温度 T_3/K		
冷水的质量（与热水质量相同）m/g		
水的比热容 c/(J·g^{-1}·K^{-1})		
量热计定压热容 c_p/(J·K^{-1})		
量热计平均定压热容/(J·K^{-1})		

2. 中和热的计算

实验序号	I	II
起始温度 T_4/K		
反应后温度 T_5/K		
$\Delta T = (T_5 - T_4)$/K		
溶液的总体积 V/mL		
溶液的密度 d/(g·mL^{-1})		
溶液的比热容 c/(J·g^{-1}·K^{-1})		
溶液的热容 $c_p' = Vdc$/(J·K^{-1})		
反应放出的热 $Q = (c_p + c_p')\Delta T \times 10^{-3}$/kJ		
生成水的物质的量 n/mol		
中和热/(kJ·mol^{-1})		
中和热平均值 /(kJ·mol^{-1})		

3. 计算百分误差

$$百分误差 = \frac{\Delta H(测) - \Delta H(理)}{\Delta H(理)} \times 100\%$$

注释

[1] 体系温度升高或降低 1℃所需的热量为热容;单位物质的量的热容称为摩尔热容。在恒压条件下是恒压摩尔热容,用 $c_{p,m}$表示。单位物质质量的热容称为比热容,质量单位以 g 表示,所以 1g 物质的热容又称为比热容。

[2] 若碱液温度低于酸液,用手心捂热盛碱液的量筒;若碱液温度高于酸液,用自来水冷却盛碱液的量筒使酸碱液的温度相等。

思考题

1. 实验中产生误差的来源可能有哪些?

2. 如果测量 HCl 溶液温度后的温度计没有用水冲洗,会使实验结果偏高还是偏低?

3. 如果实验中用同样浓度的 HAc 代替 HCl 测中和热,结果应高于还是低于中和热理论值? 为什么?

4. 在测定化学反应焓变之前,为什么要首先测定量热计的热容? 不测定可以吗?

5. 本实验中温度达到最高点后往往逐渐下降,为什么? 用什么样的方法可以获得准确的 T_3 和 T_5?

6. 实验中为什么要不断搅拌并密切注意温度的变化?

实验 17　乙酸电离度和电离常数的测定

预习

(1) pH 计法测定乙酸电离常数的原理。

(2) pH 计的使用和注意事项。

实验目的

(1) 掌握 pH 计法测定 HAc 电离常数的原理和方法。

(2) 加深对弱电解质电离平衡的理解。

(3) 掌握酸式滴定管、比色管、pH 计的使用方法。

实验原理

HAc 是弱电解质,在水溶液中存在下列平衡:

$$HAc(aq) \Longrightarrow H^+(aq) + Ac^-(aq)$$

电离常数:
$$K_a^\ominus(HAc) = \frac{c(H^+)c(Ac^-)}{c(HAc)} = \frac{(c_0\alpha)^2}{c_0(1-\alpha)} = \frac{c_0\alpha^2}{1-\alpha} \qquad (4-10)$$

电离度:
$$\alpha = \frac{c(H^+)}{c_0(HAc)} \qquad (4-11)$$

通过测定不同浓度乙酸溶液的 pH,由式(4-10)和式(4-11)即可求得不同浓度下乙酸的电离度和室温下乙酸的电离常数。

实验仪器及药品

1. 仪器

pH 计[1]、酸式滴定管(50mL)、比色管(50mL)、烧杯(50mL)、温度计、滴定台。

2. 药品

HAc 溶液(约 0.1 mol·L^{-1},已标定,具体见实验室数据)。

实验步骤

1. 不同浓度乙酸溶液的配制

用酸式滴定管分别取 25.00mL、10.00mL、5.00mL 0.10mol·L^{-1} HAc 溶液于三个 50mL 比色管中,用蒸馏水稀释到刻度,摇匀,编号为 2、3、4,计算其准确的浓度。未稀释的 0.1mol·L^{-1} HAc 溶液编号为 1。

2. HAc 溶液 pH 的测定

用 pH 计由稀到浓分别测定 HAc 溶液的 pH。

3. 同离子效应

分别移取 25.00mL 0.10mol·L^{-1} HAc 溶液和 5.00mL 0.10mol·L^{-1} NaAc 溶液于同一个 50mL 比色管中,用蒸馏水稀释到刻度,摇匀。编号为 5,测定其 pH。

数据处理及结果讨论

计算每份溶液的 $c(H^+)$、HAc 的 $K_a^\ominus$ 和 α。

$$T=\underline{\hspace{2cm}}$$

HAc 溶液的编号	初始浓度 $c_0/(mol·L^{-1})$	pH	$c(H^+)$ /(mol·L^{-1})	α	$K_a^\ominus$	
					测定值	平均值
1						
2						
3						
4						
5						

注释

[1] pH 计的工作原理及其使用见附录 10.3。在测定溶液 pH 之前,应该先校正 pH 计。

思考题

1. 如果测得 3.60×10^{-5}mol·L^{-1} HAc 溶液的 pH 为 4.75,计算电离常数 $K_a^\ominus$。
2. 由实验结果说明乙酸浓度与电离度、电离常数的关系,强电解质乙酸钠的存在,对电离度、电离常数有什么影响? 在乙酸、乙酸钠的体系中如何计算乙酸的 $K_a^\ominus$、α?
3. 如果改变所测乙酸的温度,其电离度和电离常数有无变化?
4. 还有哪些方法可以测定弱电解质的电离常数?

实验 18　凝固点降低法测摩尔质量

预习

(1) 凝固点降低法测定物质摩尔质量的原理和方法。
(2) 冰盐浴的组成及其可以达到的温度。

实验目的

（1）了解凝固点降低法测定溶质摩尔质量的原理和方法，加深对稀溶液依数性的认识。

（2）练习移液管和分析天平的使用，练习刻度分值为 0.1℃ 的温度计的使用。

实验原理

难挥发非电解质稀溶液的凝固点下降与溶液的质量摩尔浓度 $b(B)$ 成正比，即

$$\Delta T_f = T_f^* - T_f = K_f b(B) \qquad (4-12)$$

式中：ΔT_f——凝固点降低值；

　　T_f^*——纯溶剂的凝固点；

　　T_f——溶液的凝固点；

　　K_f——摩尔凝固点降低常数，$K \cdot kg \cdot mol^{-1}$。

式（4-12）可改写为

$$\Delta T_f = K_f \frac{m_2}{M m_1} \times 1000 \qquad (4-13)$$

式中：m_1, m_2——溶液中溶剂和溶质的质量，g；

　　M——溶质的摩尔质量，$g \cdot mol^{-1}$。

由式（4-13）可得

$$M = K_f \frac{m_2}{\Delta T_f \cdot m_1} \times 1000 \qquad (4-14)$$

要测定 M，需求得 ΔT_f，即需通过实验测得溶剂的凝固点和溶液的凝固点。

凝固点的测定可采用过冷法。将纯溶剂逐渐降温至过冷，促使其结晶。当晶体生成时，释放的热量使体系温度保持相对恒定，直至全部凝固成固体后才会再下降（图 4-4）。相对恒定的温度即为该纯溶剂的凝固点。

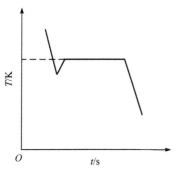

图 4-4　纯溶剂的冷却曲线

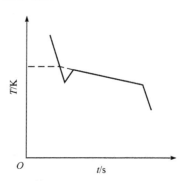

图 4-5　溶液的冷却曲线

溶液和纯溶剂的冷却曲线不完全相同(图 4-5)。这是因为在溶液中,当达到凝固点时,随着溶剂成为晶体从溶液中析出,溶液的浓度不断增大,所以水平段向下倾斜。可将斜线线段延长使之与过冷以前的冷却曲线线段相交,此交点对应的温度即为溶液的凝固点。

为了保证凝固点测定的准确性,每次测定要尽可能控制到相同的过冷程度。这样才能使析出晶体的量差不多,才有可能使回升温度一致,从而测得较为准确的凝固点。

实验仪器及药品

1. 仪器

精密温度计(-20~30℃)、分析天平、磨口大试管、烧杯(500mL)。

2. 药品

尿素(A. R.)、粗盐。

实验步骤

1. 纯水凝固点的测定

实验装置如图 4-6。用移液管吸取 25.00mL 蒸馏水置于干燥的大试管中,插入温度计[1]和搅拌棒,调节温度计高度,使水银球距离管底约 1cm,记下水的温度。然后将试管插入装有冰盐混合物的大烧杯中(试管内的液面必须低于冰盐混合物的液面)。开始记录时间并上下移动试管中的搅拌棒,每隔 30s 记录一次温度。当温度降至 1~2℃时(水的凝固点为 0℃),停止搅拌,待水过冷至凝固点以下约 0.5℃再继续搅拌(刚开始有晶体析出[2],由于有热量放出,水的温度将略有上升),直至温度不再随时间而变化。温度回升后所达到的最高温度即为纯水的凝固点。

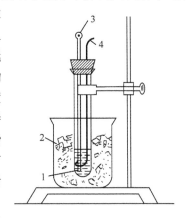

图 4-6 测定凝固点的装置
1. 水或水加尿素;2. 冰盐混合物;
3. 精密温度计;4. 搅拌棒

取出大试管,用手捂热试管下部,待冰完全熔化后,再放入冰盐浴中,重复测定一次。两次所测定的凝固点之差不应超过 0.1℃,取其平均值。

2. 尿素-水溶液凝固点的测定

在分析天平上称取尿素约 0.75g(准确至 0.01g),倒入上述实验中装有

25.00mL 水的大试管中,插入温度计和搅拌棒,用手温热试管并充分搅拌,使尿素完全溶解。按上述实验方法和要求,测定尿素-水溶液的凝固点。回升后的温度并不像水那样保持恒定,而是缓慢下降,一直记录到温度明显下降。

重复测定尿素-水溶液的凝固点,取其平均值。

数据处理及结果讨论

1. 纯水

时间/min	0.5	1	1.5	2	2.5	...
温度/℃						

2. 尿素-水溶液

时间/min	0.5	1	1.5	2	2.5	...
温度/℃						

以温度为纵坐标,时间为横坐标,在坐标纸上作出冷却曲线图,求出纯水及尿素-水溶液的凝固点 T_f^* 及 T_f。

3. 计算尿素的摩尔质量 M

由求得的 T_f^* 和 T_f 计算尿素的摩尔质量 M。

注释

[1] 具有 0.1℃ 刻度的温度计与同量程的一般温度计相比较长、刻度较密、较易折断或读错数,使用时必须注意,最好借助放大镜读数。

[2] 测定过程中析出晶体的量对回升温度有很大的影响,因此每次测定中要尽可能控制到相同的过冷程度,这样才能保证凝固点测定的准确性。

思考题

1. 为什么纯溶剂和溶液的冷却曲线不同? 如何根据冷却曲线确定凝固点?
2. 测定凝固点时,大试管中的液面必须低于还是高于冰盐浴的液面? 当溶液温度接近凝固点时为什么不能搅拌?
3. 为什么严重的过冷现象会给实验结果带来较大的误差?
4. 实验中所配的溶液浓度太浓或太稀会给实验结果带来什么影响? 为什么?

附：在不同温度下水的密度

温度/℃	密度/(g·mL^{-1})	温度/℃	密度/(g·mL^{-1})	温度/℃	密度/(g·mL^{-1})
8	0.999 88	14	0.9992	20	0.9982
9	0.999 85	15	0.9991	21	0.9980
10	0.9997	16	0.9989	22	0.9978
11	0.9996	17	0.9988	23	0.9975
12	0.9995	18	0.9986	24	0.9973
13	0.9994	19	0.9984	25	0.9970

实验 19　化学反应速率及速率常数的测定

预习

（1）基元反应、复杂反应、反应级数、质量作用定律等基本概念。

（2）反应速率方程。

（3）浓度、温度对反应速率的影响。

实验目的

（1）了解溶液浓度、温度及催化剂对反应速率的影响。

（2）通过测定过二硫酸铵与碘化钾反应的反应速率，学习计算反应级数和反应速率常数。

（3）练习在水浴中保持恒温的操作方法。

实验原理

在水溶液中，$(NH_4)_2S_2O_8$ 与 KI 发生如下反应：

$$(NH_4)_2S_2O_8 + 2KI \Longrightarrow (NH_4)_2SO_4 + I_2 + K_2SO_4$$

其离子方程式为

$$S_2O_8^{2-} + 3I^- \Longrightarrow 2SO_4^{2-} + I_3^- \tag{4-15}$$

此反应的速率方程式可表示为

$$v = kc^m(S_2O_8^{2-})c^n(I^-) \tag{4-16}$$

式中：$c(I^-)$——反应中 I^- 的起始浓度；

$c(S_2O_8^{2-})$——反应中 $S_2O_8^{2-}$ 的起始浓度；

v——该温度下的反应起始时的瞬时速率；

k——速率常数；

m——$S_2O_8^{2-}$ 的反应级数；

n——I^- 的反应级数。

此反应在 Δt 时间内的平均速率用 $S_2O_8^{2-}$ 可表示为

$$\bar{v} = -\frac{\Delta c(S_2O_8^{2-})}{\Delta t} \tag{4-17}$$

该反应进行得较缓慢，反应开始后，在一段不太长的时间内，浓度变化很小。因此，起始阶段的平均速率近似地等于起始时的瞬时速率。因此，该反应的速率方程式可表示如下：

$$v = kc^m(S_2O_8^{2-})c^n(I^-) \approx -\frac{\Delta c(S_2O_8^{2-})}{\Delta t} \tag{4-18}$$

为了测定 Δt 时间内 $S_2O_8^{2-}$ 的浓度变化，在将 KI 与 $(NH_4)_2S_2O_8$ 溶液混合的同时，加入一定量已知浓度的 $Na_2S_2O_3$ 溶液和指示剂淀粉溶液，这样在反应(4-15)进行的同时，还发生下列反应：

$$2S_2O_3^{2-} + I_3^- = S_4O_6^{2-} + 3I^- \tag{4-19}$$

反应(4-19)进行的速率非常快，几乎瞬间完成，而反应(4-15)却慢得多。

反应(4-15)生成的 I_3^- 立即与 $S_2O_3^{2-}$ 作用，生成无色的 $S_4O_6^{2-}$ 和 I^-，一旦 $Na_2S_2O_3$ 耗尽，反应(4-15)生成的 I_3^- 立即与淀粉作用，使溶液显蓝色，记录溶液变蓝所用的时间 Δt。Δt 即为 $Na_2S_2O_3$ 反应完全所需时间。由于在 Δt 时间内 $Na_2S_2O_3$ 全部耗尽，所以 $-\Delta c(S_2O_3^{2-})$ 实际上就是反应开始时 $S_2O_3^{2-}$ 的浓度。

本实验中所用 $Na_2S_2O_3$ 的起始浓度都相等，因而每份反应在所记录时间内 $-\Delta c(S_2O_3^{2-})$ 都相等，从反应(4-15) 和反应(4-19)中的关系可知，$S_2O_3^{2-}$ 所减少的物质的量是 $S_2O_8^{2-}$ 的 2 倍，每份反应的 $c(S_2O_8^{2-})$ 也都相同，即有如下关系：

$$\bar{v} = -\frac{\Delta c(S_2O_8^{2-})}{\Delta t} = -\frac{\Delta c(S_2O_3^{2-})}{2\Delta t} = \frac{c(S_2O_3^{2-})}{2\Delta t} \tag{4-20}$$

在相同温度下，固定 I^- 起始浓度而只改变 $S_2O_8^{2-}$ 的浓度，可分别测出反应所需时间 Δt_1 和 Δt_2，然后分别代入速率方程得

$$v_1 = -\frac{\Delta c(S_2O_8^{2-})}{\Delta t_1} = -\frac{\Delta c(S_2O_3^{2-})}{2\Delta t_1} = kc_1^m(S_2O_8^{2-})c_1^n(I^-) \tag{4-21}$$

$$v_2 = -\frac{\Delta c(S_2O_8^{2-})}{\Delta t_2} = -\frac{\Delta c(S_2O_3^{2-})}{2\Delta t_2} = kc_2^m(S_2O_8^{2-})c_2^n(I^-) \tag{4-22}$$

因为 $c_1(I^-) = c_2(I^-)$，则

$$\frac{\Delta t_2}{\Delta t_1} = \left[\frac{c_1(S_2O_8^{2-})}{c_2(S_2O_8^{2-})}\right]^m \tag{4-23}$$

可通过式(4-23)求出 m。

同理,保持 $c(S_2O_8^{2-})$ 不变,只改变 I^- 的浓度,则可求出 $n, m+n$ 即为该反应级数。

由 $k = \dfrac{v}{c^m(S_2O_8^{2-})c^n(I^-)}$ 也可求出速率常数 k。

温度对化学反应速率有明显的影响,若保持其他条件不变,只改变反应温度,由反应所用时间 Δt_1 和 Δt_2,通过如下关系

$$\frac{v_1}{v_2} = \frac{k_1 c^m(S_2O_8^{2-})c^n(I^-)}{k_2 c^m(S_2O_8^{2-})c^n(I^-)} = \frac{-\Delta c(S_2O_8^{2-})/\Delta t_1}{-\Delta c(S_2O_8^{2-})/\Delta t_2} \qquad (4-24)$$

得出 $\dfrac{k_1}{k_2} = \dfrac{\Delta t_2}{\Delta t_1}$,从而得出不同温度下的速率常数 k。

催化剂能改变反应的活化能,对反应速率有较大影响,$(NH_4)_2S_2O_8$ 与 KI 的反应可用可溶性铜盐如 $Cu(NO_3)_2$ 作催化剂。

实验仪器及药品

1. 仪器

量筒(10 mL、50 mL)、烧杯(100mL)、秒表、温度计、恒温水浴锅。

2. 药品

KI(0.2 mol $\cdot$ L^{-1})、$(NH_4)_2S_2O_8$(0.2 mol $\cdot$ L^{-1})、$(NH_4)_2SO_4$(0.2 mol $\cdot$ L^{-1})、$Cu(NO_3)_2$(0.02 mol $\cdot$ L^{-1})、$CuSO_4$(0.1 mol $\cdot$ L^{-1})、$Na_2S_2O_3$(0.01 mol $\cdot$ L^{-1})、KNO_3(0.2 mol $\cdot$ L^{-1})、淀粉(0.2%)、锌粉、锌粒。

实验步骤

1. 浓度对化学反应速率的影响

在室温下,取三只量筒,分别贴上标签,分别量取 10 mL 0.2 mol $\cdot$ L^{-1} KI、2 mL 0.2%淀粉、4mL 0.01 mol $\cdot$ L^{-1} $Na_2S_2O_3$ 溶液,倒入一个 100 mL 烧杯中,搅匀。然后另取一只量筒量取 10 mL 0.2 mol $\cdot$ L^{-1} $(NH_4)_2S_2O_8$ 溶液,迅速加入到该烧杯中,同时按动秒表开始计时,并不断用玻璃棒搅拌,待溶液出现蓝色时,立即停止计时,记下反应的时间和温度。重复测定 3 次,取平均值。

同理,按表 4-2 所列各种试剂用量进行另外两次实验,记下每次实验的反应时间。为了使每次实验中离子强度和总体积不变,不足的量分别用 0.2mol $\cdot$ L^{-1} KNO_3 溶液和 0.2 mol $\cdot$ L^{-1} $(NH_4)_2SO_4$ 溶液补足。

表 4 - 2　浓度对化学反应速率的影响

温度_____

实验编号		1	2	3
试液的体积 V/mL	$0.2 mol \cdot L^{-1}(NH_4)_2S_2O_8$	10	5	10
	$0.2 mol \cdot L^{-1}KI$	10	10	5
	$0.2 mol \cdot L^{-1}Na_2S_2O_3$	4	4	4
	0.2%淀粉	2	2	2
	$0.2 mol \cdot L^{-1}KNO_3$	0	0	5
	$0.2 mol \cdot L^{-1}(NH_4)_2SO_4$	0	5	0
反应物的 起始浓度 $c/(mol \cdot L^{-1})$	$(NH_4)_2S_2O_8$			
	KI			
	$Na_2S_2O_3$			
反应时间 $\Delta t/s$ (反应开始至溶液显蓝色时所需时间)				
反应的平均时间/s				
反应的平均速率/$(mol \cdot L^{-1} \cdot s^{-1})$				
反应的速率常数 $k/[k]$				
反应级数		$n=$	$m=$	$m+n=$

注:[k]表示 k 的单位,下同。

2. 温度对化学反应速率的影响

按表 4 - 2 实验 3 各试剂的用量,在分别高于室温 10℃、20℃ 的温度条件下,重复上述实验。操作步骤:分别取 $0.2 mol \cdot L^{-1}KI$ 溶液、0.2%淀粉溶液、$Na_2S_2O_3$ 溶液和 KNO_3 溶液置于 100mL 烧杯中混匀,$(NH_4)_2S_2O_8$ 放在另一烧杯中,将两份溶液放在恒温水浴中升温。当达到所需温度时,将 $(NH_4)_2S_2O_8$ 溶液迅速倒入 KI 等混合液中,同时用秒表计时,并不断搅拌。当溶液刚出现蓝色时,立即停止计时,记下反应时间和反应温度。

将这两次实验编号为 4,5 的数据和编号 3 的数据记录在表 4 - 3 中,并求出不同温度下反应速率常数。

表 4 - 3　温度对化学反应速率的影响

实验编号	反应温度 $T/℃$	反应时间 $\Delta t/s$	反应速率 $v/(mol \cdot L^{-1} \cdot s^{-1})$	反应速率常数 $k/[k]$
3				
4				
5				

3. 催化剂对化学反应速率的影响

$Cu(NO_3)_2$ 可加快 $(NH_4)_2S_2O_8$ 和 KI 的反应,按表 4 - 2 中实验 3 的各试剂的用量将 KI、$Na_2S_2O_3$、KNO_3 和淀粉分别加到两个 100mL 烧杯中,再在两个烧杯中分别加 1 滴、2 滴 $0.02mol \cdot L^{-1}Cu(NO_3)_2$ 溶液作催化剂,搅匀,然后分别迅速加入 $(NH_4)_2S_2O_8$ 溶液后开始记录时间,不断搅拌,直至溶液刚出现蓝色为止,分别记下所用时间。将这两次实验编号为 6、7 和编号 3 的数据记录在表 4 - 4 中,比较它们的反应速率。

表 4 - 4　催化剂对化学反应速率的影响

实验编号	$0.02mol \cdot L^{-1}$ $Cu(NO_3)_2/$滴	反应时间 $\Delta t/s$	反应速率 $v/(mol \cdot L^{-1} \cdot s^{-1})$	反应速率常数 $k/[k]$
3				
6				
7				

4. 接触面对化学反应速率的影响

取两支试管,各加入 2 mL 0.1 mol $\cdot L^{-1}$ 的 $CuSO_4$ 溶液,然后向两只试管中分别加入少量锌粒和锌粉,观察颜色变化,说明了什么?

数据处理及结果讨论

1. 反应级数的计算

选表 4 - 2 中实验序列为 1 和 2 的代入:

$$v = kc^m(S_2O_8^{2-})c^n(I^-) \approx -\frac{\Delta c(S_2O_8^{2-})}{\Delta t} \qquad (4-25)$$

$$\frac{\Delta t_2}{\Delta t_1} = \left[\frac{c_1(S_2O_8^{2-})}{c_2(S_2O_8^{2-})}\right]^m = 2^m \qquad (4-26)$$

求出 m。

同理,选表 4 - 2 中实验序列为 1 和 3 代入,则有

$$\frac{\Delta t_3}{\Delta t_1} = \left[\frac{c_1(I^-)}{c_3(I^-)}\right]^n = 2^n \qquad (4-27)$$

求出 n。

2. 速率常数 k 的计算

由 $k = \dfrac{v}{c^m(S_2O_8^{2-})c^n(I^-)}$ 和已知的 v、$c(S_2O_8^{2-})$、$c(I^-)$、m、n 就可求出速率常数 k。

思考题

1. 什么是化学反应速率？如何表示？

2. 本实验所测的是平均速率还是瞬时速率？

3. 影响反应速率的因素有哪些？

4. 本实验中向 KI、淀粉、$Na_2S_2O_3$ 混合液中加入 $(NH_4)_2S_2O_8$ 溶液时为什么要迅速？加入 $Na_2S_2O_3$ 的目的是什么？$Na_2S_2O_3$ 的用量过多或过少对实验结果有什么影响？

5. 为什么可以由反应溶液出现蓝色的时间长短来计算反应速率？

6. 溶液出现蓝色后，反应是否终止了？使用秒表应注意什么？

第5章 化合物的性质实验

实验 20 胶体与吸附

预习

(1) 制备胶体的方法。

(2) 胶体溶液的性质、保护以及聚沉的方法。

(3) 固体在溶液中的吸附作用、离子选择吸附、离子交换吸附。

实验目的

(1) 掌握化学凝聚法制备胶体的方法。

(2) 了解胶体的离子交换吸附,并比较不同阳离子的交换能力。

(3) 观察丁铎尔效应、电泳现象及胶体的凝聚作用。

(4) 了解溶胶的制备、保护和聚沉的方法以及胶体溶液的性质。

(5) 加深理解固体在溶液中的吸附作用。

实验原理

胶体是分散质粒子大小在 $1 \sim 100 \mathrm{nm}$ 范围的分散系统,因而胶体是高度分散的多相系统,具有热力学不稳定性。胶体需要依靠稳定剂才能得到暂时的稳定。

比较稳定的胶体溶液的制备方法原则上有两种:一是分散法,就是将大颗粒在一定条件下进一步分散,达到胶体分散的程度;另一种方法是凝聚法,就是将溶液中的分子或离子等凝聚成胶体系统。

凝聚法通常分为两大类。

(1) 物理凝聚法。常用的物理凝聚法有蒸气凝聚法和过饱和法,蒸气凝聚法是利用适当的物理过程将某些物质的蒸气凝聚成胶体;过饱和法,是指改变溶剂或实验条件(如降低温度),使溶质溶解度降低,溶质由溶解变为不溶,从而凝聚为胶体。

(2) 化学凝聚法。化学凝聚法是最常用的制备胶体的方法。它是利用可以生成不溶性物质的化学反应,控制析晶过程,使其达到胶体粒子大小范围。本实验采用化学凝聚法制备 $Fe(OH)_3$ 胶体和 Sb_2S_3 胶体。

溶胶具有三大特性:丁铎尔效应、布朗运动和电泳。常用丁铎尔效应来区别溶胶与真溶液,用电泳来验证胶粒所带的电性。

胶团的扩散双电层结构及溶剂化膜是溶胶暂时稳定的原因。若溶胶中加入电解质、加热或加入带异电荷的溶胶,都会破坏胶团的双电层结构及溶剂化膜,导致溶胶的聚沉。电解质使溶胶聚沉的能力主要取决于与胶粒所带电荷相反的离子的电荷数,电荷数越大,聚沉能力越强,凝结值越小。

液体中固体小颗粒具有比较大的表面能,易吸引液体中的分子或离子落到它的表面以降低自己的表面能,此过程称为吸附。

实验仪器及药品

1. 仪器

U 形电泳仪、直流稳压电源、观察丁铎尔效应装置、漏斗、漏斗架、三角瓶(100mL)、量筒(10mL、100 mL)、吸量管(5mL、10mL)、秒表、烧杯(10mL)。

2. 药品

HAc($6mol \cdot L^{-1}$)、H_2S 饱和溶液、$(NH_4)_2C_2O_4$(0.5 mol $\cdot L^{-1}$)、NaOH($6mol \cdot L^{-1}$)、NaCl($0.5mol \cdot L^{-1}$)、KNO_3($0.1mol \cdot L^{-1}$)、NH_4Ac($1mol \cdot L^{-1}$)、$FeCl_3$(20%)、$BaCl_2$($0.01mol \cdot L^{-1}$)、$K_3[Fe(CN)_6]$(0.01 mol $\cdot L^{-1}$)、$K_4[Fe(CN)_6]$(0.02 mol $\cdot L^{-1}$)、酒石酸锑钾(0.5%)、$AlCl_3$(0.01 mol $\cdot L^{-1}$)、明胶(0.5%)、NaCl($2mol \cdot L^{-1}$)、Mg 试剂、K_2SO_4($0.01mol \cdot L^{-1}$)、品红溶液、饱和硫的 C_2H_5OH 溶液、KCl($2.5mol \cdot L^{-1}$)、K_2CrO_4($0.1mol \cdot L^{-1}$)、土壤样品、滤纸、活性炭。

实验步骤

1. 溶胶的制备(保留本实验所得的各种溶胶供下面实验使用)

1) 凝聚法

(1) 改变溶剂法制备硫溶胶。在盛有 4mL 蒸馏水的试管中,滴加 8 滴饱和硫的乙醇溶液,边滴加边摇晃,观察所得硫溶胶的颜色。

(2) 利用水解反应制备 $Fe(OH)_3$ 溶胶。取 25mL 蒸馏水于 100mL 烧杯中加热至沸,逐滴加入 6~8 滴 20% 的 $FeCl_3$ 溶液并不断搅拌,继续煮沸 3~5min,观察溶液颜色的变化。

(3) 利用复分解反应制备 Sb_2S_3 溶胶。取 20mL 0.5% 酒石酸锑钾溶液于100mL 烧杯中,逐滴加入新配制的饱和 H_2S 溶液并不断搅拌,直至溶液变为橙红色为止。

2) 分散法

取 3mL 2% $FeCl_3$ 溶液注入试管中,加入 1mL $0.02mol \cdot L^{-1}$ 的 $K_4[Fe(CN)_6]$溶液,常压过滤,并以少量的蒸馏水洗涤沉淀,滤液即为普鲁士蓝溶胶。

2. 溶胶的性质

1) 溶胶的光学性质——丁铎尔效应

取自制溶胶分别装入试管中,然后放入丁铎尔效应的装置中(图 5-1),观察丁铎尔效应,并解释所观察到的现象。

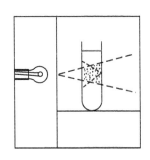

图 5-1　观察丁铎尔
效应的装置

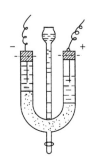

图 5-2　简单的
电泳装置

2) 溶胶的电学性质——电泳(演示)[1]

取一个 U 形电泳仪,将 6~7mL 蒸馏水由中间漏斗注入 U 形管内,滴加 4 滴 0.1mol·L^{-1}KNO$_3$ 溶液,然后缓缓地注入 Fe(OH)$_3$ 溶胶,保持溶胶的液面相齐,在 U 形管的两端,分别插入电极,接通电源,电压调至 30~40V(图 5-2)。20min 后,观察实验现象并解释之。写出 Fe(OH)$_3$ 溶胶的结构式。

以同样的方法将新配制的 Sb$_2$S$_3$ 溶胶注入 U 形管中,插入电极,电压调至 110V,20min 后,观察现象,写出 Sb$_2$S$_3$ 溶胶的胶团结构式。

3. 溶胶的聚沉及其保护

1) 电解质对溶胶的聚沉作用

(1) 取 3 支试管,各加入 2mL Sb$_2$S$_3$ 溶胶(自制),然后分别逐滴加入 0.01 mol·L^{-1}AlCl$_3$ 溶液、0.01mol·L^{-1}BaCl$_2$ 溶液和 0.5mol·L^{-1}NaCl 溶液,边加边振摇,直至出现聚沉现象为止,记录溶胶出现聚沉所需的电解质溶液的滴数,并解释之。

(2) 在 3 支试管中,各加入 2mL Fe(OH)$_3$ 溶胶,分别滴加 0.01 mol·L^{-1} K$_3$[Fe(CN)$_6$]溶液、0.01 mol·L^{-1}K$_2$SO$_4$ 溶液和 2 mol·L^{-1}NaCl 溶液,边滴加边振摇,直至出现聚沉现象。分别记录溶胶出现聚沉时所需电解质溶液的滴数,比较三种电解质的聚沉能力,并解释。

（3）取 5 支试管并依次编号。用吸量管移取 10.00mL 2.5 mol · L^{-1} KCl 溶液放入 1 号试管中，其余 4 支试管各加入 9.00mL 蒸馏水（用吸量管移加）。从 1 号试管中移取 1.00mL 2.5 mol · L^{-1} KCl 溶液至 2 号试管中，摇匀。然后从 2 号试管移取 1.00mL 溶液至 3 号试管中，依次从前一支试管取 1.00mL 溶液至下一支试管，直到最后从 5 号试管中移取 1.00mL 溶液，弃之。5 支试管中的 KCl 浓度依次相差 10 倍。

在上述 5 支试管中，分别加入 1.00 mL $Fe(OH)_3$ 溶胶，摇匀。用秒表计时，15min 后，记录其中使溶胶发生明显聚沉的最小电解质浓度。

采用同样的方法分别测定 0.1mol · L^{-1} K_2CrO_4 溶液和 0.01mol · L^{-1} $K_3[Fe(CN)_6]$ 溶液的聚沉实验，并判断其是否为溶胶，并分别测定它们出现明显聚沉所需电解质的最小浓度。求出 KCl、K_2CrO_4 和 $K_3[Fe(CN)_6]$ 溶液对 Sb_2S_3 溶胶的凝结值。

2）加热对溶胶的聚沉作用

取 2mL Sb_2S_3 溶胶于试管中，加热至沸腾，观察颜色变化。静置、冷却后，观察现象，加以解释。

3）异电荷溶胶的相互聚沉

取 1 支试管，分别加入 1mL $Fe(OH)_3$ 溶胶和 1mL Sb_2S_3 溶胶，振摇，观察现象，并解释之。

4）高分子溶液对溶胶的保护作用

取 2 支试管，各加入 2 mL $Fe(OH)_3$ 溶胶及 2 滴 0.5% 的明胶，振摇，然后分别滴加 0.01 mol · L^{-1} $K_3[Fe(CN)_6]$ 和 K_2SO_4 溶液，记录聚沉时所需电解质的量，与前面 3.1)(2)实验进行比较，并加以解释。

4. 固体在溶液中的吸附作用

1）吸附作用

在一支试管中加入 10 滴蒸馏水，再加入 1～2 滴品红溶液，此时溶液呈红色。然后加入少许活性炭，振摇 1～2min，静置，观察上层清液是否还有颜色，并加以解释。

2）交换作用

在两只 100mL 锥形瓶中，各加入土样 2g，其中一只加入 10mL 1mol · L^{-1} NH_4Ac 溶液；另一只锥形瓶中，加入 10mL 蒸馏水。振摇 10～15min，使土和溶液充分混合，便于进行交换作用。静置片刻，使土沉淀，用倾注过滤法将溶液分别过滤于一试管中，滤液做以下检验用。

（1）Ca^{2+} 的检验。取两只试管，各加入 5～6 滴上述滤液，2 滴 6mol · L^{-1} HAc 酸化，微热，然后加入 2～4 滴 0.5 mol · L^{-1} $(NH_4)_2C_2O_4$ 溶液，若有白色沉

淀产生,表明土壤中的 Ca^{2+} 被交换出来。

(2) Mg^{2+} 的检验。取两支试管各加入 $5\sim6$ 滴上述滤液,6 滴 $6mol \cdot L^{-1}$ NaOH,若有沉淀生成,观察沉淀的颜色,然后滴加 $1\sim2$ 滴镁试剂。若沉淀的颜色变成天蓝色,表明镁离子被交换出来,比较两个实验的现象,并解释之。

注释

[1] 在 $Fe(OH)_3$ 溶胶的电泳实验中,使用稀 KNO_3 溶液是为了增强溶液的导电性。

思考题

1. 使胶体稳定的因素有哪些? 有哪些方法可以破坏胶体的稳定性?

2. 要使 $Fe(OH)_3$ 溶胶聚沉,$K_3[Fe(CN)_6]$、K_2SO_4 和 NaCl 三种电解质溶液中,哪一种电解质溶液聚沉能力最强?

实验 21　无机化合物的性质试验

预习

(1) 试剂的取用方法、pH 试纸的使用方法。

(2) 水溶液中离解平衡、沉淀溶解平衡、配位平衡和氧化还原平衡的基本原理。

实验目的

(1) 加深理解水溶液中离解平衡、沉淀溶解平衡、配位平衡和氧化还原平衡的特点及其移动规律,了解它们之间的相互影响。

(2) 学会配制缓冲溶液并试验其性质。

(3) 进一步了解电极电势与氧化还原反应的关系。

(4) 掌握酸碱指示剂、pH 试纸的使用方法。

实验原理

水溶液中存在的酸碱平衡、沉淀溶解平衡、配位平衡和氧化还原平衡体系,遵循化学平衡移动的一般规律。

1. 弱电解质的离解平衡

在弱电解质溶液中加入含有相同离子的强电解质,使得弱电解质的离解程度减小,电离度降低的现象,称为同离子效应。

弱酸及其共轭碱或弱碱及其共轭酸所组成的溶液,能够抵抗外来少量酸、碱或稀释的影响,保持溶液 pH 基本不变,具有这种性质的溶液称作缓冲溶液。

2. 难溶电解质的沉淀溶解平衡

溶液中沉淀的生成或溶解可以根据溶度积规则来判断。加入适当过量的沉淀剂可使沉淀更完全;利用加酸、氧化(还原)剂和配位剂可使沉淀溶解。

在含有沉淀的溶液中加入另一种沉淀剂时,如果生成更难溶的沉淀,则发生沉淀的转化。

当溶液中存在几种不同的离子时,加入某种沉淀剂可出现分步沉淀现象。

3. 配合物与配位平衡

配离子在水溶液中或多或少地离解成简单离子,$K_f^{\ominus}$ 越大,配离子越稳定。在配离子溶液中加入某种沉淀剂,或加入另一种配位剂以生成更稳定的配离子,或改变溶液的酸度等,都将使配位平衡发生移动。

由金属离子和多基配体形成的螯合物具有较高的稳定性。某些金属离子在一定条件下能与特定的螯合剂作用生成具有特征颜色的螯合物,这类反应常用于一些金属离子的鉴定。例如,Ni^{2+} 在 $NH_3 \cdot H_2O$ 碱性介质中与二乙酰二肟(或称丁二酮肟)反应,生成玫瑰红色螯合物沉淀,即有

$$Ni^{2+} + 2NH_3 \cdot H_2O + 2 \quad \begin{matrix} H_3C—C=NOH \\ | \\ H_3C—C=NOH \end{matrix} =\!\!=\!\!=$$

$$+ 2NH_4^+ + 2H_2O$$

$$(5-1)$$

4. 电极电势与氧化还原平衡

氧化还原反应的本质是氧化剂和还原剂之间发生电子的转移。物质得失电子的能力可用其所对应电对的电极电势 φ 的相对高低来衡量。当 $\varphi_+ > \varphi_-$,氧化还原反应可以正向进行,即 φ 值较大的电对的氧化型物质可以与 φ 值较小的电对的还原型物质发生自发的氧化还原反应。

介质的酸碱度对一些氧化还原反应的方向及反应产物有很大影响,特别是有含氧酸根离子参加的反应。当氧化还原反应的两个电对的值相差不大时,离子浓度或溶液酸度的变化有可能引起反应方向的改变。

实验仪器及药品

1. 仪器

试管、试管架、试管夹、点滴板、量筒(10mL)、滴管、酒精灯。

2. 药品

氨水($0.1\ mol\cdot L^{-1}$,$2\ mol\cdot L^{-1}$,$6\ mol\cdot L^{-1}$)、HAc($0.1\ mol\cdot L^{-1}$)、NH_4Ac 固体、NH_4Cl 固体、NaAc($0.1\ mol\cdot L^{-1}$)、HCl($0.1\ mol\cdot L^{-1}$,$6\ mol\cdot L^{-1}$)、NaOH($0.1\ mol\cdot L^{-1}$,$2mol\cdot L^{-1}$,$6mol\cdot L^{-1}$)、NaCl($0.1\ mol\cdot L^{-1}$,$1\ mol\cdot L^{-1}$)、$Fe(NO_3)_3$($0.1\ mol\cdot L^{-1}$)、$Al_2(SO_4)_3$($0.1\ mol\cdot L^{-1}$)、Na_2CO_3($0.1\ mol\cdot L^{-1}$)、K_2CrO_4($0.1\ mol\cdot L^{-1}$)、$AgNO_3$($0.1\ mol\cdot L^{-1}$)、$MgCl_2$($0.1\ mol\cdot L^{-1}$)、$Pb(NO_3)_2$($0.1\ mol\cdot L^{-1}$)、KI($0.1\ mol\cdot L^{-1}$)、$CuSO_4$($0.1\ mol\cdot L^{-1}$)、饱和$(NH_4)_2C_2O_4$、H_2SO_4($1\ mol\cdot L^{-1}$,$3\ mol\cdot L^{-1}$)、CCl_4、$FeCl_3$($0.1\ mol\cdot L^{-1}$)、$K_3[Fe(CN)_6]$($0.1\ mol\cdot L^{-1}$)、KSCN($0.1\ mol\cdot L^{-1}$)、Na_2S($0.1\ mol\cdot L^{-1}$)、EDTA($0.1\ mol\cdot L^{-1}$)、NH_4F($4\ mol\cdot L^{-1}$)、KBr($0.1mol\cdot L^{-1}$)、$Na_2S_2O_3$($0.5\ mol\cdot L^{-1}$)、$Ni(NO_3)_2$($0.1\ mol\cdot L^{-1}$)、丁二酮肟(1%)、$SnCl_2$($0.2\ mol\cdot L^{-1}$)、$KMnO_4$($0.01\ mol\cdot L^{-1}$)、H_2O_2(10%)、Na_2SO_3($0.1\ mol\cdot L^{-1}$)、Na_3AsO_4($0.05\ mol\cdot L^{-1}$)、淀粉(1%)、酚酞指示剂、甲基橙指示剂、pH 试纸。

实验步骤

1. 弱电解质的离解平衡

1) 同离子效应

(1) 取 1 支试管,加入 1mL $0.1\ mol\cdot L^{-1}$氨水和 1 滴酚酞指示剂,摇匀,观察溶液的颜色。然后再加入少量 NH_4Ac 固体,振摇使之溶解,观察溶液颜色的变化。说明原因。

(2) 另取 1 支试管,加入 1mL $0.1\ mol\cdot L^{-1}$HAc 溶液和 1 滴甲基橙指示剂,摇匀,观察溶液颜色。然后加入少量 NH_4Ac 固体,振摇使其溶解,观察溶液颜色的变化。说明原因。

2) 缓冲溶液

(1) 取 3 支试管,各加入 2mL 蒸馏水。其中 1 支不添加试剂,另外 2 支分别加入 2 滴 0.1 mol·L^{-1} HCl,2 滴 0.1 mol·L^{-1} NaOH 溶液,用 pH 试纸测定它们的 pH。

(2) 取 1 支试管,加入 3mL 0.1 mol·L^{-1} HAc 和 3mL 0.1 mol·L^{-1} NaAc 溶液,配成 HAc-NaAc 缓冲溶液,测定其 pH。将此溶液分别盛于 3 支试管中,分别加入 2 滴 0.1 mol·L^{-1} HCl、0.1 mol·L^{-1} NaOH 和 H$_2$O,测定它们的 pH。与上面实验结果进行比较,说明缓冲溶液的缓冲性能。

3) 离解平衡及其移动

(1) 在点滴板孔穴中分别加入 0.1 mol·L^{-1} NaCl、NaAc、Fe(NO$_3$)$_3$、Al$_2$(SO$_4$)$_3$,用 pH 试纸试验它们的酸碱性。

(2) 在 2 支试管中各加入 2mL 蒸馏水和 1 滴 0.1 mol·L^{-1} Fe(NO$_3$)$_3$ 溶液,摇匀。将 1 支试管用小火加热,观察溶液颜色变化。写出反应式并解释实验现象。

(3) 取 1 支试管,加入 1mL 0.1 mol·L^{-1} Al$_2$(SO$_4$)$_3$ 溶液和 1mL 0.1 mol·L^{-1} Na$_2$CO$_3$ 溶液,摇匀。有何现象? 写出反应方程式。

2. 沉淀溶解平衡

(1) 在 2 支试管中分别加入 5 滴 0.1 mol·L^{-1} K$_2$CrO$_4$ 溶液和 5 滴 0.1 mol·L^{-1} NaCl 溶液,然后各加入 2 滴 0.1 mol·L^{-1} AgNO$_3$ 溶液,观察沉淀的生成和颜色。

(2) 在 1 支试管中加入 2 滴 0.1 mol·L^{-1} K$_2$CrO$_4$ 溶液、2 滴 0.1 mol·L^{-1} NaCl 溶液和 2mL 蒸馏水,摇匀。然后边振摇边滴加 0.1 mol·L^{-1} AgNO$_3$ 溶液,仔细观察沉淀的生成,解释现象。

(3) 在 1 支试管中加入 1mL 0.1 mol·L^{-1} MgCl$_2$ 溶液,滴加数滴 2 mol·L^{-1} 氨水,观察沉淀的生成。然后向此溶液中加入少量 NH$_4$Cl 固体,振摇,观察沉淀是否溶解? 解释现象。

(4) 在 1 支试管中加入 5 滴 0.1 mol·L^{-1} Pb(NO$_3$)$_2$ 溶液和 5 滴 1 mol·L^{-1} NaCl 溶液,观察沉淀的颜色。将试管静置,沉降,弃去上层清液,然后逐滴加入 0.1 mol·L^{-1} KI 溶液,振摇,观察沉淀颜色的变化。写出反应式。

3. 配合物与配位平衡

1) 配离子的制备

在盛有 2mL 0.1 mol·L^{-1} CuSO$_4$ 溶液的试管中逐滴加入 2 mol·L^{-1} 氨水,直至生成的沉淀溶解。观察沉淀和溶液的颜色变化。写出反应方程式。保留此溶液供下面实验使用。

2) 配离子与简单离子的区别

(1) 在点滴板的两个孔穴中分别加入 2 滴 0.1 mol·L^{-1}FeCl$_3$ 溶液和 2 滴 0.1 mol·L^{-1}K$_3$[Fe(CN)$_6$]溶液,然后各加入 1 滴 2 mol·L^{-1}NaOH 溶液,有何现象?解释原因。

(2) 取 2 支试管,各加入 5 滴 0.1 mol·L^{-1}FeCl$_3$ 溶液,其中 1 支加入 5 滴 4 mol·L^{-1}NH$_4$F 溶液,然后在 2 支试管中再各加入 4 滴 0.1 mol·L^{-1}KI 溶液和 15 滴 CCl$_4$,振摇,观察并比较二者 CCl$_4$ 层的颜色,解释现象。

3) 配位平衡及平衡的移动

(1) 在点滴板一孔穴中加入 2 滴 0.1 mol·L^{-1}FeCl$_3$ 溶液和 1 滴 0.1 mol·L^{-1}KSCN 溶液,有何现象?然后再逐滴加入饱和(NH$_4$)$_2$C$_2$O$_4$ 溶液,观察溶液颜色有何变化?写出有关反应方程式。

(2) 将上面实验制得的[Cu(NH$_3$)$_4$]SO$_4$ 溶液分装于 3 支试管中,分别加入 2 滴 0.1 mol·L^{-1}Na$_2$S 溶液、4 滴 0.1 mol·L^{-1}EDTA 及数滴 1 mol·L^{-1}H$_2$SO$_4$ 溶液,观察沉淀的形成和溶液颜色的变化。写出反应式。

(3) 在试管中加入 2 滴 0.1 mol·L^{-1}AgNO$_3$ 溶液和 2 滴 0.1 mol·L^{-1}NaCl 溶液,有无沉淀生成?再加入 4 滴 6 mol·L^{-1}氨水,振摇,有何现象?再加入 2 滴 0.1 mol·L^{-1}KBr 溶液,有无变化?然后加 4~5 滴 0.5 mol·L^{-1}Na$_2$S$_2$O$_3$ 溶液,观察现象。再加入 2 滴 0.1 mol·L^{-1}KI 溶液,又有什么变化?根据难溶物的溶度积和配离子的稳定常数解释上述现象,写出有关离子反应方程式。

4) 螯合物的形成

在点滴板孔穴中加入 1 滴 0.1 mol·L^{-1}Ni(NO$_3$)$_2$ 溶液、1 滴 6 mol·L^{-1}氨水和 1 滴 1%丁二酮肟溶液,观察现象。

4. 电极电势与氧化还原平衡

1) 氧化还原与电极电势

在试管中加入 5 滴 0.1 mol·L^{-1}FeCl$_3$ 溶液,再逐滴加入 0.2 mol·L^{-1}SnCl$_2$ 溶液,边滴加边振摇,直至溶液黄色褪去。然后逐滴加入 4~5 滴 10%H$_2$O$_2$,观察溶液颜色的变化。写出有关离子反应方程式,并判断各电对电极电势的高低。

2) H$_2$O$_2$ 的氧化性和还原性

(1) 在试管中加入 2 滴 0.1 mol·L^{-1}KI 溶液和 3 滴 3 mol·L^{-1}H$_2$SO$_4$ 溶液,再加入 2~3 滴 10%H$_2$O$_2$,观察溶液颜色的变化。然后加入 10 滴 CCl$_4$ 振摇,观察 CCl$_4$ 层的颜色,解释之。

(2) 在试管中加入 5 滴 0.01 mol·L^{-1}KMnO$_4$ 溶液和 5 滴 3 mol·L^{-1}H$_2$SO$_4$ 溶液,然后逐滴加入 10%H$_2$O$_2$,直至紫色消失。观察是否产生气泡?写出离子方程式。

3）介质对氧化还原反应方向的影响

在试管中加入 10 滴 $0.05 \text{ mol} \cdot \text{L}^{-1} \text{Na}_3 \text{AsO}_4$ 溶液、3 滴 $0.1 \text{ mol} \cdot \text{L}^{-1} \text{KI}$ 溶液和 1 滴 1% 淀粉溶液，观察溶液的颜色，有无 I_2 生成？加入 4 滴 $6 \text{ mol} \cdot \text{L}^{-1} \text{HCl}$ 溶液，振摇，观察溶液颜色的变化，此时生成什么物质？然后逐滴加入 $6 \text{ mol} \cdot \text{L}^{-1}$ NaOH 溶液至溶液褪色，若再逐滴加入 $6 \text{ mol} \cdot \text{L}^{-1} \text{HCl}$ 溶液，溶液又会变成什么颜色？解释反应方向改变的原因。反应式为

$$\text{H}_3 \text{AsO}_4 + 2\text{I}^- + 2\text{H}^+ \underset{\text{低酸度}}{\overset{\text{高酸度}}{\rightleftharpoons}} \text{H}_3 \text{AsO}_3 + \text{I}_2 + \text{H}_2 \text{O} \qquad (5-2)$$

4）介质对氧化还原反应产物的影响

取 3 支试管，各加入 1 滴 $0.01 \text{mol} \cdot \text{L}^{-1} \text{KMnO}_4$ 溶液，在第一支试管中加入 4 滴 $3 \text{mol} \cdot \text{L}^{-1} \text{H}_2 \text{SO}_4$ 溶液，在第二支试管中加入 4 滴 $6 \text{mol} \cdot \text{L}^{-1} \text{NaOH}$ 溶液。然后在 3 支试管中各加入 10～15 滴 $0.1 \text{mol} \cdot \text{L}^{-1} \text{Na}_2 \text{SO}_3$ 溶液，摇匀，观察各试管有何变化，写出各反应的离子方程式。

思考题

1. 如何配制 FeCl_3、SbCl_3 水溶液？
2. 利用平衡移动原理，判断下列物质是否可用 HNO_3 溶解：

$$\text{MgCO}_3 \text{、} \text{AgCl} \text{、} \text{CaC}_2 \text{O}_4 \text{、} \text{BaSO}_4$$

3. 衣服上沾有铁锈时，常用草酸去洗，试说明原理。
4. 介质酸度变化对 $\text{H}_2 \text{O}_2$、Br_2 和 Fe^{3+} 的氧化性有无影响？试从电极电势予以说明。

实验 22 有机化合物的元素定性分析

预习

（1）了解分解生物样品的一般方法。
（2）钠熔法分解生物样品实验过程中的注意事项。

实验目的

（1）学习有机化合物元素定性分析的原理。
（2）掌握碳、氢、氮、硫和卤素等常见元素的鉴定方法。

实验原理

有机化合物的元素定性分析的目的在于鉴定有机化合物中所含元素的种类，并为元素的定量分析提供依据。根据产物所含元素还可以判断预期的化学反应是否发生。

一般有机化合物所含的元素有碳、氢、氧、氮、硫、卤素,有些也含有其他元素,如磷、砷、硅等。通常,将样品灼烧,若见到炭化、燃烧有烟等现象时,可以判断样品含有碳元素;用铜丝蘸上样品在火焰中直接燃烧,若产生绿色火焰,则样品可能含有卤素;氢和氧一般不做定性鉴定。对氮、硫、卤素等元素的鉴定,都需要先将有机化合物用适当方法破坏,使这些元素转化成无机离子,然后再进行鉴定。

由于有机化合物中的原子大多以共价键结合而成,难溶于水,所以不能直接分析其中的元素。必须先将有机化合物分解,使其变成无机化合物,再进行元素定性分析。在有机化合物中,常见的元素除 C、H、O 外,还含有 N、S、X、P 等。本实验除 C、H 元素分析外,其他都采用钠熔法分解有机化合物。

$$C,H,O,S,P,X,N \xrightarrow{Na} NaCN, Na_2S, NaCNS, NaX, Na_3P, \cdots$$

实验仪器及药品

葡萄糖或蔗糖、黄豆粉、氯胺 T[1]、CuO 粉末、乙醇(95%)、PbAc₂(5%)、乙酸(5%)、FeSO₄(1%)、FeCl₃(1%)、H₂SO₄(10%,0.5mol·L⁻¹)、Na₂CO₃(20%)、饱和石灰水或氢氧化钡溶液、金属钠、钼酸铵试剂[2]、新制氯化亚锡甘油溶液[3]、AgNO₃ 溶液(2%)、NaNO₃ 溶液(1:1,体积比)、广泛 pH 试纸。

实验步骤

1. 碳、氢元素的鉴定

称取干燥的葡萄糖或蔗糖 0.1g,CuO 粉末 0.2g[4],在表面皿上混合均匀后倒入干燥的试管中,配上装有导气管的软木塞,将试管横夹在铁架台上,使试管口略向下倾斜[5],将导气管插入盛有饱和的澄清石灰水的试管中(图 5-3)。先用小火加热,然后用大火强热(如有倒吸现象注意集中火力),不久可见石灰水中出现白色沉淀。试管上部会出现冷凝液,冷凝液可以使无水 CuSO₄ 变蓝。

2. 硫、氮、磷及卤素的检定

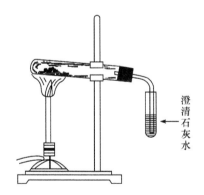

图 5-3　碳氢元素分析装置

钠熔溶液的制备:取一支干燥的试管,并用铁夹固定在铁架台上,装置如图 5-4 所示。用夹子从煤油中取出一块金属钠,切碎(取其中一小粒),用滤纸吸去煤油,迅速投入试管中[6]。先用小火慢慢加热试管底部使金属钠熔化,然后强热,当钠蒸气上升约 2cm 时,停止加热。立即加入混

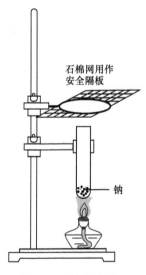

石棉网用作
安全隔板

钠

图 5-4　钠熔法装置

合好的黄豆粉和氯胺 T(各为 0.2g)于试管中,使之直落底部[7]。重新加热试管底部至红热,冷却后加入 1mL 95％乙醇,不断搅拌以破坏可能未作用完全的金属钠。量取 10mL 蒸馏水分 3 次洗涤试管,并将洗涤液倒入小烧杯,煮沸,过滤,保留滤液。

1) 硫的鉴定

取 5 滴滤液于试管中,加入 2～3 滴 5％乙酸溶液使之酸化,然后加入 2～3 滴乙酸铅溶液,若有黑色沉淀生成,表明滤液中含有硫,反应如下:

$$Na_2S+Pb(Ac)_2 \rightleftharpoons 2NaAc+PbS\downarrow \qquad (5-3)$$

2) 氮的鉴定

取 5 滴滤液于试管中,加入 5％NaOH 溶液 2 滴,再加入 2 滴 1％FeSO_4 溶液,煮沸,稍稍冷却后加入 2～3 滴 10％ H_2SO_4 溶液使溶液呈酸性,然后加入 2 滴 1％ FeCl_3 溶液,静置,若有普鲁士蓝沉淀生成,表明滤液中含有氮,反应如下:

$$2NaCN+FeSO_4 \rightleftharpoons Fe(CN)_2+Na_2SO_4 \qquad (5-4)$$

$$Fe(CN)_2+4NaCN \rightleftharpoons Na_4[Fe(CN)_6] \qquad (5-5)$$

$$3Na_4[Fe(CN)_6]+4FeCl_3 \rightleftharpoons Fe_4[Fe(CN)_6]_3\downarrow+12NaCl \qquad (5-6)$$

3) 磷的鉴定

取 5 滴滤液于试管中,加 2 滴 NaNO_3 溶液(1:1,体积比),煮沸 1min,再加 0.5mol·L^{-1}H_2SO_4 或 20％Na_2CO_3 调节溶液 pH 至 3。然后加入 2 滴钼酸铵试剂和 SnCl_2 的甘油溶液 2 滴,摇匀,若很快有钼蓝出现表明滤液中含有磷。

钼蓝可能的结构式:$H_3PO_4(4MoO_3 \cdot MoO_2)_2$。

4) 卤素的鉴定

取 5 滴滤液于试管中,加入 NaNO_3 溶液(1:1,体积比)使之呈酸性,小心煮沸,使其体积浓缩一半[除去 H_2S 和 HCN(通风橱中进行)]。然后加入 2％ AgNO_3 乙醇溶液,若有 AgX 沉淀生成,表明滤液中含有卤素,反应如下:

$$NaX+AgNO_3 \rightleftharpoons NaNO_3+AgX\downarrow \qquad (5-7)$$

注释

[1] 氯胺 T 的结构是

[2] 称取钼酸铵 15g 溶于 300mL 温热蒸馏水中,冷却后,缓缓加入 292mL 浓 HCl,摇匀,用

蒸馏水稀释至 1L。

　　［3］称取干燥的 SnCl₂ 2.5g 置于烧杯中，加入 10mL 浓 HCl，加热使之溶解后，加入 90mL 甘油，摇匀，储于棕色瓶中。

　　［4］使用前应在坩埚中强热几分钟，再放入干燥器中冷却。

　　［5］防止反应中生成的水流到加热处而使试管炸裂。

　　［6］不能用手直接接触金属钠，不能将金属钠置于空气中太久或直接与水接触。

　　［7］此反应非常剧烈，操作者头部应远离试管口，避免发生危险。

思考题

　　1. 有机化合物元素定性分析的基本原理是什么？

　　2. 钠熔法分解试料后，为什么要先用乙醇处理？

实验 23　有机化合物官能团的性质试验

预习

　　有机化合物官能团的主要化学性质及定性分析方法。

实验目的

　　(1) 验证并掌握有机化合物官能团的主要化学性质。

　　(2) 加深理解有机化合物的性质与结构的关系。

　　(3) 熟悉有机化合物的定性分析方法。

实验原理

　　有机化合物的官能团是其分子中比较活泼且容易发生化学反应的部位。通过不同官能团所特有的化学反应现象，能够鉴定某种官能团是否存在。有机化合物中官能团的化学反应很多，但应用到有机分析中的反应应具备以下条件：①反应迅速；②反应现象明显，如颜色变化、溶解、产生沉淀、气体逸出等；③灵敏度高；④专一性强（指试剂与官能团的专一性反应）。本实验就是基于以上条件而选择的。

实验仪器及药品

　　1. 仪器及用品

　　烧杯(100mL)、试管、试管架、试管夹、酒精灯。

　　2. 药品

　　KMnO₄(0.5％)、松节油、NaOH(5％，10％)、Br₂/CCl₄(3％)、FeCl₃(5％)、

HCl(5%,10%)、浓 HCl、苯、氯苯/乙醇(20%)、1,2-二氯乙烷/乙醇(20%)、饱和 Br$_2$ 水、苯酚(5%)、邻苯二酚(5%)、β-萘酚(5%)、H$_2$SO$_4$(10%)、浓 H$_2$SO$_4$、浓 HNO$_3$、HNO$_3$(10%)、甘油、甲苯、3-氯丙烯/乙醇(20%)、乙醇(5%)、伯丁醇、仲丁醇、叔丁醇、苯甲醛、甲醛、碘液、饱和 AgNO$_3$/乙醇溶液、K$_2$Cr$_2$O$_7$/浓 H$_2$SO$_4$ 溶液、CuSO$_4$(1%,5%)、乙醛、丙酮、异丙醇、乙酰乙酸乙酯、苯胺、费林试剂甲、费林试剂乙、AgNO$_3$(5%)、2,4-二硝基苯肼、浓氨水、乙酸(10%)、甲酸(10%)、尿素(s)、草酸(10%)、NaNO$_2$(0.2%)、甲胺溶液、对氨基苯磺酸、乙酰胺(s)、酚酞试剂、红色石蕊试纸。

实验步骤

1. 烯烃的性质

1）加成反应

取 1 支试管加入 2 滴 3% Br$_2$ 的 CCl$_4$ 溶液,然后逐滴加入 10 滴松节油[1]振摇,观察其颜色变化。

2）氧化反应

取 1 支试管加入 5 滴 0.5% KMnO$_4$ 溶液,然后边振摇边逐滴加入 10 滴松节油,观察是否有颜色变化和沉淀产生。

2. 芳香烃的性质

1）硝化反应

取 1 支干燥试管加入 10 滴浓 H$_2$SO$_4$ 和 5 滴浓 HNO$_3$,摇匀。待试管冷却后再滴加 10 滴苯,置于 50～60℃的水浴中加热 10min,将其倒入盛有 5mL H$_2$O 的小烧杯中,观察现象。

2）氧化反应

取 2 支干燥试管,各加入 2 滴 0.5% KMnO$_4$ 溶液和 10 滴 10% H$_2$SO$_4$ 溶液,然后分别加入 5 滴苯和 5 滴甲苯,摇匀。将其置于 60℃水浴中加热,观察是否有颜色变化。解释原因。

3. 卤代烃的性质试验

取 3 支干燥试管,分别加入 2 滴 20% 氯苯的乙醇溶液、2 滴 20% 1,2-二氯乙烷的乙醇溶液和 2 滴 20% 3-氯丙烯的乙醇溶液,再各加入 2～4 滴饱和 AgNO$_3$的乙醇溶液,充分摇匀,观察有无沉淀生成。将无沉淀生成的试管置于水浴中加热 5min,再观察是否有沉淀生成。从中归纳不同结构卤代烃中卤原子的活泼次序。

4. 醇、酚的性质试验

1) 伯、仲、叔醇的氧化反应

取 3 支试管,分别加入 5 滴伯丁醇、仲丁醇和叔丁醇,然后各加入 4 滴新配制的 $K_2Cr_2O_7$ 的浓 H_2SO_4 溶液[2],摇匀。置于水浴中微热,观察颜色变化。从中归纳可以发生氧化反应的醇的结构特征。

2) 多元醇与 $Cu(OH)_2$ 的作用

取 2 支试管,分别加入 5 滴 5%$CuSO_4$ 溶液及 10%$NaOH$ 溶液,摇匀。然后分别加入 10 滴 95% 乙醇和 10 滴甘油,摇匀。观察现象并比较结果。

3) 酸性试验

取 2 支试管,各加入 10 滴蒸馏水、1 滴酚酞和 1 滴 5%$NaOH$,摇匀,溶液呈桃红色。然后在一支试管中逐滴加入 15 滴 95% 乙醇,而在另一支试管中逐滴加入 15 滴 5% 苯酚,摇匀,观察是否有颜色变化,说明原因。

4) 酚与 $FeCl_3$ 的显色反应

取 3 支试管,分别加入 2 滴 5% 苯酚溶液、5% 邻苯二酚溶液和 5%β-萘酚的乙醇溶液,然后各加入 2 滴 5%$FeCl_3$ 溶液,观察颜色变化。

5) 酚的溴代反应

取一支试管加入 5% 苯酚溶液,然后逐滴加入饱和 Br_2 水,并不断振摇,直到刚好生成白色沉淀为止。

5. 醛、酮的性质试验

1) 与 2,4-二硝基苯肼的反应

取 4 支试管,各加入 5 滴 2,4-二硝基苯肼,然后分别加入 1~2 滴甲醛、乙醛、丙酮和苯甲醛溶液,微微振摇,观察是否有沉淀产生。

2) 与费林试剂的反应

取 4 支试管,各加入 5 滴费林试剂甲和费林试剂乙[3],摇匀得深蓝色透明液体。然后分别加入 10 滴甲醛、乙醛、苯甲醛和丙酮溶液,摇匀,置于沸水浴中加热 3min。观察是否有沉淀产生。

3) 碘仿反应

取 5 支试管,分别加入 10 滴 95% 乙醇、丙酮、异丙醇、乙醛和甲醛,再各加入 6 滴碘液[4],然后边振摇边逐滴加入 5% $NaOH$ 溶液至棕色刚好褪去,观察是否有黄色沉淀生成? 若无沉淀生成,置于水浴中微热后,再观察有无沉淀生成,从中归纳能发生碘仿反应的化合物的结构特点。

4) 羟醛缩合反应

取 1 支试管加入 8 滴 10% $NaOH$ 溶液和 10 滴乙醛溶液,摇匀。置于酒精灯上加热至沸腾,观察实验现象。(乙醛,即含 α-H 的醛,在稀碱条件下,能发生羟醛缩合反应,缩合产物受热后脱水生成烯醛,烯醛可进一步发生聚合生成有色的树脂状物)

6. 羧酸的性质

1) 甲酸和草酸的还原性

取 3 支试管,各加入 2 滴 0.5% KMnO₄ 溶液,5 滴蒸馏水,然后分别加入 10% 甲酸溶液、10% 乙酸溶液和 10% 草酸溶液,摇匀。置于沸水浴中加热,观察现象并加以解释。

2) 乙酰乙酸乙酯的酮式和烯醇式互变

(1) 酮式反应。取 1 支试管加入 10 滴 2,4-二硝基苯肼和 2 滴乙酰乙酸乙酯溶液,摇匀,观察现象。

(2) 烯醇式反应。取 1 支试管加入 3 滴乙酰乙酸乙酯溶液,慢慢加入 1~2 滴饱和溴水,观察现象并解释之。

(3) 酮式与烯醇式互变。取 1 支试管加入 10 滴蒸馏水、3 滴乙酰乙酸乙酯溶液和 1 滴 5% FeCl₃,摇匀,观察颜色变化(呈紫红色)。然后边振摇边滴加饱和溴水(用量不可太多),可观察到紫红色褪去,静置,观察是否重现紫红色,说明原因。

7. 胺及酰胺的性质试验

1) 碱性及成盐反应

(1) 取 1 支试管,加入 2 滴甲胺[5]溶液,1 滴酚酞溶液,观察现象。然后再逐滴加入 5% HCl 溶液,有何变化?

(2) 取 1 支试管,加入 3 滴苯胺、10 滴蒸馏水,观察苯胺是否溶解。然后边振摇边滴加浓 HCl,观察现象,说明原因。

2) 重氮化反应和偶合反应

取 1 支试管,加入 3 滴对氨基苯磺酸、3 滴 10% HCl 溶液,摇匀,置于冰水浴中冷却,慢慢滴加 3 滴 0.2% NaNO₂,摇匀,即制得重氮盐溶液。另取 1 支试管,加入约 0.2 g β-萘酚,加入 10% NaOH 溶液使之溶解,摇匀。然后逐滴将 β-萘酚溶液加到盛有重氮盐的试管中,观察是否有橙红色的沉淀析出。

3) 酰胺的碱性水解

取 1 支试管,加入少许乙酰胺(约 0.1g)、10 滴 10% NaOH 溶液,振摇,将湿润的红色石蕊试纸贴在试管口。然后将试管置于酒精灯上直接加热至沸腾,观察试纸颜色变化。

4）二缩脲反应

取一支干燥试管,加入少许(约 0.2g)尿素(H_2NCONH_2),将湿润的红色石蕊试纸贴在试管口。在酒精灯上直接加热至尿素完全熔化,同时放出大量气体,观察试纸颜色的变化。继续加热,直至熔融物变稠凝固成白色二缩脲固体,停止加热。

待试管冷却后,加入 1mL 蒸馏水,加热使之溶解,静置。取约 1mL 上层清液至另一支洁净试管中,加入 4 滴 10%NaOH 溶液和 2 滴 1% $CuSO_4$ 溶液,摇匀,观察溶液的颜色变化,解释原因。

注释

[1] 松节油是萜烯类化合物。

[2] $K_2Cr_2O_7$/浓 H_2SO_4 溶液的配制:将 5mL 浓 H_2SO_4 慢慢加到 50mL 蒸馏水中,再加入 5g $K_2Cr_2O_7$ 使之溶解即可。

[3] 费林试剂甲的配制:称取 34.6g $CuSO_4$ · $5H_2O$ 溶于 500mL 蒸馏水中。

费林试剂乙的配制:称取 137g 酒石酸钾钠和 70g NaOH,一起溶于 500mL 蒸馏水中。

[4] 碘液的配制:将 25gKI 溶于 100mL 蒸馏水中,再加入 12.5g I_2,搅拌使其溶解。

[5] 甲胺溶液的制备:在蒸馏瓶中加入 69g 乙酰胺、30mL 33%NaOH、10mL 2%溴水,加热。蒸馏水吸收蒸出的甲胺气体。

思考题

1. 鉴别卤代烃为什么要用 $AgNO_3$ 的乙醇溶液,而不用 $AgNO_3$ 水溶液?

2. 通过实验,试归纳鉴别醛、酮化合物的一般方法。

3. 哪些类型的化合物能与 $FeCl_3$ 发生显色反应?

4. 甲酸除了可以被 $KMnO_4$ 氧化外,能否被费林试剂所氧化? 为什么?

实验 24　糖和蛋白质的性质试验

预习

（1）糖类化合物的化学性质及鉴别方法,还原糖和非还原糖在性质上的区别。

（2）氨基酸,蛋白质的性质。

实验目的

（1）理解糖类化合物性质与结构的关系。

（2）了解二糖和多糖的水解过程和水解产物。

（3）掌握氨基酸的两性性质,以及鉴定蛋白质的一般方法。

实验原理

(1) 在水溶液中,单糖存在着开链式和氧环式相互转化的平衡体系,单糖具有多羟基醛或多羟基酮的性质,能被费林试剂等弱氧化剂所氧化。

糖在浓酸作用下脱水产生糠醛及其衍生物,能与酚类化合物发生显色反应,例如间苯二酚的浓 HCl 溶液可以鉴别酮糖和醛糖。某些二糖因分子中不存在游离的半缩醛羟基,其水溶液不能产生开链式与氧环式的平衡体系,故不能被费林试剂等弱氧化剂所氧化,称作非还原性二糖。非还原性二糖通过酸性水解生成单糖具有还原性。一般认为多糖没有还原性,但在酸性条件下或酶的催化下可以发生水解反应。

(2) 蛋白质是由许多 α-氨基酸以肽键连接而成的多肽链结构,并通过氢键、盐键、酯键、疏水力等相互作用构成一定的空间构象。蛋白质分子中存在着游离氨基和羧基使之具有两性及等电点性质;由于分子中含有多个肽键以及其他官能团,因而能发生二缩脲反应和其他颜色反应。

在一些物理或化学因素的影响下,因分子中维系构象的副键受到不同程度的破坏,导致蛋白质理化性质及生理活性发生改变。此外,蛋白质也会因中性盐的加入而破坏其水化膜、削弱电荷,而发生盐析作用。

实验仪器及药品

蔗糖(2%)、浓 HCl、NaOH(40%)、葡萄糖(2%)、果糖(2%)、核醛糖(2%)、核酮糖(2%)、淀粉(1%)、α-萘酚(1%)、浓 H_2SO_4、间苯二酚/浓 HCl 溶液、麦芽糖(2%)、费林试剂(甲、乙)、碘溶液(1%)、蛋白质溶液、甘氨酸(1%)、NaOH(5%)、$CuSO_4$(1%,2%)、茚三酮(0.1%)、NaOH(0.1%)、乙酸(1%)、碘化汞钾(10%)、$(NH_4)_2SO_4$(s)。

实验步骤

1. 糖的性质试验

1) 糖的显色反应

(1) Molish 反应。取 4 支试管,分别加入 5 滴 2% 葡萄糖、果糖、蔗糖及 1% 的淀粉溶液,再各加入 2 滴 1% 的 α-萘酚溶液,摇匀,将试管倾斜约 45°角,然后沿试管壁滴加浓 H_2SO_4 约 10 滴(勿摇动),观察两液层间的界面处所发生的变化。

(2) Seliwanoff 反应。取 2 支试管,分别加入 5 滴 2% 葡萄糖、果糖溶液,然后各加入 2 滴间苯二酚/浓 HCl 溶液,置于沸水浴上加热,观察变化。

2）单糖和二糖的还原性

取 4 支试管,分别加入 2％葡萄糖、果糖、麦芽糖及蔗糖各 5 滴,然后在每支试管中加入费林试剂甲和费林试剂乙各 5 滴,摇匀,置于沸水浴上加热,观察并记录实验现象。

3）蔗糖转化及转化糖的还原性

取 1 支试管加入 10 滴 2％蔗糖溶液和 2 滴浓盐酸,摇匀。水浴加热 10min,然后用 40％NaOH 溶液中和至明显碱性(用红色石蕊试纸检验),再加入费林试剂甲和费林试剂乙各 5 滴,置于沸水浴中加热,观察实验现象,说明原因。

4）淀粉的碘试验

在试管中加入 5 滴 1％淀粉溶液,1 滴 1％碘液,振摇,观察现象。然后将溶液加热至沸腾,会产生什么变化? 停止加热,将试管置于冷水浴中又会出现什么现象?(提示:淀粉和碘作用生成深蓝色物质,是由于碘分子进入淀粉螺旋形分子空穴中形成包合物。受热后,其螺旋形构象散开,包合物结构被破坏。冷却后可恢复其包合物结构)

2. 蛋白质性质试验

1）二缩脲反应

取 2 支试管,分别加入 2 滴蛋白质溶液和 1％甘氨酸溶液,再各加入 4～5 滴 5％NaOH 溶液,使之呈碱性,然后各加入 2 滴 2％CuSO$_4$ 溶液,摇匀,观察两支试管的颜色变化。(提示:氨基酸可与 CuSO$_4$ 生成配合物并呈现深蓝色,而 CuSO$_4$ 本身为淡蓝色)

2）与茚三酮的显色反应

取 2 支试管,分别加入 3 滴蛋白质溶液,3 滴 1％甘氨酸溶液,再各加入 1 滴 0.1％茚三酮溶液,水浴加热,观察现象。

3）氨基酸的两性反应

取 1 支试管,加入 1 滴酚酞指示剂、1 滴 0.1％NaOH 和 10 滴蒸馏水,然后加入 1％甘氨酸 10～20 滴,摇匀,观察颜色变化,并解释现象。

4）蛋白质的盐析作用

取 1 支试管加入 8 滴蛋白质溶液,边振摇边加入固体(NH$_4$)$_2$SO$_4$,待其达到一定浓度时,观察现象。然后用大量水稀释,又会产生什么现象? 为什么?

5）蛋白质的变性作用

(1) 蛋白质与浓酸作用。取 1 支试管加入 3 滴浓 HCl,将试管倾斜,沿管壁小心地加入 5 滴蛋白质溶液,观察在浓 HCl 和蛋白质的接触界面所发生的现象。

(2) 蛋白质与重金属盐作用。取 1 支试管加入 5 滴蛋白质溶液,再加入 1～2 滴 1％CuSO$_4$ 溶液,观察现象。

（3）蛋白质与生物碱试剂作用。取一支试管加入 5 滴蛋白质溶液、1 滴 1% 乙酸溶液和 2 滴 10% 碘化汞钾溶液,轻轻振摇,观察现象。

思考题

1. 本实验中哪些糖是还原糖? 哪些糖是非还原糖? 试从结构上加以说明。

2. 若要使一种酸性蛋白质达到等电点,应该加酸还是加碱? 达到等电点时会发生什么现象?

3. 当有过量酸或过量碱存在时,蛋白质是否产生沉淀? 为什么?

4. 蛋白质的变性作用和盐析作用有何区别?

5. 根据实验原理,试设计农产品中还原糖与非还原糖的分析方案。

第6章　化合物的定量分析实验

实验 25　酸碱标准溶液的配制和浓度的比较

预习

(1) 滴定分析的基本操作。

(2) 滴定分析对化学反应的要求有哪些?

(3) 标准溶液的配制方法有哪些? 应如何配制?

(4) 酸碱滴定选择指示剂的原则是什么?

实验目的

(1) 练习滴定操作,初步掌握滴定终点的判断方法。

(2) 练习酸碱标准溶液的配制和浓度的比较。

(3) 熟悉甲基橙指示剂的使用和终点颜色的变化。

(4) 初步掌握酸碱指示剂的选择方法。

实验原理

NaOH 容易吸收空气中的水蒸气及 CO_2,盐酸则易挥发放出 HCl 气体,故它们都不能用直接法配制标准溶液,只能用间接法配制,然后用基准物质或已知准确浓度的标准溶液标定其准确浓度。

酸碱反应达到理论终点时,$c_1V_1 = c_2V_2$,在误差允许的情况下,根据酸碱溶液的体积比,只要标定其中任意一种溶液浓度,即可算出另一溶液的准确浓度。

实验仪器及药品

1. 仪器

玻璃塞细口试剂瓶(500mL)、橡皮塞细口试剂瓶(500mL)、烧杯(250mL)、量筒(10mL、500mL)、电子天平(0.01g)、酸式滴定管(50mL)、碱式滴定管(50mL)。

2. 药品

NaOH(s)、HCl 溶液(1∶1)、甲基橙(0.2%水溶液)、酚酞(0.2%乙醇溶液)、凡士林。

实验步骤

1. 配制 0.1mol·L^{-1} HCl 溶液和 0.1mol·L^{-1} NaOH 溶液

通过计算求出配制 250mL 0.1mol·L^{-1} HCl 溶液所需 1：1 盐酸溶液（约 6mol·L^{-1}）的体积(mL)。然后，用小量筒量取此体积的 1：1 盐酸，加入蒸馏水中，并稀释至 250mL，储于玻璃塞细口试剂瓶中，充分摇匀。

同样，通过计算求出配制 250mL 0.1mol·L^{-1} NaOH 溶液所需 NaOH 的质量，在电子天平上用烧杯称出所需质量的 NaOH，加入蒸馏水使之溶解，并稀释至 250mL，稍微冷却后转入橡皮塞细口试剂瓶中，充分摇匀。

配制完毕后需要立即贴上标签，注明试剂名称、浓度、配制日期、专业、姓名。

2. NaOH 溶液与 HCl 溶液的浓度比较

按照"滴定分析仪器的基本操作"中介绍的方法洗净酸碱滴定管各一支（检查是否漏水）。先用蒸馏水润洗滴定管两三次，每次用蒸馏水 5~10mL，然后用配制好的盐酸标准溶液润洗酸式滴定管两三次，再于管内装满该酸溶液；用配制好的 NaOH 标准溶液润洗碱式滴定管两三次，再于管内装满该碱溶液，然后排出两滴定管尖嘴气泡。分别将两滴定管液面调节至 0.00 刻度，或零刻度稍下处，静置 1min，精确读数（准确到 0.01mL），并记录在实验原始记录本上。

取 250mL 锥形瓶一只，洗净后放在碱式滴定管下，以 10mL·min^{-1} 的速度放出约 20mL NaOH 溶液于锥形瓶中，加入 1~2 滴 0.2% 甲基橙指示剂，用 0.1mol·L^{-1} HCl 滴定。滴定时不停地旋转摇动锥形瓶，直到加入 1 滴或半滴 HCl 溶液后，溶液颜色由黄色变为橙色；然后加入 1~2 滴 0.1mol·L^{-1} NaOH 溶液，溶液又由橙色变为黄色。再由酸式滴定管加 1~2 滴 0.1mol·L^{-1} HCl，使溶液由黄色变为橙色，如此反复练习滴定操作和观察滴定终点。读准最后所用的 HCl 和 NaOH 溶液的体积，计算它们的体积比[V(NaOH)/V(HCl)]。如此平行滴定 3 次，计算平均结果和相对平均偏差(R$\bar{\text{d}}$)。要求 R$\bar{\text{d}}$≤0.5%。

数据处理及结果讨论

序　　号	Ⅰ	Ⅱ	Ⅲ
HCl 初读数/mL			
HCl 终读数/mL			
V(HCl)/mL			
NaOH 初读数/mL			

续表

序　号	I	II	III
NaOH 终读数/mL			
V (NaOH)/mL			
V (NaOH)/V (HCl)			
V (NaOH)/V (HCl)平均值			
偏差			
相对平均偏差			

思考题

1. 滴定管在装满标准溶液前为什么要用此溶液润洗内壁 2~3 次？用于滴定的锥形瓶或烧杯是否需要干燥？是否需要用标准溶液润洗？为什么？

2. 配制 HCl 溶液或 NaOH 溶液用的蒸馏水体积,是否需要准确量取？为什么？

3. 在每次滴定完成后,为什么要将标准溶液加至滴定管零点或接近零点,然后再进行下一次滴定？

4. 从滴定管放出溶液时,为什么速度不能过快？将滴定管装满溶液时或放出溶液后,为什么要静置 1~2min后再读数？

实验 26　HCl 标准溶液的标定

预习

（1）什么叫基准物质？基准物质应具备哪些条件？

（2）标准溶液的配制方法有哪些？应如何配制？

实验目的

（1）学习以 Na_2CO_3 作基准物质标定 HCl 溶液的原理及方法。

（2）进一步练习滴定操作。

（3）学会微型滴定管的使用。

实验原理

浓 HCl 具有挥发性,因此其标准溶液应该用间接法配制。常用来标定 HCl 溶液的基准物质有无水 Na_2CO_3 和 $Na_2B_4O_7 \cdot 10H_2O$。

采用无水 Na_2CO_3 为基准物质标定时,可用甲基红、甲基橙作指示剂。

滴定反应式为

$$2HCl + Na_2CO_3 =\!=\!= 2NaCl + CO_2 \uparrow + H_2O \tag{6-1}$$

实验仪器及药品

1. 仪器

电子天平(0.0001g)、小烧杯、酸式滴定管(50mL)、锥形瓶(250mL)、容量瓶(100mL)、微型锥形瓶(25mL)、微型滴定管(3mL)、微型移液管(5mL)。

2. 药品

HCl(1∶1,体积比)溶液、无水 Na_2CO_3、甲基橙(常量滴定:0.2%;微型滴定:0.04%)、0.1mol·L^{-1} HCl(自配)、0.2mol·L^{-1} HCl(自配)。

实验步骤

1. 常量滴定

(1) 基准物的称量。采用差减法在电子天平上准确称取 0.21~0.30g(准确至 0.1mg)无水 Na_2CO_3 3份,分别置于 250mL 的锥形瓶中,加入 30mL 蒸馏水,溶解后加入 1~2 滴 0.2%甲基橙指示剂。

(2) HCl 溶液的标定。用 0.2mol·L^{-1} HCl 溶液滴定至由黄色变为橙色,记录所消耗 HCl 溶液的体积,HCl 溶液浓度按式(6-2)计算:

$$c(HCl) = \frac{2 \times m(Na_2CO_3)}{M(Na_2CO_3) \times V(HCl)} \qquad (6-2)$$

2. 微型滴定[1]

(1) 基准物溶液的配制。采用差减法在电子天平上准确称取 0.15~0.20g(准确至 0.1mg)无水 Na_2CO_3 于 50mL 小烧杯中,加 30mL 蒸馏水溶解,并定容至 100mL 容量瓶中,摇匀。

(2) HCl 溶液的标定。取上述溶液 5.000mL 于 25mL 微型锥形瓶中,加入 1 滴 0.04%甲基橙,置于磁力搅拌器上。将 3.000mL 微型滴定管洗净,润洗后装入 0.1mol·L^{-1} HCl 溶液于零刻度附近处。开启搅拌器,进行滴定操作,终点时颜色由黄色变为橙色,记录所消耗 HCl 溶液的体积,HCl 溶液浓度按式(6-3)计算:

$$c(HCl) = \frac{2 \times m(Na_2CO_3) \times \dfrac{5.000}{100.0}}{M(Na_2CO_3) \times V(HCl)} \qquad (6-3)$$

HCl 溶液平行标定 3 次。

数据处理及结果讨论

序　号	I	II	III
倾出前(称量瓶＋Na_2CO_3)质量/g			
倾出后(称量瓶＋Na_2CO_3)质量/g			
$m(Na_2CO_3)$/g			
HCl 初读数/mL			
HCl 终读数/mL			
V(HCl)/mL			
c(HCl)/(mol·L^{-1})			
c(HCl)平均值/(mol·L^{-1})			
偏差			
相对平均偏差			

注释

[1] 微型滴定时要注意:指示剂不能加太多;滴定接近终点时,滴定速度要慢;滴定管读数读至小数点后第三位。

思考题

1. 如果 Na_2CO_3 中结晶水没有完全除去,实验结果会怎样?
2. 准确称取的基准物质置于锥形瓶中,锥形瓶是否需要干燥?为什么?
3. 比较微型滴定与常量滴定的误差大小。

实验 27　混合碱的测定(双指示剂法)

预习

(1) 双指示剂法测定混合碱的原理。
(2) 本实验的主要操作过程。

实验目的

(1) 了解测定混合碱的原理。
(2) 学习并掌握使用双指示剂法测定混合碱的含量。

实验原理

混合碱通常是 Na_2CO_3 与 NaOH 或 Na_2CO_3 与 $NaHCO_3$ 的混合物,其中各成

分含量的测定可采用双指示剂法。其原理如下。

　　双指示剂法是利用两种指示剂在不同计量点的颜色变化,得到两个终点,然后根据两个终点消耗标准溶液的体积和浓度,算出各成分的含量。

　　首先在待测混合液中加酚酞指示剂,用 HCl 标准溶液滴定至由红色刚好变为无色。若试液为 Na_2CO_3 与 NaOH 的混合物,此时 NaOH 被完全滴定,而 Na_2CO_3 被转化成 $NaHCO_3$。设此时消耗的 HCl 的体积为 V_1(单位为 mL),反应式为

$$HCl + NaOH \rightleftharpoons NaCl + H_2O \qquad\qquad (6-4)$$

$$HCl + Na_2CO_3 \rightleftharpoons NaHCO_3 + NaCl \qquad\qquad (6-5)$$

　　Na_2CO_3 为多元碱,能被准确滴定的条件是:$cK_{b_1}^{\ominus} > 10^{-8}$,能被分步滴定的条件是 $K_{b_1}^{\ominus}/K_{b_2}^{\ominus} \geqslant 10^4$,$Na_2CO_3$ 的 $K_{b_1}^{\ominus} = 1.78 \times 10^{-4}$,$K_{b_2}^{\ominus} = 2.33 \times 10^{-8}$,所以 Na_2CO_3 可以被分步滴定,理论终点时的产物 $NaHCO_3$ 为两性物质。终点时的 pH 为 8 左右。所以用酚酞指示剂可以指示第一个滴定终点。

　　然后,再加入甲基橙指示剂,继续用 HCl 滴定至黄色变为橙色,这时试液中 $NaHCO_3$ 全部被滴定,设消耗 HCl 的体积为 V_2,反应式为

$$HCl + NaHCO_3 \rightleftharpoons NaCl + H_2CO_3(CO_2 \uparrow + H_2O) \qquad (6-6)$$

　　H_2CO_3 在室温下,其饱和溶液浓度约为 $0.04 mol \cdot L^{-1}$,故终点时的 pH 为 3.9,所以甲基橙变色时达到第二个滴定终点。滴定 Na_2CO_3 所需的 HCl 溶液的量是分两次加入的,从理论上讲,两次的用量相等,所以滴定 NaOH 所消耗的 HCl 溶液为 $V_1 - V_2$。试样中各个组分的含量为

$$w(NaOH) = \frac{c(HCl) \times (V_1 - V_2) \times M(NaOH)}{m(s)} \qquad (6-7)$$

$$w(Na_2CO_3) = \frac{c(HCl) \times V_2 \times M(Na_2CO_3)}{m(s)} \qquad (6-8)$$

　　试样若为 Na_2CO_3 与 $NaHCO_3$ 的混合物,因为 Na_2CO_3 碱性比 $NaHCO_3$ 强,所以,HCl 先与 Na_2CO_3 反应,当 Na_2CO_3 全部转变为 $NaHCO_3$ 时,酚酞红色刚好褪去,设消耗 HCl 的体积为 V_1。再加入甲基橙指示剂,继续滴定至黄色变为橙色,这时溶液中原有的 $NaHCO_3$ 和第一步生成的 $NaHCO_3$ 全部被滴定,设此时所消耗的 HCl 体积为 V_2,根据体积关系,可求得各成分的含量。所以滴定 $NaHCO_3$ 所消耗的 HCl 溶液的体积为 $V_2 - V_1$,试样中各个组分的含量为

$$w(Na_2CO_3) = \frac{c(HCl) \times V_1 \times M(Na_2CO_3)}{m(s)} \qquad (6-9)$$

$$w(NaHCO_3) = \frac{c(HCl) \times (V_2 - V_1) \times M(NaHCO_3)}{m(s)} \qquad (6-10)$$

实验仪器及药品

1. 仪器

电子天平(0.0001g)、锥形瓶(250mL)、烧杯(150mL)、酸式滴定管(50mL)、容量瓶(250mL)、移液管(25mL)。

2. 药品

酚酞指示剂(0.2%乙醇溶液)、甲基橙指示剂(0.1%)、HCl 标准溶液(约为 0.1 mol·L^{-1})、混合碱样品。

实验步骤

1. 称量与定容

用差减法准确称量 Na_2CO_3 及 $NaHCO_3$ 混合碱 2.0～2.5g(准确至 0.1mg)于 100mL 烧杯中[1],加入 30 mL 蒸馏水溶解,定量转入 250mL 容量瓶中,定容至刻度,充分摇匀。

2. 滴定

用移液管移取 25.00mL 试液于 250mL 锥形瓶中,加入酚酞 2～3 滴,用 HCl 标准溶液滴定至红色变为无色[2],记下所用 HCl 的体积。再加入甲基橙 2～3 滴,继续用 HCl 标准溶液滴定至黄色变为橙色,记下所用 HCl 的体积,平行测定三份[3]。计算混合样品中各组分的含量。

数据处理及结果讨论

倾出前(称量瓶＋试样)质量/g			
倾出后(称量瓶＋试样)质量/g			
试样质量/g			
测定序号	I	II	III
$c(HCl)/(mol·L^{-1})$			
HCl 初读数/mL			
HCl 第一次读数/mL			
所耗 HCl 体积 V_1/mL			
$w(Na_2CO_3)$			

续表

$w(\text{Na}_2\text{CO}_3)$ 平均值			
相对平均偏差			
HCl 第二次读数/mL			
所耗 HCl 体积 V_2/mL			
$w(\text{NaHCO}_3)$			
$w(\text{NaHCO}_3)$ 平均值			
偏差			
相对平均偏差			

注释

[1] 称量时动作要快,防止吸潮。

[2] 在第一滴定终点前,HCl 标准溶液要逐滴加入,并要不断摇动锥形瓶,以防溶液局部浓度过大;否则,Na_2CO_3 会直接被滴定成 CO_2。

[3] 称量时注意对锥形瓶编号。

思考题

1. Na_2CO_3 是食碱的主要成分,其中常含有少量 NaHCO_3。能否用酚酞指示剂测定 NaHCO_3 的含量?

2. 为什么移液管必须要用所移取溶液润洗,而锥形瓶则不要用所装溶液润洗?

实验 28 铵盐中含氮量的测定(甲醛法)

预习

(1) 酸碱滴定法间接测定铵盐中含氮量的原理。

(2) 如何进行定容操作和使用移液管。

(3) 本实验的主要操作过程。

实验目的

(1) 掌握甲醛法测定铵盐中氮含量的基本原理。

(2) 学会用酸碱滴定法间接测定氮肥中含氮量。

(3) 学会定容操作和移液管的使用;进一步练习滴定操作。

实验原理

$(\text{NH}_4)_2\text{SO}_4$ 是常用的氮肥之一,由于 NH_4^+ 的酸性太弱 $(K_a^\ominus = 5.6 \times 10^{-10})$,故无法用 NaOH 直接滴定。一般先将 $(\text{NH}_4)_2\text{SO}_4$ 与 HCHO 反应,生成等物质量

的酸,反应生成的$(CH_2)_6N_4H^+$和H^+,可用 NaOH 标准溶液同时直接滴定,即

$$4NH_4^+ + 6HCHO \Longrightarrow (CH_2)_6N_4H^+ + 6H_2O + 3H^+ \qquad (6-11)$$

由式(6-11)可知:$n(N) = n(NH_4^+) = n(OH^-)$。六次甲基四胺$(CH_2)_6N_4$是一种极弱的有机碱[当 $pK_a^\ominus = 5.15, cK_a^\ominus > 10^{-8}, pK_b^\ominus = 8.85$ 时,$(CH_2)_6N_4H^+$能被滴定],应选用酚酞作指示剂。

实验仪器及药品

1. 仪器

微型滴定管(3mL)、容量瓶(100mL)、移液管(5mL、25mL)、锥形瓶(25mL、250mL)、烧杯、电子天平(0.0001g)、碱式滴定管。

2. 药品

NaOH 标准溶液(约 $0.1mol \cdot L^{-1}$)、$(NH_4)_2SO_4(s)$、HCHO(18%)、酚酞指示剂[常量滴定(0.2%醇溶液),微型滴定(0.04%醇溶液)]。

实验步骤

1. 常量滴定

1)称量与定容

用电子天平准确称量$(NH_4)_2SO_4$固体 0.52~0.78g(准确至 0.1mg)一份于小烧杯中,加 30mL 蒸馏水溶解,定量转移至 100mL 容量瓶中,定容至刻度,充分摇匀即可[1]。

2)移液、反应

取三只 250mL 锥形瓶各加入 25.00mL $(NH_4)_2SO_4$ 溶液(用移液管量取)、5mL 18%中性甲醛溶液,摇匀,放置 5min[2]。加入 1~2 滴酚酞指示剂,用 NaOH 标准溶液滴定至粉红,30s 不褪色即可。平行滴定 3 次。

3)结果计算

$$w(N) = \frac{c(NaOH) \times V(NaOH) \times M(N)}{m(s)} \times \frac{100.0}{25.00} \qquad (6-12)$$

2. 微型滴定

1)称量与定容

用电子天平准确称量$(NH_4)_2SO_4$固体 0.20~0.35g(准确至 0.1mg)一份于小烧杯中,加 30mL 蒸馏水溶解,定量转移至 100mL 容量瓶中,定容至刻度,充分摇匀即可[1]。

2）移液、反应

取 3 只 25mL 锥形瓶各加入 5.000mL$(NH_4)_2SO_4$ 溶液（用微型移液管量取）、1mL18％中性甲醛溶液，摇匀，放置 5min[2]。加入 1～2 滴酚酞指示剂，用 NaOH 标准溶液滴定至粉红 30s 不褪色即可。平行滴定 3 次。

3）结果计算

$$w(N) = \frac{c(NaOH) \times V(NaOH) \times M(N)}{m(s)} \times \frac{100.0}{5.000} \qquad (6-13)$$

数据处理及结果讨论

倾出前(称量瓶+试样)质量/g			
倾出后(称量瓶+试样)质量/g			
$m[(NH_4)_2SO_4]$/g			
测定序号	Ⅰ	Ⅱ	Ⅲ
NaOH 初读数/mL			
NaOH 终读数/mL			
$V(NaOH)$ /mL			
$c(NaOH)$/(mol·L^{-1})			
$w(N)$			
$w(N)$平均值			
偏差			
相对平均偏差			

注释

[1] 溶解完毕之后再定容，并充分摇匀。

[2] 甲醛应一份一份地加，以防止挥发，且放置 5min 后再滴定。

思考题

1. 以邻苯二甲酸氢钾为基准物质标定 0.1mol·L^{-1}NaOH 溶液为什么要以酚酞为指示剂？

2. 标定时能否用玻璃棒搅拌锥形瓶中的溶液？

3. 用酸碱滴定法测定$(NH_4)_2SO_4$ 中氮的含量时，为什么不能用 NaOH 溶液直接滴定？

实验 29　EDTA 溶液的标定和水的总硬度的测定

预习

（1）配位滴定法测定水的总硬度的原理，尤其是金属指示剂变色原理。

(2) 容量瓶及移液管的使用方法。

(3) EBT 终点颜色变化过程。

(4) 本实验的主要操作过程。

实验目的

(1) 学习并掌握配位滴定法测定水的总硬度的原理及方法。

(2) 学习 EDTA 标准溶液的标定方法。

(3) 熟悉金属指示剂变色原理及滴定终点的判断。

实验原理

硬水是指含有较多钙盐和镁盐的水。水的硬度是以水中 Ca^{2+}、Mg^{2+} 折合成 CaO 计算的,每升水中含 10mg CaO 为 1 度($1°$)。测定水的硬度的关键就是测定 Ca^{2+}、Mg^{2+} 的含量。

一般把小于 $4°$ 称为很软的水,$4° \sim 8°$ 称为软水,$8° \sim 16°$ 称为中硬度水,$16° \sim 32°$ 称为硬度水,大于 $32°$ 称为很硬的水。生活用水的总硬度一般不能超过 $25°$,各种工业用水都有不同的要求。水的硬度是水质的一项重要的指标,测定水的硬度具有十分重要的意义。

测定 Ca^{2+}、Mg^{2+} 的总量时,用缓冲溶液调节溶液的 pH 为 10,以铬黑 T 为指示剂,用 EDTA 标准溶液测定。铬黑 T 和 EDTA 都能与 Ca^{2+}、Mg^{2+} 形成配合物。其稳定性为 $CaY^{2-} > MgY^{2-} > MgIn^- > CaIn^-$。因此,加入铬黑 T 后,它先与部分 Mg^{2+} 形成配合物 $MgIn^-$(紫红色)。当滴加 EDTA 标准溶液时,EDTA 首先与游离的 Ca^{2+} 配位,其次与游离的 Mg^{2+} 配位,最后夺取 $MgIn^-$ 中的 Mg^{2+},使铬黑 T 游离出来,从而使溶液由紫红色变为纯蓝色,指示达到终点,即有

$$\text{滴定前} \qquad Mg^{2+} + EBT \rule[0.5ex]{1.5em}{0.4pt}\!\!\!= Mg\text{-}EBT \qquad\qquad (6-14)$$
$$\text{纯蓝色} \qquad\quad \text{紫红色}$$

$$\text{滴定后} \qquad Ca^{2+} + Y \rule[0.5ex]{1.5em}{0.4pt}\!\!\!= CaY \qquad\qquad\qquad (6-15)$$

$$Mg\text{-}EBT + Y \rule[0.5ex]{1.5em}{0.4pt}\!\!\!= MgY + EBT \qquad (6-16)$$
$$\text{紫红色} \qquad\qquad\qquad\quad \text{纯蓝色}$$

实验仪器及药品

1. 仪器

酸式滴定管(50mL)、烧杯(100mL)、表面皿、锥形瓶(250mL)、容量瓶(100mL)、移液管(25mL、50mL)、量筒(5mL)、微型滴定管(3mL)、微型移液管(2mL、5mL)、微型锥形瓶(25mL)、烧杯(10mL)。

2. 药品

EDTA 标准溶液（0.01mol·L⁻¹）、EBT 指示剂、锌片、浓 HCl、氨性缓冲溶液、氨水溶液（1：1，体积比）、HCl 溶液（1：1，体积比）、甲基红指示剂。

实验步骤

1. 常量滴定

1) 0.01mol·L⁻¹ EDTA 溶液的配制

称取 1.9g EDTA 二钠盐，溶于 200mL 水中（必要时加热），稀释到 500mL，放入试剂瓶中，摇匀，贴上标签（0.01mol·L⁻¹ EDTA）。

2) 0.01mol·L⁻¹ EDTA 溶液的标定（以 EBT 为指示剂）

称取 0.15～0.20g 锌片于 100mL 烧杯中，加入 5mL 1：1 HCl 溶液，盖上表面皿，使锌全部溶解，将溶液定容到 250.0mL[1]，贴上标签。用移液管吸取 25.00mL 溶液于 250mL 锥形瓶中，慢慢滴加 1：1 氨水溶液至出现 Zn(OH)₂ 沉淀为止，依次加入 pH=10 的缓冲溶液[2]10mL 和纯水 20mL。然后加入 5 滴 EBT 指示剂[3]，用待标定的 EDTA 溶液滴定至溶液由紫红色变为纯蓝色为终点[4]。平行滴定 3 次计算 EDTA 溶液的浓度，即

$$c(\text{EDTA})=\frac{m(\text{Zn})\times\dfrac{25.00}{250.0}}{M(\text{Zn})\times V(\text{EDTA})} \qquad (6-17)$$

3) 水样总硬度的测定

用移液管吸取 50.00mL 水样于 250mL 锥形瓶中，加入 5mL pH=10 的缓冲溶液和 5 滴 EBT 指示剂，用 EDTA 标准溶液滴定至溶液由紫红色变为纯蓝色，记下消耗 EDTA 的体积。平行滴定 3 次，计算水样的总硬度，以 CaO（mg·L⁻¹）计，即有

$$水的总硬度=\frac{c(\text{EDTA})\times V(\text{EDTA})\times M(\text{CaO})}{10\times V(水样)} \qquad (6-18)$$

2. 微型滴定

1) 0.01mol·L⁻¹ EDTA 溶液的配制

称取 1.9g EDTA 二钠盐，溶于 200mL 水中（必要时加热），稀释到 500mL，放入试剂瓶中，摇匀，贴上标签（0.01mol·L⁻¹ EDTA）。

2) 0.01mol·L⁻¹ EDTA 溶液的标定（以 EBT 为指示剂）

称取 0.15～0.20g 锌片于 100mL 烧杯中，加入 5mL 1：1 HCl 溶液，盖上表面皿，使锌全部溶解，将溶液定容到 250.00mL[1] 贴上标签。用移液管吸取

2.000mL 溶液于 25mL 锥形瓶中,加入甲基红指示剂 1 滴,慢慢滴加 1∶1 氨水至出现 Zn(OH)$_2$ 沉淀为止,再加入 20 滴 pH＝10 的缓冲溶液[2] 和 2mL 蒸馏水。然后加入 1~2 滴 EBT 指示剂[3],用待标定的 EDTA 溶液滴定至溶液由紫红色变为纯蓝色为终点[4]。平行滴定 3 次,计算 EDTA 溶液的浓度,即

$$c(\text{EDTA})=\frac{m(\text{Zn})\times\dfrac{2.000}{250.00}}{M(\text{Zn})\times V(\text{EDTA})} \qquad (6-19)$$

3) 水样总硬度的测定

用移液管吸取 5.000mL 水样于 25mL 锥形瓶中,加入 6 滴 pH ＝ 10 的缓冲溶液和 1~2 滴 EBT 指示剂,用 EDTA 标准溶液滴定至溶液由紫红色变为纯蓝色,记下消耗 EDTA 的体积。平行滴定 3 次,计算水样的总硬度,以 CaO (mg·L^{-1}) 计,即

$$水的总硬度=\frac{c(\text{EDTA})\times V(\text{EDTA})\times M(\text{CaO})}{10\times V(水样)} \qquad (6-20)$$

数据处理及结果讨论

1. 标定 0.01mol·L^{-1}EDTA 溶液

$m(\text{Zn})=$ _____ g

序　　号	I	II	III
EDTA 初读数/mL			
EDTA 终读数/mL			
$V(\text{EDTA})$/mL			
$c(\text{EDTA})$/(mol·L^{-1})			
$c(\text{EDTA})$ 平均值/(mol·L^{-1})			
偏差			
相对平均偏差			

2. 水样中硬度的 EDTA 测定

序　　号	I	II	III
EDTA 初读数/mL			
EDTA 终读数/mL			
$V(\text{EDTA})$/mL			
V(水样)/mL			

续表

序　号	Ⅰ	Ⅱ	Ⅲ
$c(\text{EDTA})/(\text{mol} \cdot \text{L}^{-1})$			
水的硬度/(°)			
水平均硬度/(°)			
偏差			
相对平均偏差			

注释

[1] 定容后要摇匀。

[2] 氨性缓冲液的配制:称取 56gNH₄Cl 溶于水中,加入 350mL 浓氨水,用蒸馏水稀释到 1L。

[3] 0.5%铬黑 T 指示剂的配制:称取 0.5g 铬黑 T 和 0.5g 盐酸羟胺溶于 100mL 95%乙醇中。

[4] 滴定时注意慢滴多摇。当紫色出现时要停一下,待颜色稳定后再滴半滴到蓝色,过量时蓝色不加深。

EBT 终点颜色:紫红色→蓝紫色→纯蓝色

思考题

1. 测定水的硬度时,为什么要控制溶液的 pH=10?

2. 从 CaY²⁻、MgY²⁻ 的 lgK_f 比较它们的稳定性,如何用 EDTA 分别测定 Ca²⁺、Mg²⁺ 混合溶液中 Ca²⁺、Mg²⁺ 的含量?

实验 30　$KMnO_4$ 标准溶液的配制与标定

预习

(1) $Na_2C_2O_4$ 标定 $KMnO_4$ 的反应条件。

(2) 本实验的主要操作过程。

实验目的

(1) 掌握 $KMnO_4$ 溶液的配制方法和标定原理。

(2) 掌握温度、酸度、滴定速度等对滴定分析结果的影响。

(3) 掌握有色溶液滴定的读数方法。

实验原理

标定 $KMnO_4$ 的基准物质有 $H_2C_2O_4 \cdot 2H_2O$、$Na_2C_2O_4$、$(NH_4)_2SO_4 \cdot FeSO_4 \cdot 6H_2O$、

As_2O_3 及纯铁丝等。其中 $Na_2C_2O_4$ 不含结晶水,容易制得纯品,不吸潮,因此是常用的基准物质。该反应为

$$2MnO_4^- + 5C_2O_4^{2-} + 16H^+ \Longrightarrow 2Mn^{2+} + 10CO_2\uparrow + 8H_2O \qquad (6-21)$$

在室温下,反应进行很慢,若加热至 75~85℃ 可加速反应,但温度不宜太高,温度过高易引起草酸分解。酸性条件能增强 $KMnO_4$ 的氧化性,一般控制[H^+]为 $0.5\sim1mol\cdot L^{-1}$。

在滴定过程中,最初几滴 $KMnO_4$ 即使在加热情况下,反应仍很慢,当溶液中产生 Mn^{2+} 以后,反应才逐渐加快,这是由于 Mn^{2+} 对反应有催化作用。

在酸性溶液加热情况下,$KMnO_4$ 容易分解,所以滴定速度不能太快。

$KMnO_4$ 可作为自身指示剂,反应完全后,稍过量(小半滴)$KMnO_4$ 可使溶液呈微红色,30s 不褪色即为终点。

实验仪器及药品

1. 仪器

电子天平、酸式滴定管(50mL)、锥形瓶(250mL)、小烧杯(50mL)、容量瓶(100mL)、微型滴定管(3mL)、微型锥形瓶(25mL)、微量移液管(5mL)。

2. 药品

$KMnO_4$ 标准溶液(0.02mol·L^{-1})、$Na_2C_2O_4$、H_2SO_4(3 mol·L^{-1})。

实验步骤

1. 常量滴定

1) $KMnO_4$ 溶液的配制

在天平上称取约 1.6g $KMnO_4$ 固体于 500mL 烧杯中,加 500mL H_2O 使之溶解,盖上表面皿,在电炉上加热至沸并保持 30min,静置过夜,用微孔玻璃漏斗(或玻璃棉)过滤,滤液储存于带玻璃塞的棕色试剂瓶中备用。

2) 基准物的称量

采用直接法在电子天平上准确称取 0.15~0.20g(准确至 0.1mg) $Na_2C_2O_4$ 3 份,分别置于 250mL 锥形瓶中,加入 30mL 蒸馏水使之溶解。

3) $KMnO_4$ 溶液的标定

于锥形瓶中再加入 10mL 3mol·L^{-1} H_2SO_4,加热至 75~85℃,趁热用 $KMnO_4$ 溶液滴定至微红色,30s 不褪色即为终点,记录消耗 $KMnO_4$ 溶液的体积。平行滴定 3 次。

$$c(KMnO_4) = \frac{\frac{2}{5}m(Na_2C_2O_4)}{V(KMnO_4)\cdot M(Na_2C_2O_4)} \qquad (6-22)$$

2. 微型滴定

1）KMnO$_4$ 溶液的配制

在天平上称取约 1.6g KMnO$_4$ 固体于 500mL 烧杯中,加 500mL 蒸馏水使之溶解,盖上表面皿,在电炉上加热至沸并保持 30min,静置过夜,用微孔玻璃漏斗(或玻璃棉)过滤,滤液储存于带有玻璃塞的棕色试剂瓶中备用。

2）基准物溶液配制

采用直接法在电子天平上准确称取 0.20~0.25g(准确至 0.1mg)Na$_2$C$_2$O$_4$ 于50mL 小烧杯中,加 30mL 蒸馏水溶解,定容至 100mL 容量瓶中,摇匀。

3）标定 KMnO$_4$ 溶液

移取待测液 5.000mL 于 25mL 微型锥形瓶中,加入 2mL 3mol·L^{-1}H$_2$SO$_4$,加热至 75~85℃,用 KMnO$_4$ 溶液滴定至微红色,30s 不褪色即为终点,记录消耗KMnO$_4$ 溶液的体积。平行滴定 3 次。

$$c(\text{KMnO}_4)=\frac{\frac{2}{5}m(\text{Na}_2\text{C}_2\text{O}_4)\times\frac{5.000}{100.0}}{V(\text{KMnO}_4)\cdot M(\text{Na}_2\text{C}_2\text{O}_4)} \tag{6-23}$$

数据处理及结果讨论

序　号	I	II	III
$m(\text{Na}_2\text{C}_2\text{O}_4)$/g			
$V(\text{KMnO}_4)$初读数/mL			
$V(\text{KMnO}_4)$终读数/mL			
$V(\text{KMnO}_4)$/mL			
$c(\text{KMnO}_4)$/(mol·L^{-1})			
$c(\text{KMnO}_4)$平均值/(mol·L^{-1})			
偏差			
相对平均偏差			

思考题

1. 用 Na$_2$C$_2$O$_4$ 为基准物质标定 KMnO$_4$ 溶液时,应注意哪些反应条件?

2. 在控制溶液酸度时,为什么不能采用 HCl 或 HNO$_3$?

实验 31 $KMnO_4$ 法测定钙的含量

预习

(1) 了解 $KMnO_4$ 法测 Ca 的原理与方法。

(2) 了解滴定、定容、沉淀洗涤、溶解等基本操作。

实验目的

(1) 了解并掌握 $KMnO_4$ 法测 Ca 的原理与方法。

(2) 进一步熟练滴定、定容、沉淀洗涤、溶解等基本操作。

(3) 学习沉淀的过滤与洗涤技术。

实验原理

在其他一些离子与 Ca^{2+} 共存时,可方便地使用 $C_2O_4^{2-}$ 将 Ca^{2+} 以 CaC_2O_4 形式沉淀过滤,洗涤除去过量的 $C_2O_4^{2-}$,然后用硫酸溶解,释放的 $C_2O_4^{2-}$ 用 $KMnO_4$ 标准溶液滴定,可测定 Ca 的含量。其反应如下:

$$CaC_2O_4 + 2H^+ \rightleftharpoons Ca^{2+} + H_2C_2O_4 \qquad (6-24)$$

$$2MnO_4^- + 16H^+ + 5C_2O_4^{2-} \rightleftharpoons 2Mn^{2+} + 10CO_2\uparrow + 8H_2O \qquad (6-25)$$

利用硫酸作介质,高锰酸钾自身作指示剂。

除碱金属外,其他多种离子有干扰。如 Mg^{2+} 浓度高时,也能生成 MgC_2O_4 沉淀干扰测定,但当 $C_2O_4^{2-}$ 过量较多时,与 Mg^{2+} 形成 $[Mg(C_2O_4)_2]^{2-}$ 配离子而与 Ca^{2+} 分离。

实验仪器及药品

1. 仪器

电子天平(0.0001g)、酸式滴定管(50mL)、烧杯(250mL)、量筒(100mL)、漏斗、漏斗架、温度计。

2. 药品

$(NH_4)_2C_2O_4(0.25mol \cdot L^{-1})$、$HCl(6mol \cdot L^{-1})$、$H_2SO_4(10\%)$、$NH_3 \cdot H_2O$ (5%)、$CaCl_2(0.1\ mol \cdot L^{-1})$、甲基红$(0.1\%)$、钙盐样品、$KMnO_4$ 标准溶液$(0.02\ mol \cdot L^{-1})$。

实验步骤

1. 取样和沉淀

准确称取钙样品 0.15～0.20g(准确至 0.1mg)两份于 250mL 洁净的烧杯中,小心加入 5mL 6 mol·L⁻¹ HCl 溶液使钙盐全部溶解。再加入 35mL 0.25mol·L⁻¹ $(NH_4)_2C_2O_4$ 溶液,用水稀释至 100mL,加 8～10 滴甲基红,加热至 75～80℃,在不断搅拌下,逐滴加 5%NH₃·H₂O 至溶液颜色由红色恰好变为橙红为止(pH＝4.5～5.5)。这时沉淀徐徐生成。

继续在水浴上加热 30min,同时用玻璃棒不断搅拌。

2. 过滤和洗涤[1]

用倾析法将陈化后沉淀的上层清液倾入漏斗中过滤(本实验最终在烧杯中滴定,CaC_2O_4 沉淀只要求洗净。因为过滤和洗涤都用倾注法,即将沉淀保留在原烧杯中尽量少的转移到滤纸上,这样既可以加快沉淀的过滤和洗涤,又可以避免沉淀转移带来的损失)。过滤完毕后,用蒸馏水洗涤几次,至溶液无 $C_2O_4^{2-}$ 为止(加 $CaCl_2$ 检验)。由于 CaC_2O_4 溶解度较大,用蒸馏水洗涤要少量多次,每洗一次都应将溶液全部转移至漏斗中过滤。

3. 沉淀的溶解和滴定

沉淀洗涤后,将带有沉淀的滤纸移入原沉淀烧杯中,用 50mL 10% H_2SO_4 溶液溶解,搅拌使滤纸上的沉淀溶解,然后把溶液稀释至 100mL,加热至 70～85℃,用 $KMnO_4$ 标准溶液滴定至微红色,在 30s 内不消失为止,即为终点。计算 Ca 的含量,即

$$w(Ca) = \frac{\frac{5}{2}c(KMnO_4) \times V(KMnO_4) \times M(Ca)}{m(s)} \qquad (6-26)$$

注释

[1] 洗涤沉淀时为了获得纯 CaC_2O_4 沉淀,必须严格控制酸度(pH＝4.5～5.5),pH 过低有可能沉淀不完全,偏高可能造成 $Ca(OH)_2$ 沉淀和碱式 CaC_2O_4 沉淀。

思考题

1. $KMnO_4$ 标准溶液应装在哪一种滴定管中? 为什么?

2. 用 $KMnO_4$ 溶液滴定 $C_2O_4^{2-}$ 时,为什么用硫酸作介质?

实验 32　K₂Cr₂O₇ 法测定亚铁盐中铁的含量

预习

（1）K$_2$Cr$_2$O$_7$ 法测铁的原理。

（2）K$_2$Cr$_2$O$_7$ 标准溶液的配制方法。

实验目的

（1）学习 K$_2$Cr$_2$O$_7$ 法的原理及方法。

（2）学习并掌握直接法配制标准溶液。

（3）学会使用二苯胺磺酸钠指示剂。

实验原理

重铬酸钾法测定亚铁盐中的铁，是在酸性的亚铁盐溶液中加入磷酸，以二苯胺磺酸钠为指示剂，用 K$_2$Cr$_2$O$_7$ 标准溶液滴定至溶液呈现紫色即为终点。其反应式为

$$6Fe^{2+} + Cr_2O_7^{2-} + 14H^+ \Longrightarrow 6Fe^{3+} + 2Cr^{3+} + 7H_2O \qquad (6-27)$$

滴定过程中有 Fe^{3+} 离子生成。通常加入磷酸，使 Fe^{3+} 与 H$_3$PO$_4$ 生成稳定的无色配离了[Fe(HPO$_4$)$_2$]$^-$，降低溶液中 Fe^{3+} 离子的浓度，从而降低 Fe^{3+}/Fe^{2+} 电对的电位，使等电点时的电位突跃增大，避免指示剂过早变色，减少终点误差，同时由于生成无色配离子[Fe(HPO$_4$)$_2$]$^-$，也消除了 Fe^{3+} 的黄色对终点观察的影响。

实验仪器及药品

1. 仪器

电子天平(0.0001g)、酸式滴定管(50mL)、容量瓶(250mL)、烧杯(100mL)、锥形瓶(250mL)。

2. 药品

K$_2$Cr$_2$O$_7$(A. R.)、H$_2$SO$_4$(3mol·L^{-1})、磷酸(85%)、二苯胺磺酸钠指示剂(0.2%)。

实验步骤

1. 重铬酸钾标准溶液的配制

准确称取 K$_2$Cr$_2$O$_7$[1]1.25g(准确至 0.1mg)，放入干净的 100mL 烧杯中，加少

量蒸馏水溶解后,小心将溶液转入 250mL 容量瓶中,稀释至刻度,摇匀。将溶液倒入洁净干燥的试剂瓶中(为什么?),贴好标签备用,并计算其准确浓度,即有

$$c(\mathrm{K_2Cr_2O_7}) = \frac{m(\mathrm{K_2Cr_2O_7})}{M(\mathrm{K_2Cr_2O_7}) \times 0.2500} \tag{6-28}$$

2. 样品的分析

准确称取硫酸亚铁样品 2.1~2.5g,置于 100mL 烧杯中,加入 8mL 3mol·L^{-1} $\mathrm{H_2SO_4}$ 和少量蒸馏水使之溶解。然后定量地转移至 100mL 容量瓶中,稀释至刻度,摇匀备用。

用 25mL 移液管吸取上述亚铁溶液三份,分别置于 250mL 锥形瓶中,各加蒸馏水 50mL,3mol·L^{-1} $\mathrm{H_2SO_4}$ 7mL,85% $\mathrm{H_3PO_4}$ 溶液 5mL,二苯胺磺酸钠指示剂 5 滴,充分摇匀。然后用重铬酸钾标准溶液滴定至溶液呈紫色,即为终点,记录 $\mathrm{K_2Cr_2O_7}$ 标准溶液的用量。

数据处理及结果讨论

根据式(6-29)计算出铁的质量分数

$$w(\mathrm{Fe}) = \frac{6c(\mathrm{K_2Cr_2O_7}) \times V(\mathrm{K_2Cr_2O_7}) \times M(\mathrm{Fe})}{m(\mathrm{s}) \times \dfrac{25.00}{100.0}} \tag{6-29}$$

注释

[1] 配制 $\mathrm{K_2Cr_2O_7}$ 标准溶液时,先将 $\mathrm{K_2Cr_2O_7}$ 在 105~110℃ 下烘干,除去水分,然后再准确称取一定质量,溶解后稀释至一定体积,即可计算出重铬酸钾标准溶液的准确浓度。

思考题

1. $\mathrm{K_2Cr_2O_7}$ 溶液滴定亚铁时,用二苯胺磺酸钠作指示剂时为什么要加入 $\mathrm{H_3PO_4}$? 如果改用邻菲啰啉作指示剂是否还要加入 $\mathrm{H_3PO_4}$? 为什么?

2. 在溶解 $\mathrm{FeSO_4}$ 前为什么要先加入 $\mathrm{H_2SO_4}$?

实验33　水质化学耗氧量的测定(KMnO$_4$ 法)

预习

(1) $\mathrm{KMnO_4}$ 法测定水质化学耗氧量的原理。

(2) 水质环境监测的相关知识。

实验目的

(1) 掌握酸性 $KMnO_4$ 法测定水质化学耗氧量的原理和方法。

(2) 了解水质环境监测的相关知识。

实验原理

化学耗氧量(COD)是环境水质标准的废水排放标准的控制项目之一。COD 是指一升水中的还原性物质在一定条件下被氧化时所消耗的氧化剂的量,通常以相应的氧量(O_2,$mg \cdot L^{-1}$)来表示。

水中所含还原性物质包括各类有机物、亚硝酸盐、亚铁盐、硫化物等,其中主要是有机物。有机物的含量直接影响到水质的颜色和气味,有利于细菌繁殖,引起疾病传染等,所以水的耗氧量是水质分析的重要指标。

COD 的测定方法有 $K_2Cr_2O_7$ 法、酸性 $KMnO_4$ 法和碱性 $KMnO_4$ 法。本实验采用酸性 $KMnO_4$ 法:在酸性条件下,向水样中加入过量的 $KMnO_4$,加热煮沸后水样中的有机物被 $KMnO_4$ 氧化,过量的 $KMnO_4$ 则用过量的 $Na_2C_2O_4$ 标准溶液还原,反应如下:

$$2MnO_4^- + 5C_2O_4^{2-} + 16H^+ = 2Mn^{2+} + 10CO_2 + 8H_2O \qquad (6-30)$$

最后用 $KMnO_4$ 溶液回滴过量的 $Na_2C_2O_4$,由此计算出水样的耗氧量。

实验仪器及药品

1. 仪器

酸式滴定管(50mL)、容量瓶(250mL)、锥形瓶(250mL)、移液管(10mL)。

2. 药品

$Na_2C_2O_4$ 标准溶液($0.005mol \cdot L^{-1}$):称取基准物质草酸钠 $0.15 \sim 0.18g$ 于洁净小烧杯中,加入少量蒸馏水使之溶解,定量转入 250mL 容量瓶,稀释至刻度,摇匀。计算该标准溶液的准确浓度。

$KMnO_4$ 标准溶液($0.002mol \cdot L^{-1}$):将制备的 $0.02mol \cdot L^{-1} KMnO_4$ 标准溶液稀释 10 倍而得;H_2SO_4 溶液(1:3,体积比)。

实验步骤

(1) 取 10.00mL 水样于 250mL 锥形瓶中,加入 10mL 1:3 的 H_2SO_4 溶液和 10.00mL $KMnO_4$ 标准溶液(V_1)[1],迅速加热煮沸,从冒出第一个大气泡起开始计时,准确地煮沸 10min(红色不应褪去)。取下锥形瓶,冷却 1min,准确加入

10.00mL $Na_2C_2O_4$ 标准溶液，摇匀(此时溶液应变为无色)，趁热用 $KMnO_4$ 标准溶液滴定至浅红色[2]，记录滴定所用去的 $KMnO_4$ 溶液的体积 V_2。

(2) 测定校正系数。在刚刚滴定过的锥形瓶中趁热(控制在 $70\sim80℃$)加入 10.00mL $Na_2C_2O_4$ 标准溶液，摇匀。用 $KMnO_4$ 标准溶液滴定至浅红色，所消耗的 $KMnO_4$ 体积为 V_3，测得校正系数为

$$K = \frac{10.00}{V_3}$$

即每毫升 $KMnO_4$ 溶液对应于 $KmLNa_2C_2O_4$ 标准溶液，则化学耗氧量 $COD(O_2$，$mg \cdot L^{-1})$ 为

$$COD = \frac{[(V_1+V_2) \times K - 10.00] \times c(Na_2C_2O_4) \times \dfrac{32.00}{2}}{V(水样)} \qquad (6-31)$$

重复上述操作，平行测定 $2\sim3$ 次。

数据处理及结果讨论

序　号		I	II	III
0.002mol · L⁻¹KMnO₄ 标准溶液体积/mL	V_1			
	V_2			
	V_3			
$c(Na_2C_2O_4)/(mol \cdot L^{-1})$				
校正系数 K				
$COD/(mg \cdot L^{-1})$				
平均 $COD/(mg \cdot L^{-1})$				

注释

[1] 不同的水样的 COD 差别较大，加入的 $KMnO_4$ 标准溶液的体积(V_1)需要根据具体情况适当调整，最好先粗略测定一次作为参考。

[2] $KMnO_4$ 法的终点褪色较快，一般以 30s 不褪色为宜。

思考题

1. 如何将 0.02mol · L⁻¹KMnO₄ 标准溶液稀释 10 倍？

2. 实验中如果用 0.02mol · L⁻¹KMnO₄ 标准溶液滴定过量的 $Na_2C_2O_4$ 溶液，可以吗？为什么？

3. 使用 $KMnO_4$ 标准溶液为什么常需测定校正系数以便校正？

附:地面水水质 COD 分级标准

分级	一级	二级	三级	四级	五级	六级
COD/(mg·L^{-1})	<2	2～6	6～8	8～15	15～30	>30
表面现象	水面无泡沫、油膜		无大片泡沫、油膜		—	
生活用水	＋	＋	±	—	—	—
渔业用水	＋	＋	＋	±	—	—
工农业用水	＋	＋	＋	＋	±	—

注:"＋"表示可用;"±"表示尚可用;"—"表示不可用。

实验 34　补血糖丸中硫酸亚铁含量的测定(KMnO$_4$ 法)

预习

(1) 固体试样的制备方法及其溶解、过滤与洗涤操作。

(2) 氧化还原滴定方法。

实验目的

(1) 了解分析试样的处理过程,熟练掌握样品的溶解、过滤与洗涤操作。

(2) 掌握用 KMnO$_4$ 测定亚铁的方法,进一步巩固微型滴定操作。

实验原理

用 KMnO$_4$ 测定 Fe^{2+} 属于氧化还原滴定法,而且 KMnO$_4$ 可作为自身指示剂,终点颜色由无色变为微红色,其反应为

$$MnO_4^- + 5Fe^{2+} + 8H^+ \!=\!\!=\!\!= 5Fe^{3+} + Mn^{2+} + 4H_2O \qquad (6-32)$$

在用 KMnO$_4$ 滴定 Fe^{2+} 的过程中,由于 Fe^{3+} 逐渐生成,将使溶液呈现黄色,影响终点的判别,因此须加入 H$_3$PO$_4$ 与 Fe^{3+} 作用,生成无色的[Fe(HPO$_4$)$_2$]$^-$,使终点明显,同时又可使 KMnO$_4$ 和 Fe^{2+} 反应更趋完全。

实验仪器及药品

1. 仪器

电子天平(0.0001g)、滴定管(50mL)、锥形瓶(250mL)、容量瓶(100mL)、移液管(25mL)、微型滴定管(3mL)、微型锥形瓶(25mL)、小烧杯(50mL)、漏斗、容量瓶(25mL)、微型吸量管(2mL)。

2. 药品

H_2SO_4（3mol·L^{-1}）、H_3PO_4（85％）、$KMnO_4$ 标准溶液（浓度已标定）、医用补血糖丸粉末。

实验步骤

1. 常量滴定

1）待测样品的制备

准确称取糖丸粉末 3.7～4.2g（准确至 0.1mg）于 50mL 烧杯中，加入 10mL 3mol·L^{-1} H_2SO_4 和 20mL 纯水使之溶解（不断搅拌 5～10min），待其充分溶解后，过滤于 100mL 容量瓶中，用少量纯水润洗烧杯残渣两三次，定容。

2）样品溶液的滴定

用移液管移取上述溶液 25.00mL 于 250mL 锥形瓶中，加入 10mL 3mol·L^{-1} H_2SO_4 和 5mL 85％H_3PO_4，立即用 $KMnO_4$ 标准溶液滴定，至溶液成微红色并保持 30s 不褪色即为终点，记录消耗 $KMnO_4$ 溶液的体积。平行测定 3 次。计算出试样中 $FeSO_4$·$7H_2O$ 的质量分数：

$$w(FeSO_4 \cdot 7H_2O) = \frac{5c(KMnO_4) \times V(KMnO_4) \times M(FeSO_4 \cdot 7H_2O)}{m(s) \times \dfrac{25.00}{100.0}}$$

$$(6-33)$$

2. 微量滴定

1）待测样品的制备

准确称取糖丸粉末 1.2g 于 50mL 烧杯中，加入 2mL 3mol·L^{-1} H_2SO_4 和 10mL 纯水使之溶解（应不断搅拌 5～10min），待其充分溶解后，过滤于 25mL 容量瓶中，用 2～3mL 纯水润洗烧杯残渣两三次（注意：洗涤用水应严格控制，否则超过容量瓶刻度），最后定容至刻度。

2）样品溶液的滴定

移取待测液 2.000mL 于微型锥形瓶中，加入 1mL 3mol·L^{-1} H_2SO_4 和 8～10 滴 85％H_3PO_4，立即用 $KMnO_4$ 标准溶液滴定，至溶液成微红色并保持 30min 不褪色即为终点，记录消耗 $KMnO_4$ 溶液的体积。平行测定 3 次。计算出试样中 $FeSO_4$·$7H_2O$ 的质量分数：

$$w(FeSO_4 \cdot 7H_2O) = \frac{5c(KMnO_4) \times V(KMnO_4) \times M(FeSO_4 \cdot 7H_2O)}{m(s) \times \dfrac{2.000}{25.0}}$$

$$(6-34)$$

数据处理及结果讨论

序　　号	I	II	III
m(试样)/g			
$c(KMnO_4)/(mol \cdot L^{-1})$			
$KMnO_4$ 初读数/mL			
$KMnO_4$ 终读数/mL			
$V(KMnO_4)$/mL			
V(试样)/mL			
$w(FeSO_4 \cdot 7H_2O)$			
$w(FeSO_4 \cdot 7H_2O)$平均值			
偏差			
相对平均偏差			

思考题

1. 为什么试样溶解时和滴定时都要加入稀硫酸?
2. 过滤时能否将不溶物全部转移至漏斗中?
3. 加入磷酸的目的是什么?
4. 滴定管中装有有色溶液时,应如何读数?

实验 35　邻菲咯啉分光光度法测定铁

预习

(1) 邻菲咯啉分光光度法测定铁的原理及反应条件的控制。
(2) 工作曲线的绘制方法。
(3) 分光光度计的使用方法。

实验目的

(1) 掌握邻菲咯啉分光光度法测定铁的原理和方法。
(2) 学习绘制吸收曲线的方法,掌握绘制吸收曲线的目的。
(3) 学会 721 型或 722 型光栅分光光度计的使用方法。

实验原理

微量铁的测定最常用和最灵敏的方法是邻菲咯啉法。该法准确度高,重现性好,生成的配合物稳定。在 pH＝2～9 时,Fe^{2+} 和邻菲咯啉(1,10-邻二氮菲)反应生成橘红色配合物,反应式如下:

$$\frac{1}{3}Fe^{2+} + \text{(邻菲咯啉)} \longrightarrow \left[\text{(配合物)} \right]^{2+} \qquad (6-35)$$

该配合物的摩尔吸收系数 $\varepsilon = 1.1 \times 10^4 L \cdot cm^{-1} \cdot mol^{-1}$,最大吸收波长为 510nm,其浓度在一定范围内符合 Lambert-Beer 定律。

Fe^{3+} 也可与邻菲咯啉反应,生成 1:3 的淡蓝色配合物。故显色前用盐酸羟胺将 Fe^{3+} 还原为 Fe^{2+},再与邻菲咯啉反应可测定试样中的铁的总量。

Fe^{2+} 与邻菲咯啉在 pH＝2～9 都能显色,为了尽量减少其他离子的影响,通常在微酸性($pH \approx 5$)溶液中显色。

本法选择性很高,相当于含 Fe 量 40 倍的 Sn^{2+}、Al^{3+}、Ca^{2+}、Mg^{2+}、Zn^{2+}、SiO_3^{2-};20 倍的 Cr^{3+}、Mn^{2+}、V^{5+}、PO_4^{3-};5 倍的 Co^{2+}、Cu^{2+} 等均不干扰测定。

实验仪器及药品

1. 仪器

721 型(或 722 型光栅)分光光度计、比色管(25mL)、比色皿(1cm)、吸量管(1mL、2mL、5mL)。

2. 药品

Fe^{2+} 标准溶液($10mg \cdot L^{-1}$)、盐酸羟胺(10％水溶液,新鲜配制)、NaAc-HAc 缓冲液 ($1.0mol \cdot L^{-1}$)、邻菲咯啉(0.15％水溶液)、待测试液。

实验步骤

1. 显色溶液的配制

取 8 个 25mL 比色管,编号。用移液管分别加入 0.00mL、1.00mL、2.00mL、3.00mL、4.00mL、5.00mL $10mg \cdot L^{-1} Fe^{2+}$ 标准溶液于比色管中,在第 7、第 8 号比色管中分别加入 2.50mL 待测试液,然后再各加入 1.5mL 盐酸羟胺溶液,2.5mL NaAc-HAc 缓冲液和 2.5mL 邻菲咯啉溶液,用蒸馏水稀释至刻度,摇匀后静置 5min。

2. 吸收曲线的制作

用 1cm 比色皿,以试剂溶液(1 号比色管)为参比,用第 6 号比色管测定。在 440～560nm 间,每隔 10～20nm 测定一次吸光度值,每次更换波长时需重新调整参比溶液的透光度(T)为 100%。以波长为横坐标,吸光度为纵坐标,绘制吸收曲线,从而选择测量 Fe 的最佳波长(一般选用最大吸收波长 λ_{max})。

3. 标准曲线的制作和 Fe 含量的测定

在所选择的波长(510nm)处,用 1cm 比色皿,以试剂溶液为参比,依次测定各溶液的吸光度值。以 Fe 标准溶液的浓度 $c(Fe^{2+})$ 为横坐标,吸光度为纵坐标,绘制标准曲线。从曲线上查出试液的浓度,取平均值再计算出原试液中 Fe^{2+} 含量。

数据处理及结果讨论

1. 吸收曲线的制作

波长/nm	440	460	480	490	500	510	520	530	540	560
吸光度 A										

2. 标准曲线的制作和铁含量的测定

序　号	1	2	3	4	5	6	待测 1	待测 2
10mg · $L^{-1}Fe^{2+}$ 标准溶液/mL	0.00	1.00	2.00	3.00	4.00	5.00	—	—
待测液	—	—	—	—	—	—	2.50	2.50
盐酸羟胺/mL	1.5	1.5	1.5	1.5	1.5	1.5	1.5	1.5
NaAc-HAc 溶液/mL	2.5	2.5	2.5	2.5	2.5	2.5	2.5	2.5
邻菲啰啉/mL	2.5	2.5	2.5	2.5	2.5	2.5	2.5	2.5
总体积/mL	25.0	25.0	25.0	25.0	25.0	25.0	25.0	25.0
吸光度 A	0							

从标准曲线上查得 $\bar{c}(Fe^{2+})=$ _____ mg · L^{-1}。

原待测试液 $c(Fe^{2+})=$ _____ mg · L^{-1}。

思考题

1. 用邻菲啰啉法测定铁时,为什么在测定前需要加入盐酸羟胺? 若不加入盐酸羟胺,对测定结果有何影响?

2. 什么是吸收曲线? 什么是标准曲线? 它们具有什么实际意义?

扩展实验　邻二氮菲-亚铁配合物稳定性试验及配位数的分光光度法测定

实验目的

（1）通过分光光度法测定铁的条件实验（时间的影响），学会选择分光光度分析的条件。

（2）掌握连续变化法（等物质的量系列法）测定配合物组成的原理方法。

实验原理

1,10-邻二氮菲是测定铁的一种很好的显色剂，在 pH＝2～9 时（一般维持 pH＝5～6）与二价铁生成稳定的红色配合物。

用盐酸羟胺将 Fe(Ⅲ) 还原为 Fe(Ⅱ)，用 1,10-邻二氮菲作显色剂，可测定试样中总铁。

为了使测定结果有较高的灵敏度和准确度，必须选择适宜的测量条件，主要包括：入射光波长、显色剂用量、有色溶液的稳定性、溶液酸度等。

有色配合物的颜色应当稳定足够的时间，至少应保证在测定过程中，吸光度基本不变，以保证测定结果的准确度。

当溶液中只存在一种配合物时，可采用等物质的量连续法测定配合物的化学式，进而计算其稳定常数。由于该法简单，因而应用极为广泛。

如果金属离子 M 和配位剂 L 在特定 pH 条件下，只形成一种配合物 ML_n 时，有

$$M + nL \rightleftharpoons ML_n$$

可以配制一系列溶液，其中配位剂的浓度 c_L 和金属离子的浓度 c_M 的总浓度之和 c

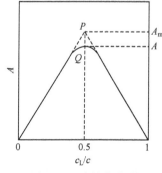

图 6-1　连续变化法

保持不变（$c_L + c_M = c$），而使金属离子 M 和配位剂 L 的浓度之比 c_L/c_M 连续变化。选择配合物具有强（或最大）吸收，而配位剂和金属离子无吸收的波长下，测定这些溶液的吸光度，然后以吸光度 A 为纵坐标，以 c_L/c_M 连续变化的浓度比（或配位剂的摩尔分数 c_L/c）为横坐标作图，得到如图6-1所示的三角形曲线。外推该曲线两边的两条直线，相交于 P 点，显然，只有当配位剂和金属离子的浓度比合适时，生成配合物 ML_n 的浓度最大，因此吸光度最

大点 A_m 所对应的横坐标就是配合物的组成比,此时配位数 n 可从式(6-36)或式(6-37)求得:

$$n = c_L/c_M \tag{6-36}$$

$$n = \frac{c_L/c}{1 - c_L/c} \tag{6-37}$$

实验仪器及药品

1. 仪器

721 型(或 722 型)分光光度计、容量瓶(50mL)、比色皿(1cm)、吸量管(1mL、2mL、5mL、10mL)。

2. 药品

标准铁溶液(A)(1×10^{-3} mol·L^{-1})(0.5 mol·L^{-1} HCl 溶液)[1]、标准铁溶液(B)(10.0mg·L^{-1})[2];邻二氮菲(0.15%水溶液,1.0×10^{-3} mol·L^{-1} 水溶液)、盐酸羟胺(10%水溶液,新配制)、乙酸钠溶液(1 mol·L^{-1})。

实验步骤

1) 有色溶液的稳定性实验

在 50mL 容量瓶中,加入 10.0 mg·L^{-1} 标准铁溶液 10.00mL,1mL 10%盐酸羟胺溶液,摇匀,再加入 2mL 0.15%1,10-邻二氮菲溶液,5mL 乙酸钠溶液,加蒸馏水稀释至刻度,摇匀。立即在选定波长下($\lambda_{max} = 510$nm),用 1cm 比色皿,以试剂空白为参比,测定吸光度,以后隔 5min、10min、20min、30min、60min、90min 测定一次吸光度,绘制出吸光度-时间曲线。

2) 配合物组成的测定

取 12 只 50 mL 容量瓶,各分别加入 1×10^{-3} mol·L^{-1} 标准铁溶液 5.0mL、4.5mL、4.0mL、3.5mL、3.0mL、2.5mL、2.0mL、1.8mL、1.5mL、1.2mL、1.0mL、0.5mL,加入 1mL 10%盐酸羟胺溶液,再依次加入 1×10^{-3} mol·L^{-1} 邻二氮菲 5.0mL、5.5mL、6.0mL、6.5mL、7.0mL、7.5mL、8.0mL、8.2mL、8.5mL、8.8mL、9.0mL、9.5mL,然后各加入 5mL 1 mol·L^{-1} NaAc 溶液,用水稀释至刻度,摇匀。在所选用的波长处,用 1cm 比色皿,以蒸馏水或各自的试剂溶液为参比,测量各溶液的吸光度。

数据处理及结果讨论

(1) 按条件实验的数据,绘出 A-t 曲线,确定最佳测定时间。

（2）以吸光度对 c_L/c_M 作图，根据曲线上前后两部分延长线的交点位置，确定配合物的组成。

注释

[1] 准确称取 0.4822g $NH_4Fe(SO_4)_2 \cdot 12H_2O$ 置于烧杯中，加入 80mL 6 mol·L^{-1} HCl 和少量水，溶解后，转移至 1L 容量瓶中，以水稀释至刻度，摇匀。

[2] 配置方法同[1]。

思考题

采用连续变化法测定配合物的稳定常数的原理是什么？常用哪些方法？

实验 36　磷的比色分析

预习

（1）钼蓝法测磷时加入还原剂的作用。

（2）分光光度计的使用方法。

实验目的

（1）掌握比色法测磷的原理和方法。

（2）熟练掌握 721 型或 722 型分光光度计的使用方法。

实验原理

微量磷的测定，一般采用钼蓝法。此法是在含 PO_4^{3-} 的酸性溶液中加入 $(NH_4)_2MoO_4$ 试剂，可生成黄色的磷钼杂多酸，其反应式为

$$PO_4^{3-} + 12MoO_4^{2-} + 27H^+ \Longrightarrow H_7[P(Mo_2O_7)_6] + 10H_2O \qquad (6-38)$$

若以此直接比色或分光光度法测定，灵敏度较低，适用于含磷量较高的试样。如在黄色溶液中加入适量的还原剂，磷钼杂多酸中部分正六价钼被还原生成低价的蓝色的磷钼蓝，提高了测定的灵敏度，还可消除 Fe^{3+} 等离子的干扰。经显色后可在 690nm 波长下测定其吸光度。含磷的浓度在 1mg·L^{-1} 以下服从 Lambert-Beer 定律。

最常用的还原剂有 $SnCl_2$ 和抗坏血酸。用 $SnCl_2$ 作为还原剂，反应的灵敏度高、显色快。但蓝色稳定性较差，对酸度、$(NH_4)_2MoO_4$ 试剂的浓度控制要求比较严格。抗坏血酸的主要优点是显色较稳定，反应的灵敏度高、干扰小，反应要求的酸度范围高[$c(H^+) = 0.48 \sim 1.44$mol·L^{-1}，以 $c(H^+) = 0.8$mol·L^{-1} 为宜]，但反应速率慢。为加速反应，可加入酒石酸锑钾，配制成 $(NH_4)_2MoO_4$、酒石酸锑钾和抗坏血酸的混合显色剂（此称钼锑抗法）。本实验采用 $SnCl_2$ 法。

实验中，SiO_3^{2-} 会干扰磷的测定，它也与 $(NH_4)_2MoO_4$ 生成黄色化合物，并被还原为硅钼蓝。但可用酒石酸来控制 MoO_4^{2-} 浓度，使它不与 SiO_3^{2-} 发生反应。

该法可适用于磷酸盐的测定，还可适用于土壤、磷矿石、磷肥等全磷的分析。

实验仪器及药品

1. 仪器

721 型(或 722 型)分光光度计、比色管(25mL)、移液管(1mL、5mL)、比色皿(1cm)。

2. 药品

$(NH_4)_2MoO_4$-H_2SO_4 混合液[1]、$SnCl_2$-甘油溶液[2]、磷标准溶液(10.0 mg · L^{-1})。

实验步骤

1. 工作曲线的绘制

分别取 0.00mL、1.00mL、2.00mL、3.00mL、4.00mL、5.00mL 10.0mg · L^{-1} 磷标准溶液于 25mL 比色管中，各加水至 2/3 刻度处，再各加入 1.0mL $(NH_4)_2MoO_4$-H_2SO_4 混合试液，摇匀。然后各加入 2 滴 $SnCl_2$ 甘油溶液，用 H_2O 稀释至刻度，摇匀，静置 20min。

于 690nm 波长处，用 1cm 比色皿，以空白溶液作参比，测定各标准溶液的吸光度。以磷标准溶液的浓度 $c(P)$ 为横坐标，吸光度 A 为纵坐标，绘制标准曲线。

2. 未知液中磷含量的测定

取 2.50mL 待测试液于 25mL 比色管中，与标准溶液相同条件下显色，并测定其吸光度。从工作曲线上查出相应磷的含量，取平均值，并计算原试液的浓度(单位为 mg · L^{-1})。1、2 步骤可按数据处理表顺序同时进行。

数据处理及结果讨论

序　　号	1	2	3	4	5	6	待测 1	待测 2
10.0mg · L^{-1}磷标准溶液/mL	0.00	1.00	2.00	3.00	4.00	5.00	—	—
待测液	—	—	—	—	—	—	2.50	2.50
蒸馏水稀释至	2/3 刻度	2/3 刻度	2/3 刻度	2/3 刻度	2/3 刻度	2/3 刻度	2/3 刻度	2/3 刻度
$(NH_4)_2MoO_4$-H_2SO_4/mL	1.0	1.0	1.0	1.0	1.0	1.0	1.0	1.0

续表

序　　号	1	2	3	4	5	6	待测1	待测2
SnCl$_2$(甘油溶液滴数)	2	2	2	2	2	2	2	2
定容体积/mL	25.0	25.0	25.0	25.0	25.0	25.0	25.0	25.0
吸光度 A								

从标准曲线上查得 $\bar{c}(P)=$ _____ mg·L^{-1}

原待测试液 $c(P)=$ _____ mg·L^{-1}

注释

[1] (NH$_4$)$_2$MoO$_4$-H$_2$SO$_4$ 混合液:溶解 25g (NH$_4$)$_2$MoO$_4$ 于 200mL H$_2$O 中,加入 280mL 冷的浓 H$_2$SO$_4$ 和 400mL H$_2$O 相混合的溶液中,并稀释至 1 L。

[2] SnCl$_2$-甘油溶液:将 2.5g SnCl$_2$ · 2H$_2$O 溶于 100mL 甘油中,溶液可稳定数周。

思考题

1. 空白溶液中为何要加入与标准溶液及未知溶液等量的(NH$_4$)$_2$MoO$_4$-H$_2$SO$_4$ 和 SnCl$_2$-甘油溶液?

2. 本实验使用的(NH$_4$)$_2$MoO$_4$ 显色剂的用量是否要准确加入? 过多过少对测定结果是否有影响?

扩展实验　　土壤速效磷的测定

实验目的

(1) 熟悉 721 或 722 型分光光度计的使用。

(2) 掌握分光光度法测定土壤速效磷的原理和方法。

实验原理

土壤中速效磷的测定方法很多。由于提取剂的不同,所得的结果也不一致。提取剂的选择主要是根据各种土壤的性质而定,中性、石灰性土壤中的速效磷,多以磷酸一钙和磷酸二钙状态存在,可用 0.5mol·L^{-1} NaHCO$_3$ 提取到溶液中。酸性土壤中的速效磷多以磷酸铁和磷酸铝状态存在,0.5mol·L^{-1} NaHCO$_3$ 也能提取磷酸铁和磷酸铝表面的磷,故也可用于酸性土壤。

提取速效磷的滤液中所含的微量磷,一般采用钼蓝法进行磷的比色分析。此法是在含 PO$_4^{3-}$ 的酸性溶液中加入(NH$_4$)$_2$MoO$_4$ 试剂,生成黄色的磷钼杂多酸,其反应见式(6-38)。

若以此黄色溶液直接进行分光光度法测定,灵敏度较低,适用于含磷量较高的试样。如在黄色溶液中加入适量还原剂,磷钼杂多酸中部分正六价的钼被还原成低价的蓝色的磷钼蓝,提高了测定的灵敏度,还可消除 Fe^{3+} 等离子的干扰。显色后的溶液可在 690nm 波长下测定其吸光度。含磷浓度在 $1mg \cdot L^{-1}$ 以下时服从 Lambert-Beer 定律。

常用的还原剂有 $SnCl_2$ 和抗坏血酸等,可根据具体条件和不同灵敏度要求加以选择。本实验采用 $SnCl_2$ 作显色剂。

实验仪器及药品

1. 仪器

721 或 722 型分光光度计、电子天平(0.01g)、锥形瓶、漏斗、比色管(50mL)、吸量管(2mL、10mL)、移液管(50mL)。

2. 药品

磷酸盐标准溶液($10mg \cdot L^{-1}$,以 P_2O_5 计)、$(NH_4)_2MoO_4$-H_2SO_4 混合液、H_2SO_4($0.25mol \cdot L^{-1}$)、$NaHCO_3$ 溶液($0.5 \ mol \cdot L^{-1}$)、$SnCl_2$-甘油溶液(2.5%)。

实验步骤

1. 待测磷比色溶液的制备及测定

称取通过 20 目筛的风干土样 2g(准确至 0.01g),置于干燥的 100mL 锥形瓶中,用移液管吸取 25.00mL 0.5 $mol \cdot L^{-1}$ $NaHCO_3$ 溶液,加入到上述锥形瓶中,振摇 20min,然后常压过滤于另一干燥的锥形瓶中。

用吸量管分别吸取 2.50mL 滤液于两个 50mL 比色管中,各加入 0.25 $mol \cdot L^{-1}$ 硫酸溶液 10mL,充分摇匀。再分别加入 2mL 钼酸铵溶液,4 滴 2.5% $SnCl_2$-甘油溶液,用水稀释至刻度,摇匀。20min 后立即在分光光度计上用 690nm 波长的光测定。

2. 工作曲线的制作

准确吸取 10 $mg \cdot L^{-1}$ 的标准磷溶液 1.00mL、2.00mL、3.00mL、4.00mL、5.00mL 于 5 个 50mL 比色管中,依次分别加入 0.5mol $\cdot L^{-1}$ $NaHCO_3$ 溶液 10mL 和 0.25 $mol \cdot L^{-1}$ H_2SO_4 溶液 10mL,充分摇动以除去 CO_2,然后用蒸馏水稀释至 2/3 体积处,再分别加 2mL 钼酸铵试剂,充分摇匀,各加入 4 滴 2.5% $SnCl_2$-甘油溶液,用水稀释至刻度,再摇匀,20min 后进行比色测定。

根据测定的磷标准液的吸光度 A 和其对应的含 P_2O_5 量,绘制工作曲线,然后根据待测液的吸光度 A,在标准曲线上查出相应的 P_2O_5 的含量。

数据处理及结果讨论

序　　号	参比	1	2	3	4	5	待测1	待测2
10 mg·L^{-1}磷标准溶液/mL	—	1.00	2.00	3.00	4.00	5.00	—	—
待测液/mL	—	—	—	—	—	—	2.50	2.50
0.5mol·L^{-1} NaHCO$_3$/mL	10.0	10.0	10.0	10.0	10.0	10.0	10.0	10.0
0.25 mol·L^{-1} H$_2$SO$_4$/mL	10.0	10.0	10.0	10.0	10.0	10.0	10.0	10.0
蒸馏水稀释至	2/3 刻度	2/3 刻度	2/3 刻度	2/3 刻度	2/3 刻度	2/3 刻度	2/3 刻度	2/3 刻度
钼酸铵试剂/mL	2.0	2.0	2.0	2.0	2.0	2.0	2.0	2.0
2.5% SnCl$_2$-甘油溶液/滴	4.0	4.0	4.0	4.0	4.0	4.0	4.0	4.0
总体积/mL	50.0	50.0	50.0	50.0	50.0	50.0	50.0	50.0
吸光度 A	0							

从标准曲线上查得：$\bar{c}(P_2O_5) = $ _____ mg·L^{-1}。

土样中 P_2O_5 含量：

$$w(P_2O_5)(mg/100g\ 土样) = \frac{c(P_2O_5) \times 25.00 \times 10^{-3}}{m(土样) \times \dfrac{2.50}{50.00}} \times 100 \qquad (6-39)$$

实验 37　硫代硫酸钠标准溶液的配制和标定

预习

(1) 碘量滴定法的原理。

(2) 标准溶液的配制及标定方法。

(3) $Na_2S_2O_3$ 标定方法。

实验目的

(1) 掌握 $Na_2S_2O_3$ 及 I_2 溶液的配制方法。

(2) 掌握标定 $Na_2S_2O_3$ 及 I_2 溶液浓度的原理和方法。

实验原理

碘量法的基本反应式是

$$2S_2O_3^{2-} + I_2 \!=\!\!= S_4O_6^{2-} + 2I^-$$

　　配好的 I_2 和 $Na_2S_2O_3$ 溶液经比较滴定,求出二者体积比,然后标定其中一种溶液的浓度,算出另一溶液的浓度,通常标定 $Na_2S_2O_3$ 溶液比较方便。常用的氧化剂有:$KBrO_3$、KIO_3、$K_2Cr_2O_7$ 或 $KMnO_4$ 标准溶液等。以 $K_2Cr_2O_7$ 最方便,结果也相当准确,本实验采用 $K_2Cr_2O_7$ 标定 $Na_2S_2O_3$ 溶液。准确称取一定量 $K_2Cr_2O_7$ 基准物质,配成溶液,加入过量的 KI,在酸性溶液中定量完成下列反应:

$$6I^- + Cr_2O_7^{2-} + 14H^+ \!=\!\!= 2Cr^{3+} + 3I_2 + 7H_2O \qquad (6-40)$$

生成的游离 I_2,立即用 $Na_2S_2O_3$ 溶液滴定,反应如下:

$$I_2 + 2S_2O_3^{2-} \!=\!\!= 2I^- + S_4O_6^{2-} \qquad (6-41)$$

　　结果实际上相当于 $K_2Cr_2O_7$ 氧化了 $Na_2S_2O_3$。I^- 虽在反应(6-40)中被氧化,但在反应(6-41)中被还原为 I^-,总的结果并未发生变化。由以上反应可知:$n(Na_2S_2O_3) = 6n(K_2Cr_2O_7)$。因此,根据滴定 $Na_2S_2O_3$ 溶液的体积和 $K_2Cr_2O_7$ 的质量,可以算出 $Na_2S_2O_3$ 溶液的准确浓度。

　　碘量法以新配制的淀粉溶液为指示剂,I_2 遇淀粉溶液显蓝色。

实验仪器及药品

　　1. 仪器

　　酸式滴定管(50mL)、碱式滴定管(50mL)、容量瓶(250mL)、烧杯(250mL)、锥形瓶(250mL)、细口试剂瓶(250mL)、棕色细口试剂瓶(250mL)、电子天平(0.01g,0.0001g)。

　　2. 药品

　　$K_2Cr_2O_7$(A. R.)、HCl(6mol · L^{-1})、$Na_2S_2O_3$ · $5H_2O$、KI、I_2、0.5%淀粉溶液、Na_2CO_3。

实验步骤

　　1. I_2 溶液和 $Na_2S_2O_3$ 溶液的配制

　　在电子天平上称取 $Na_2S_2O_3$ · $5H_2O$ 6.2g,溶于适量刚煮沸并已冷却的水中,加入 Na_2CO_3 约 0.05g,稀释至 250mL,倒入细口试剂瓶中,放置1~2周后标定。

　　在电子天平上称取 I_2(已预先磨细)约 3.2g 置于 250mL 烧杯中,加入 6g KI,再加入少量水,搅拌,待 I_2 全部溶解,稀释至 250mL。摇匀,储存于棕色细口试剂瓶中。

2. I_2 和 $Na_2S_2O_3$ 溶液的比较滴定

将 I_2 和 $Na_2S_2O_3$ 溶液分别装入酸式和碱式滴定管中,放出约 25mL I_2 溶液于锥形瓶中,加入 50mL 蒸馏水,用 $Na_2S_2O_3$ 溶液滴定至浅黄色,然后加入 2mL 淀粉指示剂,再用 $Na_2S_2O_3$ 溶液继续滴定至溶液的蓝色恰好消失即为终点。

重复滴定 3 次,计算两溶液的体积比。

3. $Na_2S_2O_3$ 溶液的标定

准确称取已干燥过的 $K_2Cr_2O_7$(A.R.)1.2~1.3g(准确至 0.0001g)于 250mL 烧杯中,加入 50mL 水使之溶解,定量转入 250mL 容量瓶,定容,摇匀,计算其浓度。

用移液管吸取 25.00mL $K_2Cr_2O_7$ 溶液于 250mL 锥形瓶中,加入 15mL $6mol \cdot L^{-1}$ HCl 和 10mL 10% KI,充分摇匀,盖上表面皿,在暗处静置 5min,然后加水稀释。用 $Na_2S_2O_3$ 溶液滴定产生的 I_2 至溶液呈浅黄色,再加入 2mL 0.5% 的淀粉溶液,用 $Na_2S_2O_3$ 溶液滴定至溶液的蓝色刚好消失(终点时需剧烈摇动),呈 Cr^{3+} 的亮绿色即为终点。

重复 3 次。按式(6-42)计算 $Na_2S_2O_3$ 溶液的浓度

$$c(Na_2S_2O_3) = \frac{6c(K_2Cr_2O_7)V(K_2Cr_2O_7)}{V(Na_2S_2O_3)} \qquad (6-42)$$

思考题

1. 配制 I_2 溶液时为什么要加入 KI?
2. 标定 $Na_2S_2O_3$ 溶液时,加入 KI 的量需要很精确吗? 为什么?
3. 为什么不能直接配制 $Na_2S_2O_3$ 标准溶液? 为什么配制后要放置数日才能进行标定?
4. 为什么要在 $Na_2S_2O_3$ 溶液中加入少量的 Na_2CO_3?

实验 38　碘量法测定葡萄糖含量

预习

(1) 了解间接碘量法的原理及其操作。
(2) 碘量法主要误差来源有哪些? 如何避免?

实验目的

学习间接碘量法的原理及其操作。

实验原理

碘与 NaOH 作用可生成 NaIO（次碘酸钠），$C_6H_{12}O_6$（葡萄糖）能定量地被 NaIO 氧化。在酸性条件下，未与 $C_6H_{12}O_6$ 作用的 NaIO 可转化成 I_2 析出，因此只要用 $Na_2S_2O_3$ 标准溶液滴定析出的 I_2，便可计算出 $C_6H_{12}O_6$ 的含量，其反应如下：

I_2 与 NaOH 作用：

$$I_2 + 2NaOH = NaIO + NaI + H_2O \qquad (6-43)$$

$C_6H_{12}O_6$ 和 NaIO 定量作用：

$$C_6H_{12}O_6 + NaIO = C_6H_{12}O_7 + NaI \qquad (6-44)$$

总反应为

$$I_2 + 2NaOH + C_6H_{12}O_6 = C_6H_{12}O_7 + 2NaI + H_2O \qquad (6-45)$$

$C_6H_{12}O_6$ 作用完后，剩下的 NaIO 在碱性条件下发生歧化反应：

$$3NaIO = NaIO_3 + 2NaI \qquad (6-46)$$

歧化产物在酸性条件下进一步作用生成 I_2：

$$NaIO_3 + 5NaI + 6HCl = 3I_2 + 6NaCl + 3H_2O \qquad (6-47)$$

析出的 I_2 可用 $Na_2S_2O_3$ 标准溶液滴定为

$$I_2 + 2Na_2S_2O_3 = Na_2S_4O_6 + 2NaI \qquad (6-48)$$

$$n(C_6H_{12}O_6) = n_{总}(I_2) - \frac{1}{2}n(Na_2S_2O_3) \qquad (6-49)$$

本方法可作为葡萄糖注射液中葡萄糖含量测定之用。葡萄糖注射液浓度 w 有 0.05、0.10、0.50 三种，本实验用 $w=0.05$ 注射液稀释 100 倍作为待测液。

实验仪器及药品

1. 仪器

碘量瓶（250mL）、滴定管（50mL）、移液管（20mL）、烧杯。

2. 药品

I_2 标准溶液、$Na_2S_2O_3$ 标准溶液、NaOH（$0.1 mol \cdot L^{-1}$）、HCl（$6\ mol \cdot L^{-1}$）、葡萄糖注射液（$w=0.05$）、淀粉指示剂。

实验步骤

用移液管吸取 20.00mL 待测液于碘量瓶中，加入 I_2 标准溶液 20.00mL，慢慢滴加 $0.1\ mol \cdot L^{-1}$NaOH 溶液，随滴加振摇，直至溶液呈淡黄色。加碱速度不宜太快，否则过量 NaIO 来不及氧化 $C_6H_{12}O_6$ 而生成了不具氧化性的 $NaIO_3$，使定量测定结果偏低。将碘量瓶加塞放置 10～15min,加 2mL 6 mol·L^{-1} HCl 使成酸性,立即用 $Na_2S_2O_3$ 标准溶液滴定,至溶液呈淡黄色时,加入淀粉指示剂 2mL,继续滴到蓝色消失为止。记录滴定读数。重复滴定一次。按式(6 - 50)计算葡萄糖的含量(单位为 g·L^{-1}):

$$w(葡萄糖) = \frac{[c(I_2) \times V(I_2) - \frac{1}{2}c(Na_2S_2O_3) \times V(Na_2S_2O_3)] \times M(C_6H_{12}O_6)}{20.00}$$

$$(6 - 50)$$

思考题

　　1. 碘量法主要误差有哪些? 如何避免?

　　2. 试说明碘量法为什么既可测定还原性物质,又可测定氧化性物质,测定时应如何控制溶液的 pH,为什么?

实验 39　　氯化钡中钡的测定(重量法)

预习

　　(1) 了解沉淀重量法的原理。

　　(2) 熟悉沉淀的过滤与洗涤等有关操作。

实验目的

　　(1) 掌握沉淀重量法的原理。

　　(2) 进一步熟悉沉淀的过滤与洗涤等有关操作。

实验原理

　　称取一定量的 $BaCl_2 \cdot 2H_2O$ 溶于水后,用盐酸酸化,加热至接近沸腾并不断搅拌下,与沉淀剂稀 H_2SO_4 作用形成 $BaSO_4$ 沉淀。其反应式为

$$Ba^{2+} + SO_4^{2-} =\!=\!= BaSO_4 \downarrow \qquad\qquad (6 - 51)$$

沉淀经陈化、过滤和灼烧后,以 $BaSO_4$ 沉淀形式称量。

　　Ba^{2+} 可生成一系列微溶化合物,如 $BaCO_3$、BaC_2O_4、$BaCrO_4$、$BaHPO_4$、$BaSO_4$ 等,其中以 $BaSO_4$ 溶解度最小。$BaSO_4$ 在 100℃时,100mL 水中溶解 0.4mg;25℃ 时,100mL 水中仅溶解 0.2mg,在过量沉淀剂存在时,溶解度大为减小,一般可忽略不计。

　　为了防止产生碳酸钡、磷酸钡以及氢氧化钡共沉淀,可适当增加 $BaSO_4$ 溶解度,降低其相对过饱和度,以利于获得较好的晶形沉淀,故一般在约 0.05mol·L^{-1}

的 HCl 介质中进行沉淀。

为了使 $BaSO_4$ 沉淀完全,沉淀剂稀 H_2SO_4 必须过量。由于 H_2SO_4 在高温下可挥发除去,沉淀带下的 H_2SO_4 不致引起误差,因此沉淀剂用量可过量 $50\%\sim 100\%$,但 NO_3^-、ClO_3^-、Cl^-、K^+、Na^+、Ca^{2+}、Fe^{3+} 均可引起共沉淀现象,故应严格掌握沉淀条件,减少共沉淀现象,以获得纯净的 $BaSO_4$ 晶体沉淀。

实验仪器及药品

1. 仪器

坩埚、烧杯(250mL)、表面皿、漏斗架、漏斗。

2. 药品

$BaCl_2 \cdot 2H_2O$(A. R.)、H_2SO_4($1mol \cdot L^{-1}$,$0.1mol \cdot L^{-1}$)、HCl($2mol \cdot L^{-1}$)、$AgNO_3$($0.1mol \cdot L^{-1}$)。

操作步骤

1. 瓷坩埚的准备

洗净坩埚,晾干,然后在 $800\sim850℃$ 下灼烧,第一次灼烧 $30\sim45min$,取出稍冷片刻,放入干燥器中冷至室温后称量。第二次灼烧 $15\sim20min$,取出稍冷,放入干燥器冷至室温后,再称量。如此操作直至恒量为止。

2. 分析步骤

准确称取 $0.4\sim0.5g$ $BaCl_2 \cdot 2H_2O$ 试样两份(准确至 0.1mg),分别置于 250mL 烧杯中,加入蒸馏水约 70mL,$2mol \cdot L^{-1}$ HCl $2\sim3mL$,盖上表面皿,加热近沸,但勿使溶液沸腾,以防止溅出。与此同时,另取 3mL $1mol \cdot L^{-1}$ H_2SO_4 溶液两份置于小烧杯中,各加入蒸馏水 20mL,加热近沸,然后将热的 H_2SO_4 溶液在不断搅拌下慢慢地加入热的 $BaCl_2$ 溶液中。

当沉淀完毕,在上层清液中加 $1\sim2$ 滴 $0.1mol \cdot L^{-1}$ H_2SO_4 检验沉淀是否完全。若沉淀完全,将玻璃棒靠在烧杯嘴边(切勿将玻璃棒拿出烧杯外,以免损失沉淀),盖上表面皿于水浴或沙浴上加热 $30\sim60min$,并不时搅动。溶液冷却后,用定量滤纸过滤,先将上层清液倾注在滤纸上,再以稀 H_2SO_4 洗液($2\sim4mL$ $1mol \cdot L^{-1}$ H_2SO_4 稀释至 200mL)洗涤沉淀 $3\sim4$ 次。每次约用 10mL,均用倾注法过滤,然后将沉淀小心无损地转入滤纸上,并用一小片滤纸擦净杯壁和玻璃棒,将滤纸放入漏斗内的滤纸上。再用水洗涤沉淀至无 Cl^- 为止(用 $AgNO_3$ 检查)。将沉淀和滤纸置于已恒量的坩埚上,灰化,在 $800\sim850℃$ 灼烧至恒量。

数据处理及结果讨论

序　号	I	II
$BaCl_2 \cdot 2H_2O$ 样质量/g		
$BaSO_4$ 沉淀＋坩埚质量/g		
坩埚质量/g		
$BaSO_4$ 质量/g		
$w(Ba)$		
$w(Ba)$平均值		

$$w(Ba) = \frac{m(沉淀) \times \dfrac{M(Ba)}{M(BaSO_4)}}{m(s)} \qquad (6-52)$$

$$M(Ba) = 137.3 \text{ g} \cdot \text{mol}^{-1}, \quad M(BaSO_4) = 233.4 \text{ g} \cdot \text{mol}^{-1}$$

思考题

1. 在沉淀重量法中何谓恒量? 坩埚和沉淀的恒量温度是如何确定的?
2. 什么是倾注法过滤?

实验 40　碘量法测定水中的溶解氧(微型实验)

预习

(1) 碘量法原理。
(2) 标准溶液的配制及标定方法。
(3) 移液管的操作方法。
(4) $Na_2S_2O_3$ 标定方法。

实验目的

(1) 掌握 $Na_2S_2O_3$ 标准溶液的配制和标定原理及方法。
(2) 掌握碘量法测定水中溶解氧的原理和方法。
(3) 巩固定量分析操作和移液管的使用。
(4) 熟练掌握微型滴定的操作方法。

实验原理

（1）常用于标定 $Na_2S_2O_3$ 标准溶液的基准物质有 $KBrO_3$、KIO_3、$K_2Cr_2O_7$、$KMnO_4$ 等氧化剂。其中以 $K_2Cr_2O_7$ 最为方便，其结果也相当准确。

准确称取一定量的 $K_2Cr_2O_7$ 基准试剂，制成溶液，加入过量的 KI，在酸性溶液中定量地完成下列反应：

$$Cr_2O_7^{2-} + 6I^- + 14H^+ \Longrightarrow 2Cr^{3+} + 3I_2 + 7H_2O \qquad (6-53)$$

生成的游离 I_2 立即用 $K_2Cr_2O_7$ 标准溶液滴定。反应为

$$I_2 + 2S_2O_3^{2-} \Longrightarrow 2I^- + S_4O_6^{2-} \qquad (6-54)$$

根据滴定的 $Na_2S_2O_3$ 溶液的体积和所取 $K_2Cr_2O_7$ 质量，即可算出 $Na_2S_2O_3$ 溶液的准确浓度。

碘量法应使用新配制的淀粉溶液作指示剂，碘与淀粉生成蓝色的化合物，反应很灵敏。

（2）测定水中溶解氧时在水中加入硫酸锰及碱性碘化钾溶液，生成氢氧化锰沉淀。此时氢氧化锰性质极不稳定，迅速与水中溶解氧化合成锰酸锰，反应为

$$MnSO_4 + 2NaOH \Longrightarrow Mn(OH)_2 \downarrow + Na_2SO_4 \qquad (6-55)$$

$$2Mn(OH)_2 + O_2 \Longrightarrow 2H_2MnO_3 \downarrow \qquad (6-56)$$

$$H_2MnO_3 + Mn(OH)_2 \Longrightarrow MnMnO_3 \downarrow + 2H_2O \qquad (6-57)$$

加入浓硫酸使已固定的溶解氧（以 $MnMnO_3$ 的形式存在）与溶液中所加入的碘化钾发生反应，而析出碘，反应如下：

$$2KI + H_2SO_4 \Longrightarrow 2HI + K_2SO_4 \qquad (6-58)$$

$$MnMnO_3 + 2H_2SO_4 + 2HI \Longrightarrow 2MnSO_4 + I_2 + 3H_2O \qquad (6-59)$$

用移液管取一定量上述反应完毕的水样，以淀粉为指示剂，用 $Na_2S_2O_3$ 标准溶液滴定，根据所消耗的 $Na_2S_2O_3$ 标准溶液的量，计算出水样中溶解氧的含量。

实验仪器及药品

1. 仪器

微型滴定管（3mL）、水样瓶（500mL）、锥形瓶（25mL）、吸量管（2mL、5mL）、电子天平（0.0001g）。

2. 药品

$K_2Cr_2O_7$、淀粉（0.5%，现配）、KI（10%）、$Na_2S_2O_3$（$0.01mol \cdot L^{-1}$）、碱性 KI（15%）、浓 H_2SO_4、H_2SO_4（$3mol \cdot L^{-1}$）、$MnSO_4$（$2mol \cdot L^{-1}$）。

实验步骤

1. $Na_2S_2O_3$ 标准溶液的标定（$0.01mol \cdot L^{-1}$）

准确称取 0.15g（准确至 0.1mg）$K_2Cr_2O_7$ 固体，加水溶解，定容于 250mL 容量瓶。移取该溶液 2.000mL 于锥形瓶中，加 1mL 3mol $\cdot$ L^{-1} H_2SO_4 溶液和 1.5mL 10% KI 溶液，充分混合后，在暗处放置 5min，再加 5mL 纯水稀释。用待标定的 $Na_2S_2O_3$ 溶液滴定到溶液呈现浅黄色，加 1mL 淀粉溶液，继续滴加 $Na_2S_2O_3$ 溶液，直至蓝色刚刚消失而呈现绿色即为滴定终点，记下消耗 $Na_2S_2O_3$ 溶液的体积，平行测定 3 次，计算溶液浓度。

2. 水中溶解氧的测定

1）取样

用水样润洗 3 次后，取 500mL 湖水于水样瓶中。注意：必须将水装满至瓶口，然后慢慢盖上瓶塞，勿使瓶塞下留有气泡。

2）固定（取样点进行）

加入 $MnSO_4$ 2mL，碱性 KI 2mL（使用专用移液管），立即盖上水样瓶盖（不得有气泡在瓶中），反复振摇 1min 使其充分混合。加试剂时，要将移液管尖插入水面以下约 0.5cm，使试剂自行流出。

3）酸化（实验室进行）

当沉淀降至中部后，加入 2mL 浓硫酸，来回剧烈转动水样瓶，充分混合，沉淀完全溶解，溶液中有 I_2 析出。

4）滴定

吸取 10.00mL 上述处理水样至 25mL 碘量瓶中，用 0.01mol $\cdot$ L^{-1} $Na_2S_2O_3$ 溶液（已标定）滴定至溶液呈浅黄色时，加入 1mL 淀粉溶液，继续滴定至蓝色褪去为止。

平行测定 3 次，记录总共用去 $Na_2S_2O_3$ 标准溶液的体积。

数据处理及结果讨论

1. $Na_2S_2O_3$ 标准溶液的标定

$$c(Na_2S_2O_3) = \frac{m(K_2Cr_2O_7) \times \dfrac{2.000}{250.0} \times 6}{M(K_2Cr_2O_7) \times V(Na_2S_2O_3)} \qquad (6-60)$$

序　号	Ⅰ	Ⅱ	Ⅲ
$m(K_2Cr_2O_7)/g$			
$Na_2S_2O_3$ 初读数/mL			
$Na_2S_2O_3$ 终读数/mL			
$V(Na_2S_2O_3)$ /mL			
$c(Na_2S_2O_3)$ /(mol · L^{-1})			
$c(Na_2S_2O_3)$ 平均值 /(mol · L^{-1})			
偏差			
相对平均偏差			

2. 水中溶解氧的测定

$$c(O_2)(mg \cdot L^{-1}) = \frac{1}{4} \times \frac{c(Na_2S_2O_3) \times V(Na_2S_2O_3) \times M(O_2)}{V(水样)} \times 1000$$

$$(6-61)$$

序　号	Ⅰ	Ⅱ	Ⅲ
$Na_2S_2O_3$ 初读数/mL			
$Na_2S_2O_3$ 终读数/mL			
$V(Na_2S_2O_3)$/mL			
$c(O_2)$/(mg · L^{-1})			
$c(O_2)$ 平均值/(mg · L^{-1})			
偏差			
相对平均偏差			

思考题

1. $Na_2S_2O_3$ 标准溶液的标定中 $K_2Cr_2O_7$ 与过量 KI 反应,为什么需要在暗处放置 5min?

2. 水中溶解氧测定中为什么要现场固定,实验室酸化?

3. 淀粉过早加入有什么缺点?

第 7 章 综合性实验

实验 41 硫酸亚铁铵的制备及纯度分析

预习

(1) 无机化合物制备的基本操作。

(2) 滴定分析的操作要点和注意事项。

(3) 检验产品纯度的方法。

实验目的

(1) 了解复盐的一般制备方法和特性。

(2) 掌握无机制备的基本操作。

(3) 学习产品纯度的检验方法。

实验原理

硫酸亚铁铵[$(NH_4)_2SO_4 \cdot FeSO_4 \cdot 6H_2O$]，又称莫尔(Mohr)盐，它是透明、淡绿色单斜晶体，比一般亚铁盐稳定，在空气中不易被氧化，因而在定量分析中常用莫尔盐来配制 Fe^{2+} 的标准溶液。

铁屑溶于稀硫酸中可制得硫酸亚铁，反应式为

$$Fe + H_2SO_4 \Longrightarrow FeSO_4 + H_2 \uparrow \qquad (7-1)$$

然后由新制备的硫酸亚铁与硫酸铵等物质的量反应即得到莫尔盐，反应式如下：

$$FeSO_4 + (NH_4)_2SO_4 + 6H_2O \Longrightarrow (NH_4)_2SO_4 \cdot FeSO_4 \cdot 6H_2O \quad (7-2)$$

与其他复盐一样，$(NH_4)_2SO_4 \cdot FeSO_4 \cdot 6H_2O$ 在水中的溶解度比组成它的每一组分[$FeSO_4$ 或$(NH_4)_2SO_4$]的溶解度都要小(表 7-1)，因此，只要将 $FeSO_4$ 与$(NH_4)_2SO_4$ 的浓溶液混合后即得到硫酸亚铁铵晶体。

表 7-1 三种盐在水中的溶解度[单位:g · (100g 水)$^{-1}$]

温度/℃	$FeSO_4 \cdot 7H_2O$	$(NH_4)_2SO_4$	$(NH_4)_2SO_4 \cdot FeSO_4 \cdot 6H_2O$
10	20.5	73.0	17.2
20	26.5	75.4	21.6
30	32.9	78.0	28.1

　　由于硫酸亚铁在中性溶液中能被溶于水中的少量氧气所氧化,并进一步发生水解,甚至出现棕黄色的碱性硫酸铁(或氢氧化铁)沉淀,所以制备过程中溶液应保持足够的酸度。该反应为

$$4FeSO_4 + O_2 + 2H_2O \rel= 4Fe(OH)SO_4 \qquad (7-3)$$

　　所制得硫酸亚铁铵晶体的纯度可通过测定 Fe^{2+} 的含量来确定。Fe^{2+} 含量可采用吸光光度法或高锰酸钾法测定。反应如下:

$$5Fe^{2+} + MnO_4^- + 8H^+ \rel= 5Fe^{3+} + Mn^{2+} + 4H_2O \qquad (7-4)$$

实验仪器及药品

　　1. 仪器

　　721 型或 722 型分光光度计、电子天平(0.01g、0.0001g)、锥形瓶(100mL)、烧杯(100mL、500mL)、量筒(10mL、50mL)、蒸发皿、表面皿、吸滤瓶、布氏漏斗、酒精灯、减压抽滤装置、恒温水浴锅、微量滴定管、容量瓶(25mL)、微型吸量管。

　　2. 药品

　　铁屑、浓 H_2SO_4、Na_2CO_3(10%)、$(NH_4)_2SO_4$(s)、乙醇(95%)、H_3PO_4(85%)、$KMnO_4$ 标准溶液(0.02mol·L^{-1})、HCl(6mol·L^{-1})、Fe^{2+} 标准溶液(10mg·L^{-1})、盐酸羟胺(10%水溶液)、NaAc-HAc 缓冲液(1.0mol·L^{-1})、邻菲咯啉(0.15%水溶液)。

实验步骤

　　1. 铁屑的净化

　　称取 2g 铁屑于 100mL 锥形瓶中,加入 20mL 10%Na_2CO_3 溶液,用小火缓慢加热 10min 以除去铁屑上的油污,用倾注法除去碱液,再用蒸馏水将铁屑洗净。如果是纯净的铁屑,可省略这一步。

　　2. 硫酸亚铁的制备

　　向上述锥形瓶中加入 20mL 3 mol·L^{-1} H_2SO_4(自己配制),在水浴上加热(最好在通风橱中进行)至不再有气泡冒出,趁热减压过滤,用少量热水洗涤锥形瓶及漏斗上的残渣,抽干,及时将滤液转入蒸发皿中。收集铁屑残渣,用水洗净,用碎滤纸吸干后称量,计算已反应的铁屑的质量。

　　3. 硫酸亚铁铵的制备

　　根据已反应的铁屑的物质的量,按反应方程式(7-2)计算并称取所需 $(NH_4)_2SO_4$ 固体的量,将其配成饱和溶液后加入到上述 $FeSO_4$ 溶液中。在水浴

上蒸发浓缩至表面出现晶膜为止。放置,让其冷却结晶。减压过滤除去母液,再用少量 95% 乙醇洗涤晶体,抽干,将晶体转至表面皿上用吸水纸轻压吸干。观察晶体的颜色和形状,称量,计算产率。

4. 硫酸亚铁铵晶体的纯度分析

1) 吸光光度法

准确称取 0.17～0.19g 硫酸亚铁铵样品于小烧杯中,加入 5mL 6mol·L^{-1} HCl 溶液,溶解后定量转入 250mL 容量瓶中,稀释至刻度,摇匀。用移液管取 10.00mL 此溶液于 100mL 容量瓶中,稀释至刻度,分别取两份 2.50mL 作待测液进行测定。

以参比和 5 号比色管中溶液在 450～540nm 范围内进行测定,确定 λ_{max}。然后,在 λ_{max} 处分别以试剂溶液为参比,测定各溶液的吸光度,作图,求出待测液的浓度,计算自制的 $(NH_4)_2SO_4 \cdot FeSO_4 \cdot 6H_2O$ 的纯度,见表 7-2。

表 7-2　硫酸亚铁铵晶体的纯度分析(吸光光度法)

比色管号	参比	1	2	3	4	5	待测 1	待测 2
10mg·L^{-1} Fe^{2+} 标准溶液/mL	—	1.00	2.00	3.00	4.00	5.00	—	—
待测液/mL	—	—	—	—	—	—	2.50	2.50
盐酸羟胺/mL	1.5	1.5	1.5	1.5	1.5	1.5	—	—
NaAc-HAc 缓冲液/mL	2.5	2.5	2.5	2.5	2.5	2.5	2.5	2.5
0.15% 邻菲咯啉/mL	2.5	2.5	2.5	2.5	2.5	2.5	2.5	2.5
总体积/mL	25.0	25.0	25.0	25.0	25.0	25.0	25.0	25.0
吸光度 A	0							

2) KMnO₄ 法

准确称取 0.8～1.2g(准确至 0.0001g)硫酸亚铁铵样品于小烧杯中,加入 10mL 蒸馏水和 2mL 3mol·L^{-1} H_2SO_4 溶液,溶解后定量转入 25mL 容量瓶中,稀释至刻度,摇匀。

表 7-3　硫酸亚铁铵晶体的纯度分析($KMnO_4$ 法)

测定序号	I	II	III
样品质量 m(样品)/g			
$c(KMnO_4)$/(mol·L^{-1})			
$KMnO_4$ 初读数/mL			
$KMnO_4$ 终读数/mL			
$V(KMnO_4)$/mL			
硫酸亚铁铵纯度 w			
w 平均值			
相对平均偏差			

移取该溶液 2.000mL 于微型锥形瓶中,加入 1mL 3mol・L^{-1} H_2SO_4 和 8~10 滴 85% H_3PO_4 溶液,用 $KMnO_4$ 标准溶液滴定,至溶液呈微红色且在 30s 内不褪色即为滴定终点,记录 $KMnO_4$ 溶液消耗的体积。平行测定 3 份,见表 7-3。

数据处理

1. 硫酸亚铁铵的制备

铁屑质量/g	
$(NH_4)_2SO_4$ 固体质量/g	
硫酸亚铁铵实际产量/g	
硫酸亚铁铵理论产量/g	
硫酸亚铁铵产率	

2. 硫酸亚铁铵晶体的纯度分析

1) 吸光光度法

从标准曲线上查得 $\bar{c}(Fe^{2+})=$ _____ mg・L^{-1}。

原待测试液 $c(Fe^{2+})=$ _____ mg・L^{-1}。

硫酸亚铁铵晶体的纯度为_____。

2) $KMnO_4$ 法

硫酸亚铁铵晶体的纯度(w)按式(7-5)计算:

$$w=\frac{5\times c(KMnO_4)\times V(KMnO_4)\times M[(NH_4)_2SO_4 \cdot FeSO_4 \cdot 6H_2O]\times 10^{-3}}{m(s)\times\dfrac{2.000}{25.00}}\times 100\%$$

$$(7-5)$$

思考题

1. 制备硫酸亚铁铵时,采取什么措施防止 Fe^{2+} 被氧化?

2. 在制备硫酸亚铁和蒸发浓缩溶液时,为什么采用水浴加热?

3. 在本实验中,如何计算 $(NH_4)_2SO_4 \cdot FeSO_4 \cdot 6H_2O$ 的理论产量? 为什么?

4. 如何提高产品的产率?

实验 42　邻、对硝基苯酚的合成(微型实验)

预习

(1) 水蒸气蒸馏原理及基本操作。

(2) 使用混合溶剂进行重结晶的方法。

实验目的

(1) 进一步巩固水蒸气蒸馏原理及基本操作。

(2) 掌握乙醇-水混合溶剂重结晶的方法。

实验原理

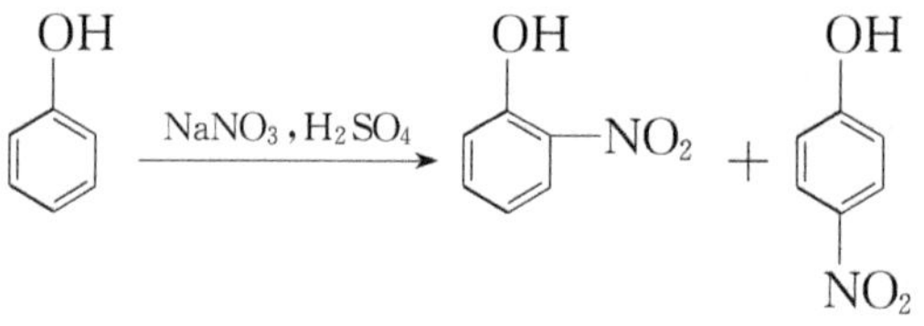

$$\text{(7-6)}$$

实验仪器及药品

1. 仪器

三颈瓶(250mL)、熔点仪、分液漏斗(25mL)、微型水蒸气蒸馏装置、减压抽滤装置、烧杯、量筒、电子天平(0.01g)、玻璃棒。

2. 药品

浓 H_2SO_4、硝酸钠、HCl(2%，10%)、NaOH(10%)、冰块、苯酚、HNO_3。

实验步骤

(1) 在 250mL 三口瓶中加入 30mL 水，缓缓加入 11mL 浓 H_2SO_4，然后加入 12g 硝酸钠(0.14mol)，使之溶解后装上温度计，将三口瓶置于冰水中冷却。

(2) 在小烧杯中称取 7.05g 苯酚(0.075mol)，加入蒸馏水[1]2mL，温热、搅拌使之溶解。冷却后用滴管吸取苯酚溶液逐滴滴加到三口瓶中，边加边摇动三口烧瓶，并用冰水浴将反应温度控制在 10～15℃[2]。滴完后，维持温度并间歇振摇 0.5h，反应物呈黑色焦油状。

(3) 用冰水浴充分冷却使焦油状物固化，小心倾去酸液。用 20mL 冷水洗涤黑色固体 3～4 次，每次必须将水层倾倒干净[3]。在洗涤过程中如果发现固体熔融为油珠,应用冰浴冷却使之固化,以免随水流失。

(4) 在三口烧瓶上安装水蒸气蒸馏装置并进行水蒸气蒸馏。当冷凝管中有黄色针状晶体析出时注意降低冷却水流速,使晶体融化流下,以免堵塞冷凝管。蒸馏至馏出液中不再有黄色油珠为止。馏出液冷却后,邻硝基苯酚即呈黄色针状晶体析出。抽滤,收集,干燥,粗品质量约 3～3.2g。用乙醇-水混合溶剂重结晶[4],得亮黄色针状晶体约 2.2g,纯品收率约 21.2%,m. p. 为 45℃。

(5) 水蒸气蒸馏后的残液用 10%NaOH 调节溶液 pH 至 9,再加入适量的水,使焦油状物消失。加入活性炭(约 0.2g)脱色,趁热过滤。将滤液浓缩至 50mL 左右,转移至烧杯中,用 10%HCl 调节溶液 pH 至 3～4(约需 HCl 7mL)。将烧杯放在石棉网上加热,适量添加蒸馏水至黄色油珠完全消失。加入活性炭加热至沸,趁热过滤,将滤液冷却至室温,再用冰水浴冷却,即可析出黄色针状晶体。抽滤,收集晶体,用 2%盐酸重结晶。产量约 1.7～2g,产率为 16.3%～19.2%,m. p. 为 114℃。

邻硝基苯酚为亮黄色针状晶体,m. p. 为 45.3～45.7℃,对硝基苯酚为淡黄色针状晶体,m. p. 为 114.9～115.6℃。

注释

[1] 苯酚熔点为 41℃,室温下为固体,加水可降低其熔点,使之呈液态以利于反应。

[2] 酚与酸不能互溶,故需要不断振摇使之充分接触,以利均相反应,并防止局部温度过高。反应以 10～15℃为宜,如超过 20℃,则硝基苯酚会进一步硝化或氧化,产量降低。

[3] 残酸必须洗净,否则在水蒸气蒸馏时由于温度过高,产物会进一步发生硝化反应或氧化反应。

[4] 先将邻硝基苯酚溶于 40～45℃的乙醇中,过滤后滴入温水至出现浑浊,再在 40～45℃的温水浴中温热或滴入少量乙醇至清,最后充分冷却,使结晶析出。

思考题

1. 本实验为什么可以采用水蒸气蒸馏的方法分离邻-硝基苯酚和对-硝基苯酚?

2. 在水蒸气蒸馏过程中,如果有邻-硝基苯酚晶体堵塞导管该怎么办?

实验 43　从肉桂皮中提取肉桂油及其主要成分的鉴定
(微型实验)

预习

(1) 水蒸气蒸馏的原理和操作方法。

(2) 薄层色谱分离技术的原理及操作方法,以及实验中应该注意的问题。

(3) 查阅肉桂醛的溶解度、R_f 以及肉桂醛-2,4-二硝基苯腙的熔点等物理常数。

(4) 肉桂醛的理化性质、分离提取以及鉴定方法。

实验目的

(1) 掌握水蒸气蒸馏法分离提取天然有机化合物的方法。
(2) 掌握简单确定有机化合物结构的方法。
(3) 掌握衍生物法、薄层色谱法分离、提纯、鉴定天然有机物的方法。
(4) 熟悉红外光谱分析法在化合物结构鉴定中的应用。

实验原理

许多植物的根、茎、叶、花中都含有香精油,由于其中大部分都是易挥发性的,所以常常使用水蒸气蒸馏的方法进行分离提取。在肉桂树皮中所存在的香精油的主要成分是肉桂醛(反式-3-苯基丙烯醛),其结构为

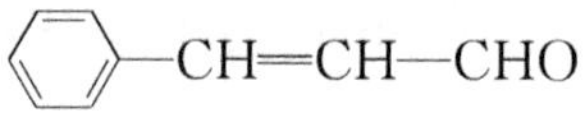

肉桂醛的沸点为 252℃,浅黄色油状液体,难溶于水,易溶于苯、丙酮、乙醇等有机溶剂,可以采用水蒸气蒸馏法分离提取肉桂油。

根据肉桂醛的结构特点,利用其易发生氧化、加成等性质可以进行官能团的定性鉴定。这种方法具有操作简单、反应快等特点,对化合物鉴定非常有效。

薄层色谱法是分离、纯化、鉴定有机化合物的重要方法之一,在实验条件一定的情况下,某化合物的比移值(R_f)是一个常数。本实验采用提取液与标准试剂进行对照试验,计算其 R_f 作为鉴定肉桂油主要组成结构的依据(薄层色谱的实验原理见 2.6.7 小节色谱分离)。

制备衍生物是鉴定有机化合物未知样品的常用方法之一。在经过官能团鉴定、色谱分析、波谱分析的基础上,推测样品中所含官能团及其可能结构,然后制备样品的衍生物,测其熔点,与已知物的衍生物进行比较,加以确认。本实验制备肉桂醛-2,4-二硝基苯腙,其反应为

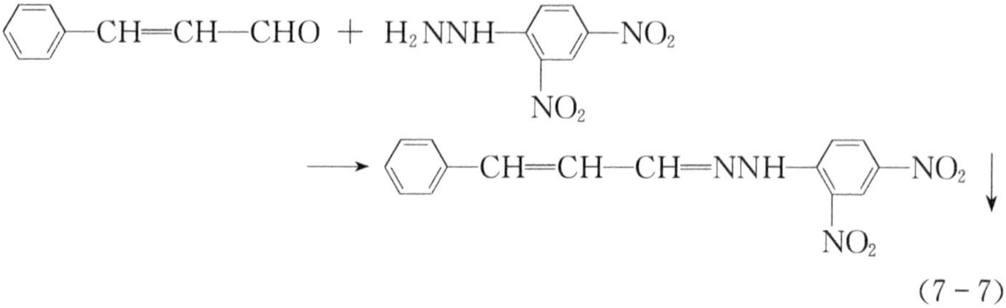

$$(7-7)$$

肉桂醛-2,4-二硝基苯腙为黄色晶体,熔点为 168 ℃(文献值)。

实验仪器及药品

1. 仪器

植物粉碎机、微型水蒸气蒸馏装置、显微熔点仪、量筒(10mL)、喷雾器、层析缸(医用染缸)、载玻片、毛细管、分液漏斗(25mL)、锥形瓶、试管、试管架、烧杯(50mL)、减压抽滤装置、微型蒸馏装置、酒精灯、铁架台、铁圈、石棉网、玻璃棒。

2. 药品

$KMnO_4$(0.5%)、Br_2/CCl_4(3%)、2,4-二硝基苯肼、无水 Na_2SO_4、硅胶 G、肉桂醛、石油醚(b. p. 90~120℃)、展开剂[乙酸乙酯：石油醚(b. p. 90~120℃)= 2∶8]、肉桂皮。

实验步骤

1. 从肉桂皮中提取肉桂油

1) 肉桂皮粉制备
用植物粉碎机将市售肉桂皮粉碎。
2) 肉桂油的提取
(1) 在二颈烧瓶中装入 30mL 水和 1~2 粒沸石。称取 0.6g 肉桂皮粉于蒸馏试管中,并加入 6mL 蒸馏水,装配好微型水蒸气蒸馏装置(图 2-46),通入冷凝水。
(2) 点火加热,当有大量水蒸气产生时,关闭蒸气导管上的止水夹,将蒸气导入蒸馏试管中,开始蒸馏,并收集馏出液约 6mL。
(3) 打开蒸气导管(打开螺旋夹),停止加热,然后拆卸水蒸气蒸馏装置。
3) 萃取
将馏出液转移至分液漏斗中,加入 2mL 石油醚萃取水层,重复萃取 3 次,依次将有机层转入干燥锥形瓶中,然后加入少量无水 $MgSO_4$ 干燥 10min。
4) 蒸馏浓缩
按图 2-42 安装蒸馏装置,加热,蒸馏,收集约 2mL 馏分(肉桂油[1]),备用。

2. 定性鉴定

(1) 取 3 滴肉桂油于小试管中,加入 1 滴 Br_2/CCl_4 溶液,观察颜色的变化。
(2) 取 3 滴肉桂油于小试管中,加入 0.5% $KMnO_4$ 溶液 3~5 滴,振摇,观察有何现象。
(3) 取 3 滴肉桂油于小试管中,加入 5 滴 2,4-二硝基苯肼,水浴温热,观察有无橙红色沉淀生成。

3. 肉桂油的薄层层析

1) 薄层板的制备

准备两块洁净干燥的载玻片,称取 2.5g 硅胶 G 于洁净的小烧杯中,加入 6~7mL 蒸馏水(可铺两块薄层板),搅拌均匀无气泡后,迅速在载玻片上均匀地平铺一层糊状物。晾干水分,然后移入烘箱在 105℃ 恒温活化 30min,备用。

2) 点样

在距离薄层板一端约 1cm 处,分别取水蒸气蒸馏液的石油醚萃取液[2]和肉桂醛的标样液,用毛细管点样,两个原点相距 1cm。

3) 展开

将 2.5mL 展开剂倒入层析缸中(液面高度约为 0.5cm),将已点样的薄层板小心地垂直置于层析缸中,盖好盖子,当展开剂距离薄层板上端约 1cm 处时,取出,标记溶剂前沿,晾干。

4) 显色

以 2,4-二硝基苯肼作显色剂。将 2,4-二硝基苯肼均匀地喷到薄层板上,可看到两个高度相等的浅黄色斑点,随后变成橙色的斑点。

5) 按式(2-2)计算 R_f

(略)

4. 衍生物的制备及熔点测定

取 0.1mL 肉桂油溶于 1mL CH_3OH 中,加入 2,4-二硝基苯肼-甲醇溶液使之结晶。减压过滤后,用少许甲醇淋洗。恒温干燥。测其熔点,并与文献值比较。

5. 肉桂油的红外光谱分析

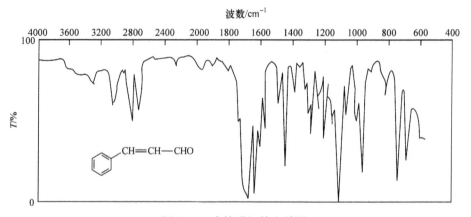

图 7-1　肉桂醛红外光谱图

取 0.1mL 肉桂油测其红外光谱,并与图 7-1 对照,分析其中的特征峰。

注释

　　[1] 若溶剂量较大时,还可以使用旋转蒸发器进行浓缩。
　　[2] 样品准备:由于馏出液浓度较稀,故用 0.5mL 石油醚萃取,振摇,静置分层,取上层清液,用毛细管点样。

思考题

　　1. 为什么可以采用水蒸气蒸馏的方法提取肉桂油?
　　2. 试拟定一个实验方案鉴定肉桂醛分子中所含的主要官能团。

实验 44　从红辣椒中分离红色素

预习

　　(1) 查阅类胡萝卜素的概念。
　　(2) 薄层色谱分离技术的原理及操作方法以及实验中的注意事项。

实验目的

　　(1) 学习从红辣椒中提取红色素的原理和方法。
　　(2) 学习、掌握薄层层析法和柱层析法分离、提纯天然产物的操作方法。

实验原理

　　辣椒红色素是一种深红色油状液体色素,广泛用于食品、医药、化妆品等领域,属类胡萝卜素,含多种成分。主要为辣椒红脂肪酸酯和少量辣椒玉红素脂肪酸酯所组成,另有一种黄色色素为 β-胡萝卜素,结构如下:

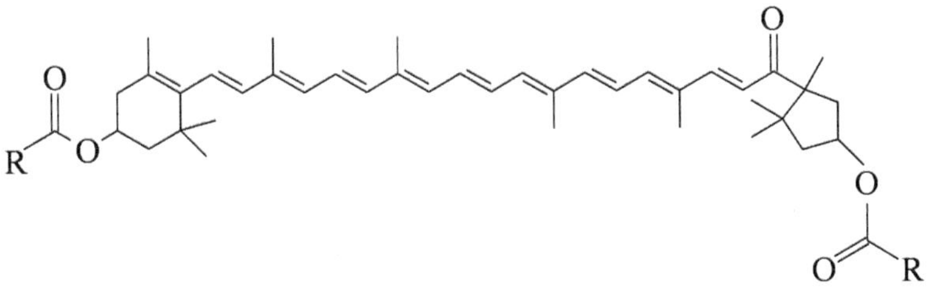

辣椒红脂肪酸酯

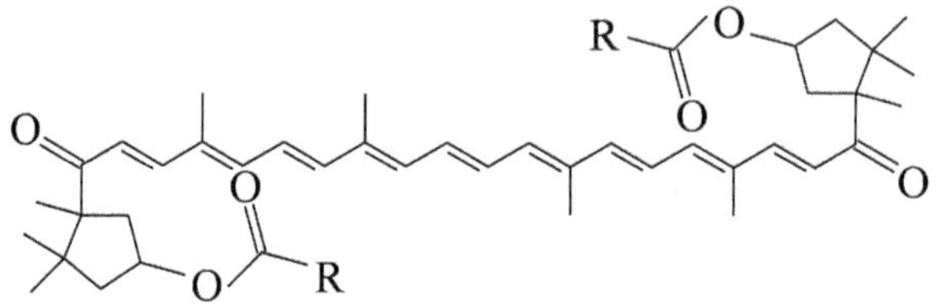

辣椒玉红素脂肪酸酯

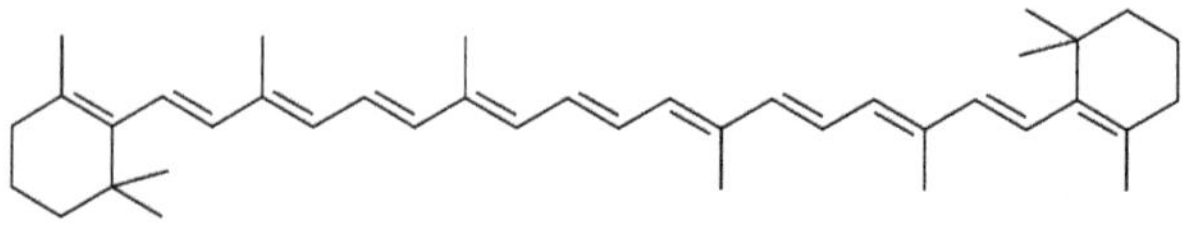

β-胡萝卜素

本实验采用有机溶剂从红辣椒中提取辣椒红色素,用柱层析分离,薄层层析法确定各组分的 R_f。

实验仪器及药品

　　1. 仪器

　　层析柱、圆底烧瓶(25mL)、旋转蒸发器、球形冷凝管、布氏漏斗、抽滤瓶。

　　2. 药品

　　干燥红辣椒、二氯甲烷、硅胶 G(200～300 目)。

实验步骤

　　(1) 在 25mL 圆底烧瓶中加入约 1g 干燥的红辣椒粉,10mL 二氯甲烷和沸石,回流 20min。冷却,过滤,蒸馏得色素混合物。

　　(2) 取一根干燥的层析柱,垂直于桌面固定在铁架台上,取少许脱脂棉轻轻塞入层析柱底部,关闭活塞。加入二氯甲烷至层析柱的 3/4 高度,打开活塞,放出少许溶剂,用玻棒压除脱脂棉中的气泡,再将 10mL 二氯甲烷与 10g 硅胶调成糊状,通过大口径漏斗加入到层析柱中,边加边轻轻敲击层析柱,使吸附剂填装紧密均匀,然后在吸附剂上覆盖一层细砂。

　　(3) 打开活塞,放出洗脱剂直到液面恰好与砂层面相切,关闭活塞。将色素混合物用 1 mL 二氯甲烷溶解后,用较长滴管将色素的二氯甲烷溶液移入柱中(留少量溶液供后面薄层层析用),轻轻注在砂层上。打开活塞,待色素溶液液面与砂层面相切时,缓缓注入少量洗脱剂二氯甲烷(洗脱液液面高出固定相 2～3cm 即可),始终保持层析柱中的固定相被洗脱剂覆盖。用试管分段接收洗脱液,并用薄层层析法对其中成分进行检测[1],与色素粗品对照,计算组分的 R_f[2]。将相同成分的洗脱液合并,浓缩,收集红色素。当再次加入的洗脱剂不再带有色素颜色(黄色)时,就可将洗脱剂加至层析柱最上端。

注释

[1] 薄层板经活化后,在距离其底边约 1cm 处,分别用毛细管点上 2～3 个样点,中间为分离的混合物(粗品),两边分别点上分离得到的组分。同一样品可在同一原点重复点样。注意:样品斑点应尽可能小。点样时毛细管只要轻轻接触板面即可,切不可划破硅胶层。样品原点之间的距离为 1～1.5cm,记下样品斑点的位置。晾干后放入盛有展开剂的层析缸中(切勿让展开剂浸没样品斑点)盖上盖子。待展开剂爬升至距顶部 0.5～1cm 时取出薄层板,记下板上展开剂前沿(溶剂前沿)的位置。按式(2-2)计算各组分的比移值(R_f)。

[2] 在红辣椒色素的薄层层析中,可以得到一个大的鲜红色斑点,$R_f ≈ 0.6$,这是主要色素辣椒红脂肪酸酯;另有一个稍大 R_f 的较小红色斑点则应为辣椒玉红素脂肪酸酯;此外还有 β-胡萝卜素的斑点(黄色)。

思考题

1. 柱层析时,依次流出的各是什么色素?
2. 薄层层析过程中有时会出现"拖尾"现象,一般是由于什么原因造成的? 这对层析结果有何影响? 如何避免"拖尾"现象?
3. 层析柱中有气泡会对分离带来什么影响? 如何除去气泡?

实验 45　　植物叶片中叶绿素含量的测定

预习

(1) Lambert-Beer 定律。
(2) 测定叶绿素含量的基本原理。
(3) 可见分光光度计的使用方法。

实验目的

(1) 熟悉叶绿素提取的基本操作。
(2) 掌握可见分光光度法测定叶绿素含量的基本原理和方法。
(3) 巩固可见分光光度计的使用。

实验原理

根据 Lambert-Beer 定律，有色溶液的吸光度 A 与其溶质浓度 c 成正比，即

$$A = kbc \qquad\qquad (7-8)$$

本实验中采用 95% 乙醇作溶剂，提取叶片中的叶绿素。叶绿素提取液对可见光有吸收，且其中含有多种吸光性物质，此时，混合液在某一波长下的总吸光度等于各组分在该波长下吸光度的总和。本实验中测定叶片中的叶绿素 a、b 的含量，只需在两个特定波长下用 1cm 比色皿测定提取液的吸光度 A，即可计算出叶绿素 a、b 的含量，公式如下：

$$c_a(\text{mg} \cdot \text{L}^{-1}) = 13.95 A_{665} - 6.88 A_{649} \qquad\qquad (7-9)$$

$$c_b(\text{mg} \cdot \text{L}^{-1}) = 24.96 A_{649} - 7.32 A_{665} \qquad\qquad (7-10)$$

叶片中的叶绿素 a 的含量：

$$\rho_a(\text{mg} \cdot \text{g}^{-1}) = \frac{c_a \cdot V}{m} \qquad\qquad (7-11)$$

叶片中的叶绿素 b 的含量：

$$\rho_b(\text{mg} \cdot \text{g}^{-1}) = \frac{c_b \cdot V}{m} \qquad\qquad (7-12)$$

式(7-11)、式(7-12)中：V——容量瓶的体积；

m——植物叶片的质量。

实验仪器及药品

1. 仪器

756 型分光光度计[1]、研钵、漏斗、容量瓶。

2. 药品

95% 乙醇、石英砂、碳酸钙粉。

实验步骤

(1) 取新鲜植物叶片，去掉中脉，剪碎。

(2) 称取叶片样品 0.5g 三份，分别加入研钵中，加入少量石英砂和碳酸钙粉[2] 及 2~3mL 95% 乙醇，研磨成匀浆，再加 10mL 95% 乙醇，研磨至组织变白，静置 3~5min。

(3) 常压过滤，除去石英砂等固态物质，将滤液接入 25mL 容量瓶中，定容。

(4) 以 95% 乙醇为参比溶液，用 1cm 比色皿分别在波长 665nm、649nm 下测定吸光度 A。

数据处理及结果讨论

叶绿素含量测定结果

实验序号	样品质量/g	吸光度		色素浓度/(mg·L⁻¹)		叶片中叶绿素的含量/(mg·L⁻¹)			
		A_{665}	A_{649}	c_a	c_b	ρ_a	ρ_a 平均值	ρ_b	ρ_b 平均值
I									
II									
III									

注释

[1] 本实验中要求使用的分光光度计波长精度<±0.2nm。

[2] 实验中加入适量的石英砂和碳酸钙粉可以提高提取效率。

思考题

1. 植物叶片中的其他色素对测定是否有影响?

2. 测定叶绿素含量还可以采用哪些方法?

实验 46　植物样品中维生素 B₂ 的分子荧光测定

预习

(1) 标准溶液的配制方法。

(2) 工作曲线的绘制方法。

(3) 分子荧光分析法的原理及操作。

(4) 植物样品中维生素 B₂ 的提取方法。

实验目的

(1) 了解分子荧光分析法原理。

(2) 掌握使用荧光法测定维生素 B₂ 的分析方法。

实验原理

维生素 B₂ 又称核黄素,溶于水,在 5% 乙酸溶液中是一个强荧光物质,在中性和酸性溶液中对热稳定,在碱性溶液中较易被破坏。通过实验确定它的最佳激发波长(370nm 和 440nm)和发射波长(560nm),在所确定的波长条件下,测定维生素 B₂ 标准系列溶液的荧光强度与其浓度的工作曲线。用连二亚硫酸钠将样品中维

生素 B_2 还原,根据样品还原前后的荧光差数,计算样品中核黄素的含量。色素的干扰可以用 $KMnO_4$ 氧化除去。

实验仪器及药品

1. 仪器

荧光分光光度计、容量瓶(25mL、100mL、250mL)、移液管、锥形瓶(250mL)、漏斗。

2. 药品

乙酸(5%)、NaOH($1mol \cdot L^{-1}$)、HCl($1mol \cdot L^{-1}$)、H_2O_2($1 : 100$,体积比)、连二亚硫酸钠(s)、$KMnO_4$(3%,使用前过滤)、冰醋酸。

维生素 B_2 标准储备液($100mg \cdot L^{-1}$):准确称取 25mg 维生素 B_2(准确至0.1mg),用5%乙酸溶液溶解后,定量转入 250mL 容量瓶中,用5%乙酸稀释至刻度,保存于冰箱中。

实验步骤

1. 标准系列溶液的配制

用移液管移取 10.00mL 维生素 B_2 标准储备液于 100mL 容量瓶中,用5%乙酸稀释至刻度,摇匀,得浓度为 $10.0 \ mg \cdot L^{-1}$ 的维生素 B_2 溶液。吸取该稀释液($10.0mg \cdot L^{-1}$)0.00mL、0.50mL、1.00mL、2.00mL、3.00mL 和 4.00mL,分别加入六个 100mL 容量瓶中,用5%的乙酸溶液稀释至刻度,摇匀,其浓度分别为$0.00mg \cdot L^{-1}$、$0.050mg \cdot L^{-1}$、$0.10mg \cdot L^{-1}$、$0.20mg \cdot L^{-1}$、$0.30mg \cdot L^{-1}$ 和$0.40mg \cdot L^{-1}$ 的系列标准溶液。

2. 样品溶液准备

称取一定质量的试样(含维生素 B_2 约 $20\mu g$)于 250mL 锥形瓶中,加入 20mL$1mol \cdot L^{-1}$ HCl,30mL 蒸馏水,在沸水浴中加热 1h。样品冷却后,在不断摇动下滴加 $1mol \cdot L^{-1}$NaOH,调节 pH 为6,再用稀 HCl 调节 pH 至 4.5,过滤。用蒸馏水洗涤样品,洗涤液和滤液合并,定量转移至 100mL 容量瓶中,加水稀释至刻度。

3. 工作曲线绘制

取系列标准溶液之一(任选一种)试验实验条件,找出最佳激发波长和荧光发射波长。再在所确定的波长条件下测定标准系列溶液的荧光强度,绘制荧光强度与浓度的工作曲线。

4. 测定

用移液管分别吸取 10.00mL 样品溶液 3 份,依次加入 3 个 25mL 容量瓶中。向第二个加入 0.40mg・L^{-1} 维生素 B_2 标准溶液 2.00mL,向第三个加入 20mg 连二亚硫酸钠,再向 3 个容量瓶中各加入 1.25mL 冰醋酸后,再滴加 3% 的 $KMnO_4$ 溶液,摇匀,放置 2min,至 $KMnO_4$ 颜色稳定不变。在不断振摇下,然后向每个容量瓶中逐滴加入 H_2O_2 溶液,使 $KMnO_4$ 刚好颜色褪去(H_2O_2 不可多加,以免影响荧光强度),用蒸馏水稀释至刻度,分别测定其荧光强度,其中:样品溶液读数记为 A;样品中加入标准溶液,读数记为 B;样品中加入连二亚硫酸钠,读数记为 C。

数据处理及结果讨论

(1) 在坐标纸上绘制标准工作曲线。

(2) 根据工作曲线确定样品中维生素 B_2 的含量。

(3) 根据式(7-13)计算维生素 B_2 含量,并比较两者结果。

$$c(\text{维生素 } B_2)(\mu g \cdot g^{-1}) = \frac{A-C}{B-A} \times 0.40(\text{mg} \cdot L^{-1}) \times 2.00 \times 10^{-3}(\text{L})$$

$$\times \frac{100.00}{10.00} \times \frac{1}{m(s)(g)} \times 1000 \qquad (7-13)$$

实验说明

(1) 本方法适用于粮食、蔬菜、调料、饮料等脂肪含量少的样品,对脂肪含量过高、含较多不易除去色素的样品不适用。

(2) 临用前称取连二亚硫酸钠,且不要在空气中暴露过久。其用量一般样品取 20mg(个别维生素 B_2 含量较高的样品可适当增加连二亚硫酸钠的用量),以便使样品中的维生素 B_2 全部还原。

思考题

1. 分子荧光分析法适用于哪类物质的分析?

2. 荧光分光光度计与紫外可见分光光度计在仪器结构上有何不同?

实验 47 紫外分光光度法测定土壤硝态氮

预习

(1) 紫外分光光度法测定土壤硝态氮的原理和方法。

(2) 紫外分光光度计的使用方法。

(3) 工作曲线的绘制方法。

　　（4）土壤样品的处理方法。

实验目的

　　（1）学习紫外分光光度法测定土壤硝态氮的原理和方法。
　　（2）了解紫外分光光度计的结构和使用方法。

实验原理

　　紫外分光光度法直接测定溶液中的硝酸根是一种可靠、简单、快速测定硝态氮的方法。硝酸根在紫外光区 205nm 波长处有一吸收峰，且具有较高的灵敏度。但实际样品如水样或土样，不仅含有硝酸根，还含有在紫外光区有吸收的其他干扰物。由于样品中有机质的存在，限制了紫外分光光度法直接测定硝态氮的应用范围。因此，消除有机质的干扰是紫外分光光度法测定实际样品中硝态氮的关键。

　　要消除有机质的干扰，一般可用活性炭吸附或硫酸铝聚沉有机质，还可以用锌、铜还原硝酸根后再测定等方法。后一种方法是将土壤的硝酸根用 $1mol \cdot L^{-1}$ NaCl 溶液浸取，取一份浸取液酸化，在 210nm[1] 波长处测定吸光度（A_1），另取一份浸取液酸化后加镀铜锌粒，将其中 NO_3^- 还原为 NH_4^+ 后再测定吸光度（A_2），两吸光度的差值即 $\Delta A = A_1 - A_2$ 可被认为是 NO_3^- 的吸光度[2]，此值与样品中硝酸根的浓度成正比，即

$$\Delta A = A_1 - A_2 = Kc \qquad (7-14)$$

　　该方法的准确度取决于有机质等干扰消除的程度。一般来说，这种方法适宜有机质含量较低样品硝态氮的测定[3]。

实验仪器及药品

　　1. 仪器

　　单光束或双光束紫外可见分光光度计。

　　2. 药品

　　配制所有试剂，实验用水均需要采用重蒸水[4]。
　　（1）$1mol \cdot L^{-1}$NaCl 浸取液。
　　（2）10%（体积分数）H_2SO_4 溶液。
　　（3）镀铜锌粒。

　　取 100g 无砷锌粒（A. R.）用 50mL 1% H_2SO_4 溶液浸泡几分钟，洗净表面。再用水冲洗 3～4 次，沥干后，加入 50mL 重蒸水和 25mL 25%（质量分数）$CuSO_4 \cdot 5H_2O$ 溶液摇匀，静置 30min。待锌粒表面镀上一层黑色金属铜后，弃去

$CuSO_4$ 溶液,再用水冲洗锌粒两次。然后用稀硫酸(2mL 10% H_2SO_4 稀释至50mL)浸洗几秒钟,以清除微量铜离子,弃去酸液。用水冲洗 4~5 次后,晾干备用。

(4) 0.1 g・L^{-1} NO_3^--N 储备液。称取 0.7221g 干燥的 KNO_3(A. R.),溶解后定量转入 1L 容量瓶中,稀释至刻度,摇匀,即得 0.1 g・L^{-1} NO_3^--N 储备液。临使用前,再稀释成 0.01g・L^{-1} NO_3^--N 标准溶液。

实验步骤

1. 工作曲线绘制

分别取 0.01g・L^{-1} NO_3^--N 标准溶液 0.00mL、1.00mL、2.00mL、4.00mL、6.00mL、8.00mL 于 50.00mL 容量瓶中,各加入 25mL 1mol・L^{-1} NaCl 溶液和 2mL 10%(体积分数)H_2SO_4 溶液后,用重蒸水稀释至刻度,摇匀。用 1cm 的石英比色皿,于 210nm 波长处,以含 0.00mL NO_3^--N 溶液作参比,测定其余各溶液的吸光度,以 A 值对浓度作图得工作曲线[5]。

2. 土样分析

将相当于 20.0g 干土的新鲜土样放于 250mL 磨口锥瓶中,加入 100mL 1mol・L^{-1} NaCl 浸取剂,加塞振摇 30min。将土壤悬浊液过滤[6],用 100mL 小烧杯收集滤液。吸取 25.00mL 滤液(待测液)两份分别置于 50mL 容量瓶中,各加入 2mL 10% H_2SO_4 溶液后,用水稀释至刻度,摇匀。在其中一瓶中加入 4 颗镀铜锌粒,溶液放置过夜(约 14h)。在测量工作曲线的同时,用相同参比测定两待测液的吸光度。未还原的为 A_1,用锌还原的为 A_2,二者之差 A_1-A_2 即为 ΔA 值。根据 ΔA 值,在工作曲线上查出待测液中 NO_3^--N 的浓度,最后换算成每克土样的 NO_3^--N 含量[7]。

注释

[1] NO_3^- 在 NaCl 介质中的最大吸收峰为 205nm,但此处有些盐类产生干扰,故选在 210nm 处测吸光度。

[2] A_1 是包括硝酸根和其他干扰在内的试液总的吸光度,A_2 则应是在 NO_3^- 被还原为 NH_4^+(在 210nm 无吸收)后,其他干扰总的吸光度,这样 $\Delta A = A_1-A_2$ 可表示为 NO_3^- 的含量。但实践证明,用镀锌铜粒还原试液时,不仅只是 NO_3^- 被还原,也有部分干扰物被还原,因此锌还原法不能完全克服干扰,存在一定的方法误差。

[3] 由于锌还原法存在一定的方法误差,故对于要求很高的实验,必须改进克服干扰的办法。可将土壤浸取液(滤液)的酸碱度调至 pH 为 12~13 后用一定量活性炭吸附溶液中的有机质并使某些阳离子沉淀,再过滤后直接测定 NO_3^-。

〔4〕所用的水不能使用去离子水,因为经过离子交换得到的去离子水中可能含有一些在紫外区产生吸收的物质。

〔5〕由于土样分析是过夜后进行的,故作工作曲线所用的标准系列溶液也需放置过夜。

〔6〕普通定量滤纸会引起不稳定的空白值,所以使用前要处理,其方法是半中速定量滤纸放入 $0.01mol \cdot L^{-1}NaOH$ 溶液中浸泡过夜后,用重蒸水抽滤洗涤数次晾干后使用。

〔7〕对土壤中 NO_3^- 的测定应在现场采集新鲜土样进行,但要对土样的水分百分数进行测定,结果可表示为每克干土样的 NO_3^--N 含量。

思考题

1. 分子能级跃迁类型及紫外吸收光谱产生的原因是什么?
2. 紫外吸收光谱仪由哪几个部分组成?
3. 在紫外光谱分析中应注意哪些问题?

实验 48　从番茄中提取番茄红素和 β-胡萝卜素

预习

(1) 查阅类胡萝卜素的概念和性质。
(2) 薄层色谱分离技术的原理、操作方法以及实验中应该注意的问题。

实验目的

(1) 学习从番茄中提取番茄红素的原理和方法。
(2) 学习并掌握薄层层析和柱层析分离、提纯天然产物的操作方法。

实验原理

番茄中含有番茄红素和少量 β-胡萝卜素,二者均属于类胡萝卜素。其结构如下

番茄红素

类胡萝卜素为多烯类色素,不溶于水而溶于有机溶剂。本实验先用乙醇将番茄中的水脱去,再用二氯甲烷萃取类胡萝卜素。因为二氯甲烷不与水混溶,故只有除去水分后才能从组织中萃取出类胡萝卜素。根据番茄红素与 β-胡萝卜素极性的差别,使用柱层析可以将它们分离。分离效果可以用薄层层析进行检验。

实验仪器及药品

1. 仪器

层析缸、层析柱、圆底烧瓶(100mL)、球形冷凝管、烧杯、减压过滤装置、分液漏斗、锥形瓶。

2. 药品

乙醇(95%)、二氯甲烷、石油醚(60～90℃)、氯仿、中性或酸性氧化铝(柱层析用)、环己烷、硅胶 G、饱和氯化钠溶液、无水硫酸钠、新鲜番茄。

实验步骤

1. 原料处理与色素提取

称取新鲜番茄酱[1]20g 于 100 mL 圆底烧瓶中，加 95%乙醇 40mL，水浴加热回流 3～5min，趁热抽滤，取滤液，固体残渣留在瓶内。

加入 30mL 二氯甲烷，水浴回流 5min，冷却，过滤，滤液与第一次滤液合并；向固体残渣中再次加入 10mL 二氯甲烷重复提取，过滤后合并提取液。

将合并液倒入分液漏斗中，加入 5mL 饱和 NaCl 溶液(有利于分层)，振摇，静置分层。有机层经无水硫酸钠干燥后[2]，热水浴蒸干溶剂得色素粗品。

2. 柱层析分离

将用石油醚调制的氧化铝[3]均匀地填装至层析柱中。将粗制的类胡萝卜素溶解于 4mL 苯中，用滴管在氧化铝表面附近沿柱壁缓缓加入柱中(留少量供后面薄层层析用)，打开活塞，至有色物料在柱顶刚刚被吸附时，关闭活塞。用滴管吸取石油醚洗脱柱壁上黏附的色素，打开活塞，使洗脱剂液面与吸附剂表面相切(此时色素吸附在柱子顶部)。然后加大量的石油醚洗脱。黄色的 β-胡萝卜素在柱中移动较快，红色的番茄红素移动较慢。当 β-胡萝卜素完全被洗脱除去，改用极性较大的氯仿作洗脱剂洗脱番茄红素，注意分段收集。将收集到的两部分在通风橱内用热水浴蒸发至干。将样品分别溶于二氯甲烷中，用薄层层析检验。

3. 薄层层析检验

各组分经薄层层析检验，以环己烷作展开剂，计算不同样品的 R_f 并指明各组分[4]。

注释

[1] 新鲜番茄酱的制备：将新鲜番茄洗净，用捣碎机捣碎或用市售的番茄酱。

〔2〕使有机层流经一个在颈部塞有疏松棉花且在棉花上铺一层 1cm 厚的无水 Na_2SO_4 的玻璃漏斗,以除去微量水分。干燥后的溶液储存在干燥的具塞锥形瓶中备用。

〔3〕氧化铝层析柱的装填方法:将层析柱垂直固定于铁架台上,铺上一层薄薄的石英砂,关闭活塞。称取 15g 氧化铝于 50mL 锥形瓶中,加入 15mL 石油醚(顺序不能反),边滴加边搅拌,且不断旋摇直至半满,然后开启活塞让溶剂以 1 滴·s^{-1} 的速度流入小锥形瓶中,摇动浆液,不断地逐渐倾入正在流出溶剂的柱子中,不断用木棒或带橡皮管的玻璃棒轻轻敲击柱身,使顶部呈水平面,将收集到的溶剂在柱内反复循环几次,以保证沉降完全,柱子填充紧密。整个过程始终保持流动相浸没固定相。待溶剂液面刚好降至与氧化铝表面相切时即可上样。

〔4〕因显色斑点会氧化而迅速消失,故需要在展开后立即用铅笔圈出斑点的位置。

思考题

1. 番茄红素与 β-胡萝卜素相比,哪个 R_f 较大?
2. 为什么要将提取液干燥后再蒸干溶剂? 如果不干燥将对后面的实验操作产生什么影响?

实验 49　烟草中还原糖的提取及测定

预习

(1) 回流、蒸馏等实验操作。
(2) 沉淀完全的检验方法,过滤及洗涤等方法。
(3) 滴定操作方法。
(4) 数据处理方法。

实验目的

(1) 掌握烟草中还原糖的提取及测定方法。
(2) 综合运用回流、蒸馏、沉淀、过滤、抽滤、洗涤、溶解、滴定等基本操作技术。

实验原理

烟草中的还原糖有葡萄糖、果糖及麦芽糖,它们的分子中都含有羰基,对烟叶的香气和味感有良好的作用,使烟叶燃烧后产生的香气芳香宜人,味感醇和、舒适,并能减少烟叶的刺激性。因此,还原糖是决定烟叶品质的重要成分。但还原糖含量过高,会导致烟叶燃烧后产生更多的焦油,因而对健康是不利的。一般烟叶中的还原糖含量以 16%～22% 为宜。

烟草中还原糖的提取,可根据其溶于乙醇和水的特性进行。其方法:先用乙醇抽提后再用水溶解,然后沉淀、过滤除去蛋白质,即得还原糖提取液。还原糖的测定是利用羰基的还原性,将费林试剂定量地还原为氧化亚铜沉淀,反应如下:

$$CuSO_4 + 2NaOH \mathop{=\!=\!=} Cu(OH)_2 + Na_2SO_4 \qquad (7-15)$$

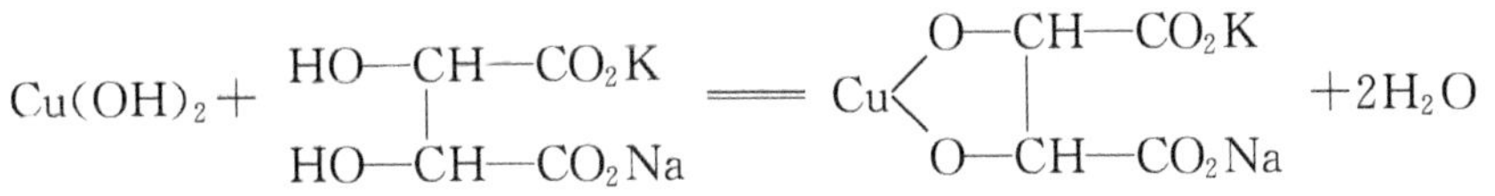

$$Cu(OH)_2 + \begin{matrix} HO-CH-CO_2K \\ | \\ HO-CH-CO_2Na \end{matrix} = Cu\begin{matrix} O-CH-CO_2K \\ | \\ O-CH-CO_2Na \end{matrix} + 2H_2O$$

$$(7-16)$$

$$R-\overset{O}{\overset{\|}{CH}} + 2Cu\begin{matrix} O-CH-CO_2K \\ | \\ O-CH-CO_2Na \end{matrix} + 2H_2O =$$

$$RCOOH + Cu_2O + 2\begin{matrix} HO-CH-CO_2K \\ | \\ HO-CH-CO_2Na \end{matrix}$$

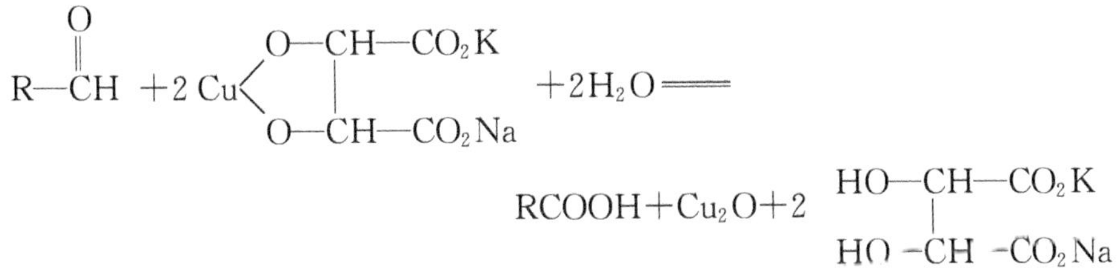

$$(7-17)$$

然后氧化亚铜又将硫酸铁定量地还原为硫酸亚铁,反应如下:

$$Cu_2O + Fe_2(SO_4)_3 + H_2SO_4 = 2CuSO_4 + 2FeSO_4 + H_2O \qquad (7-18)$$

最后用 $KMnO_4$ 标准溶液滴定硫酸亚铁,反应为

$$2KMnO_4 + 10FeSO_4 + 8H_2SO_4 = 2MnSO_4 + 5Fe_2(SO_4)_3 + K_2SO_4 + 8H_2O$$

$$(7-19)$$

根据所消耗的 $KMnO_4$ 的量计算出氧化亚铜的量,再从糖分析汉蒙表中查出与氧化亚铜的量相当的还原糖的量,即可计算出烟草中还原糖的含量:

实验仪器及药品

1. 仪器

电子天平(0.0001g)、锥形瓶(250mL)、量筒(10mL、100mL)、蒸馏瓶(250mL)、漏斗、水浴锅、电炉、球形冷凝管、直形冷凝管、玻璃珠、温度计、烧杯(100mL、400mL)、容量瓶(100mL)、移液管(20mL)、洗耳球、表面皿、4 号砂芯漏斗、真空泵、酸式滴定管。

2. 药品

烟叶(切碎混合均匀)、乙醇(95%)、$Pb(Ac)_2$(20%)、$K_2C_2O_4$(20%)、费林试剂甲、费林试剂乙、H_2SO_4(3mol·L^{-1})、$Fe_2(SO_4)_3$(5%)、0.02mol·L^{-1} $KMnO_4$ 标准溶液、邻二氮菲-亚铁指示剂。

实验步骤

1. 还原糖的提取

准确称取烟叶试样 1.5~2.0g(准确至 0.1mg)于 250mL 锥形瓶中,加入 60mL 95%乙醇浸泡过夜。次日将溶液过滤至 250mL 蒸馏瓶中,在烟叶残渣中加入 60mL 95％乙醇,水浴加热回流 1h。冷却,将溶液一并过滤倒入蒸馏瓶中,用 95％乙醇洗涤烟叶残渣。蒸馏烧瓶中加入 2 粒沸石,安装蒸馏装置,水浴加热蒸出乙醇,乙醇回收。蒸去乙醇后(此时温度为 80～81℃),取下蒸馏瓶,稍稍冷却后加入 50mL 蒸馏水使糖溶解。

　　加入 10mL 20％Pb(Ac)$_2$,使蛋白质沉淀。静置,将溶液过滤至 100mL 烧杯中,并用少量蒸馏水洗涤蒸馏烧瓶。滤液中加入 10mL 20％K$_2$C$_2$O$_4$,使过量的 Pb(Ac)$_2$ 沉淀。静置,滴加 1 滴 20％K$_2$C$_2$O$_4$ 于上层清液中,以检验 Pb(Ac)$_2$ 是否沉淀完全。将溶液过滤至 100mL 容量瓶中,并用少量蒸馏水洗涤烧杯,用蒸馏水定容,摇匀,即得还原糖提取液。(注意:此提取液必须保持中性)

2. 还原糖的测定

　　准确吸取 20.00mL 还原糖提取液于 400mL 烧杯中,加入费林试剂甲、费林试剂乙各 25mL,蒸馏水 50mL,搅拌均匀,盖上表面皿。然后将烧杯置于电炉上加热,使溶液在 4min 内沸腾,并保持沸腾 2min(此操作时间必须准确),产生砖红色的 Cu$_2$O 沉淀。迅速抽滤,用 60～80℃的蒸馏水充分洗涤,并将砂芯漏斗放入烧杯中,加入 10mL 3mol·L^{-1}H$_2$SO$_4$ 和 30mL 5％Fe$_2$(SO$_4$)$_3$,使 Cu$_2$O 沉淀完全溶解。取出砂芯漏斗用蒸馏水洗涤。以 0.02mol·L^{-1}KMnO$_4$ 标准溶液滴定,当溶液出现黄色但立即消失时,表明已接近终点,这时加入 2 滴邻二氮菲-亚铁指示剂,溶液呈棕黄色,继续滴定到溶液变为蓝绿色即为终点,记录所消耗的 KMnO$_4$ 标准溶液体积。

　　同时做空白试验。

数据处理及结果讨论

　　因为 1mmol KMnO$_4$ 相当于 5mmol FeSO$_4$,即 2.5mmol Cu$_2$O,所以

$$氧化亚铜的量(mg)=c(V_2-V_1)\times 2.5\times 143.1 \qquad (7-20)$$

式中:c——KMnO$_4$ 标准溶液浓度,mol·L^{-1};

　　V_2——滴定试样时消耗的 KMnO$_4$ 标准溶液体积,mL;

　　V_1——滴定空白时消耗的 KMnO$_4$ 标准溶液体积,mL;

　　143.1——Cu$_2$O 的式量。

　　从糖分析汉蒙表中查出与氧化亚铜的量相当的还原糖的量,以式(7-21)计算烟叶中的还原糖含量:

$$w(还原糖)=\frac{m(还原糖)(mg)\times \frac{100.00}{20.00}\times 10^{-3}}{m(s)(1-w_1)} \qquad (7-21)$$

式中:w_1——烟叶含水率,烟草化学分析中,试样一般以去除水分的干物料来计算。

思考题

1. 为什么还原糖提取液必须保持中性?

2. 本实验制备的提取液也可用于测定水溶性总糖(包括葡萄糖、果糖、麦芽糖和蔗糖,其中蔗糖是非还原糖),试述其测定原理及步骤。

3. 如果测出水溶性总糖及还原糖,能否计算非还原糖? 如何计算?

实验 50　蒸馏氧化法测定魔芋精粉中 SO_2 的含量(微型实验)

预习

(1) 蒸馏氧化法原理。

(2) 碘量法原理。

实验目的

(1) 掌握蒸馏氧化法。

(2) 掌握蒸馏氧化法测定魔芋精粉中 SO_2 的含量的基本原理。

(3) 熟练掌握定量分析操作和移液管的使用。

(4) 进一步练习微型滴定操作。

实验原理

在密闭容器中对样品进行酸化,蒸馏,以提取其中的 SO_2,提取物用 $Pb(Ac)_2$ 溶液吸收。吸收后用浓 HCl 酸化,再以碘标准溶液滴定。SO_2 是强还原剂,在酸性条件下,将碘标准溶液的碘还原成碘离子,当 SO_2 消耗完后,过量的一滴碘液使淀粉指示剂形成淡蓝色,即为终点。所消耗的碘标准溶液体积与 SO_2 含量成定量关系,根据所消耗的碘标准溶液的量计算出样品中 SO_2 含量。

实验仪器及药品

1. 仪器

电子天平(0.0001g)、圆底烧瓶(250mL、500mL)、直形冷凝管、尾接管、容量瓶(25mL、100mL、250mL)、量筒(10mL、50mL、100mL、500mL)、移液管(10mL、25mL)、酸式滴定管(50mL)、微型移液管(1mL、2mL、5mL)、微型蒸馏装置、微型滴定管(3mL)、碘量瓶(100mL)、锥形瓶(25mL)、烧杯(50mL、100mL、250mL)、电炉、水浴锅、铁架台。

2. 药品

浓盐酸、1∶1盐酸(浓盐酸∶水=1∶1,体积比)、$Pb(Ac)_2(s)$、可溶性淀粉

(s)、乙醇(95%)、碘标准溶液(0.012 50mol·L^{-1})、碘标准溶液(0.005 000mol·L^{-1})、魔芋精粉。

实验步骤

1. 20g·L^{-1}Pb(Ac)$_2$溶液的配制

称取 2g Pb(Ac)$_2$,溶于少量水中并稀释至 100mL。

2. 1‰淀粉溶液的配制

称取 1g 可溶性淀粉,用少量水调成糊状,缓缓倾注入 100mL 沸水中,边加边搅拌,煮沸 2min,冷却备用(现配现用)。

3. 测定

1) 常量蒸馏微型滴定

称取约 0.5000g 样品置于装有 50mL 25%乙醇的 250mL 圆底烧瓶中,然后在圆底烧瓶中加入 2.000mL HCl 溶液(1∶1,体积比),立即盖好塞子,振荡 10min,静置 4h。按图 2-42 安装蒸馏装置,以装有 5.000mL Pb(Ac)$_2$ 吸收液的碘量瓶作接收器(注意,接液管下端应插入吸收液中),蒸馏。当馏出液达 50mL 时,使接液管下端离开液面,再蒸馏 1min。用少量蒸馏水冲洗接液管下端。

向碘量瓶中依次加入 2.00mL 浓 HCl、1mL 淀粉指示剂,摇匀。用0.012 50 mol·L^{-1}碘标准溶液滴定至变蓝且 30s 内不褪色为止。

同时做空白试验。

2) 微型蒸馏及微型滴定

称取约 0.2000g 样品置于装有 5mL 25%乙醇的微型圆底烧瓶中,然后在圆底烧瓶中加入 1.00mL 盐酸溶液(1∶1,体积比),立即盖好塞子,振荡 10min,静置 4h。按图 2-42 安装蒸馏装置,接液管下端应插入装有 2.000mL Pb(Ac)$_2$ 吸收液的碘量瓶中,通入冷凝水,蒸馏。当馏出液达 5mL 时,使接液管下端离开液面,再蒸馏 1min。然后用少量蒸馏水冲洗接液管下端。

向碘量瓶中依次加入 1.00mL 浓 HCl、1mL 淀粉指示剂,摇匀后用0.005 000 mol·L^{-1}碘标准溶液滴定至变蓝且 30s 内不褪色为止。

同时做空白试验。

4. 按式(7-22)计算 SO$_2$ 的含量

$$w(\mathrm{SO_2}) = \frac{(V_1 - V_2) \times c(\mathrm{I_2}) \times M(\mathrm{SO_2})}{m(\mathrm{s})} \qquad (7-22)$$

式中:$w(\mathrm{SO_2})$——样品中 SO$_2$ 的含量,g·kg^{-1};

V_1——滴定样品液所消耗碘标准溶液体积,mL;

V_2——滴定试剂空白所消耗碘标准溶液体积,mL;

$m(s)$——样品质量,g;

$c(I_2)$——碘标准溶液的浓度,$mol \cdot L^{-1}$;

$M(SO_2)$——SO_2 的摩尔质量。

数据处理及结果讨论

数据	样品	空白
$V(I_2)$初读数/mL		
$V(I_2)$终读数/mL		
$V(I_2)$/mL		
$V_1 - V_2$/mL		
$w(SO_2)/(g \cdot kg^{-1})$		

思考题

1. 实验中误差由哪些因素造成?

2. 为什么实验中要加入乙醇?

实验 51　纳米氧化铁的合成及其性能试验

预习

(1) 纳米材料的基本性能。

(2) 恒温槽、分光光度计、离心机、酸度计等的基本操作及其注意事项。

实验目的

(1) 了解水解法制备纳米材料的原理与方法。

(2) 加深对影响水解反应因素的认识。

(3) 熟悉分光光度计、离心机及酸度计的使用。

实验原理

水解反应是中和反应的逆反应,是吸热反应。升高温度可使水解反应的速率加快,反应程度增加;浓度增加对反应程度无影响,但可使反应速率加大。对金属离子来说,pH 增大,水解程度和速率都增大。在科研当中经常用水解反应来进行物质的分离、鉴定和提纯,许多高纯度金属氧化物,如 Al_2O_3、Fe_2O_3 等都是通过水解沉淀来提纯的。

氧化物纳米材料的制备方法有很多,如化学沉淀法、热分解法、固相反应法、溶胶-凝胶法、气相沉积法、水解法等。水解法是耗能耗时较少的一种制备方法,通过控制一定的温度和 pH 条件,使一定浓度的金属盐水解,生成氢氧化物或氧化物沉淀。若条件适当可得到颗粒均匀的多晶态溶胶,其颗粒尺寸在纳米级,对提高气敏材料的灵敏度和稳定性有利。

为了得到稳定的多晶溶胶,可降低金属离子的浓度,也可用配位法控制金属离子的浓度,如加入 EDTA,如果增大金属离子的浓度,可以制得更多的沉淀,但是对产物的晶型也会产生影响。若水解后生成沉淀,说明成核不同步,可能是玻璃仪器未清洗干净,或者是水解浓度过大,或者是水解时间太长。此时的沉淀颗粒尺寸不均匀,粒径也比较大。

$FeCl_3$ 水解过程中,Fe^{3+} 转化为 Fe_2O_3,溶液的颜色发生变化,随着时间的增加,Fe^{3+} 量逐渐减小,Fe_2O_3 粒径也逐渐增大,溶液颜色也趋于一个稳定值,可用分光光度计进行动态监测。

本实验以 $FeCl_3$ 为原料制备 Fe_2O_3,研究 $FeCl_3$ 溶液的浓度、反应温度、反应时间、pH 等对水解反应的影响。

实验仪器及药品

1. 仪器

台式烘箱或恒温槽、721 型或 722 型分光光度计、医用离心机、pHS-2 型酸度计、滴管、具塞锥形瓶、容量瓶(500mL)、离心试管、吸量管(5mL)、比色管(25mL)。

2. 药品

$FeCl_3$(1 mol·L^{-1})、HCl(1 mol·L^{-1})、EDTA(0.1 mol·L^{-1})、$(NH_4)_2SO_4$(1 mol·L^{-1})、Cr(Ⅵ)标液(3.5 mg·L^{-1})、HAc-NaAc 缓冲液、二苯碳酰二肼(0.2%)、铬酸洗液。

实验步骤

1. 制备纳米氧化铁

1) 方法一

(1) 玻璃仪器的清洗。实验中所需一切玻璃仪器都须严格清洗。先用铬酸洗液洗涤,再用去离子水冲洗干净,烘干备用。

(2) 水解温度的选择。本实验选定水解温度为 95℃,同时用 80℃、105℃作对照。

(3) 水解时间对水解的影响。在具塞锥形瓶中配制 20 mL 水解液,使 Fe^{3+} 的浓度为 1.8×10^{-2} mol・L^{-1},EDTA 的浓度为 8×10^{-4} mol・L^{-1}。通过滴管滴加 1mol・L^{-1} HCl 调节 pH 至 1.3,然后在台式烘箱或恒温槽中保持 95℃ 的温度下水解,观察水解前后溶液的变化。每隔 30min 取样 2mL,并于 550nm 处观察水解溶液吸光度的变化,直到吸光度(A)基本不变为止(约需测定 6 次),此时观察到橘红色溶胶。绘制 A-t 图。

(4) 水解溶液 pH 的影响。改变上述水溶液的 pH,分别为 1.0、1.5、2.0、2.5、3.0,用分光光度计观察水解溶液 pH 对水解的影响,绘制 A-t 图。

(5) 水解中 Fe^{3+} 浓度对水解的影响。改变步骤(3)中水解液 Fe^{3+} 浓度,使其浓度分别为 2.5×10^{-3} mol・L^{-1}、5×10^{-3} mol・L^{-1}、1.0×10^{-2} mol・L^{-1},用分光光度计观察水解溶液中 Fe^{3+} 浓度对水解的影响,绘制 A-c 图。

(6) 沉淀分离。取一份上述水解液,迅速用冷水冷却后,将其分为两份,一份用高速离心机分离,另一份加入 $(NH_4)_2SO_4$ 溶液,使溶胶沉淀后用普通离心机分离,沉淀用去离子水洗涤至无 Cl^- 为止(怎样检测?)。比较两种分离法的效率。

(7) 干燥产物。将所得到的产物离心,于 50℃ 烘干,在 500℃ 的温度下煅烧 1~2h 即得到产物。

2) 方法二

分别取一定浓度的 $FeCl_3$ 溶液置于圆底烧瓶中,于 70℃ 水浴中恒温,同时缓慢加入 1mg・mL^{-1} NaOH-CH_3CH_2OH 溶液,调 pH 为 4~5;安装回流装置,加入少量 Na_2SO_3,在 80~90℃ 下回流一定时间后,冷却,静置,倾出上层清液,下层悬浮液用大离心管离心 20min(离心机转速 4 000r・min^{-1}),得到前驱体;水洗多次,烘干,得纳米氧化铁。

2. 纳米氧化铁的吸附性能试验

称取 10 mg 合成的纳米氧化铁粉末于 50 mL 离心管中,加入 1.0mL 3.5 mg・L^{-1} Cr(Ⅵ)标液,4.0mL pH=3.00 的缓冲溶液。在电磁搅拌器上搅拌 1h,静置 10min 后,以 3000r・min^{-1} 离心 3min,溶液转入 25mL 比色管中,加蒸馏水 15mL、0.2% 二苯碳酰二肼 2.5mL,调节 pH=2.00,用蒸馏水定容至 25mL,20min 后于 λ=540nm 处测定吸光度(A)。

思考题

1. 影响水解的因素有哪些? 如何影响?

2. 水解器皿在使用前为何要用洗液清洗? 若清洗不净会带来什么后果?

3. 铁氧化物溶胶的分离有哪些方法? 哪种效果较好?

实验 52　　火焰原子吸收光谱法测定自来水中钙、镁的含量

预习

（1）AAS 的原理与仪器装置。

（2）标准曲线法原理。

实验目的

（1）熟悉火焰原子吸收分光光度计的结构及其使用方法。

（2）掌握应用标准曲线法测定钙、镁含量的方法,加深理解原子吸收光谱法的基本原理。

实验原理

原子吸收光谱法主要用于定量分析,它是基于从光源中辐射出的待测元素的特征谱线通过试样的原子蒸气时,被蒸气中待测元素的基态原子所吸收,使透过的谱线强度减弱。在一定的条件下,其吸收程度与试液中待测元素的浓度成正比,即

$$A = Kc$$

本实验采用标准曲线法测定水中钙、镁的含量,即先测定已知浓度的各待测离子标准溶液的吸光度,绘制成吸光度-浓度标准曲线。再于同样条件下测定水样中各待测离子的吸光度,从标准曲线上即可查出水样中各待测离子的含量。

实验仪器及药品

1. 仪器

WYX-402 型原子吸收分光光度计、空气压缩机、乙炔钢瓶、Ca 空心阴极灯、Mg 空心阴极灯、容量瓶。

2. 药品

金属镁（或 $MgCO_3$,G. R.）、无水 $CaCO_3$（G. R.,使用前在 110℃烘 2h）、浓 HCl（G. R.）、HNO_3（$1mol \cdot L^{-1}$）。

3. 标准溶液的配制

（1）钙标准储备液（$1000\mu g \cdot mL^{-1}$）。准确称取无水 $CaCO_3$ 0.625g 于 100mL 烧杯中,用少量水润湿,盖上表面皿,从烧杯嘴滴加 $1mol \cdot L^{-1} HNO_3$ 溶液,直至完全溶解,然后定量转入 250mL 容量瓶中,用水稀释定容,摇匀。

（2）钙标准溶液（100μg·mL⁻¹）。准确吸取上述钙标准储备液 10.00mL 于 100mL 容量瓶中，加 1:1 HNO$_3$ 2mL 用水稀释定容，摇匀。

（3）镁标准储备液（1000μg·mL⁻¹）。准确称取金属镁 0.2500g 于 100mL 烧杯中，盖上表面皿，从烧杯嘴滴加 5mL 1mol·mL⁻¹ HNO$_3$ 溶液，使之溶解。然后定量地转移至 250mL 容量瓶中，用水稀释至刻度。

（4）镁标准溶液（50μg·mL⁻¹）。准确吸取上述镁标准储备液 5.00mL 于 100mL 容量瓶中，用水稀释至刻度。

实验步骤

（1）按实验条件（表 7－4）调试仪器。

（2）配制标准系列。

① 钙标准溶液系列。准确吸取 2.00mL、4.00mL、6.00mL、8.00mL、10.00mL 100μg·mL⁻¹ 的钙标准溶液分别置于 5 个 100mL 容量瓶中，各加入 1mol·L⁻¹ HNO$_3$ 2mL，用水稀释定容，摇匀。

② 镁标准溶液系列。准确吸取 50μg·mL⁻¹ 的镁标准溶液 1.00mL、2.00mL、3.00mL、4.00mL、5.00mL 分别置于 5 个 100mL 容量瓶中，各加 1 mol·L⁻¹ HNO$_3$ 2mL，用水稀释定容，摇匀。

表 7－4　测定钙、镁的实验条件

测定条件	Ca	Mg
吸收线波长/nm	422.7	285.2
灯电流/mA	4	3
燃烧器高度/mm	4～6	2～4
空气流量/(L·min⁻¹)	6.5	6.5
乙炔流量/(L·min⁻¹)	1.7	1.7

（3）配制自来水样。准确吸取适量（视未知钙、镁的浓度而定）自来水置于 100mL 容量瓶中，加入 1mol·L⁻¹ HNO$_3$ 2mL，用水稀释定容，摇匀。

（4）标准系列和水样的测定。以去离子水为参比，然后依次对标准系列和水样进行测定。测定某一种元素时应换用该种元素的空心阴极灯作为光源，分别测定不同浓度标准溶液和水样中的钙、镁的吸光度。

数据处理及结果讨论

分别以各金属元素的浓度为横坐标，所测得的吸光度值为纵坐标，绘制标准曲线。从对应的标准曲线上查得各自的浓度，然后计算水样中钙、镁的含量（以

$\mu g \cdot mL^{-1}$ 为单位）。

思考题

1. 简述原子吸收分光光度分析的基本原理。
2. 原子吸收分光光度分析为何要用待测元素的空心阴极灯作光源？能否用氢灯或钨灯代替？为什么？
3. 通过实验，你认为原子吸收光谱分析的优点是什么？

第8章 设计性实验

实验53 三草酸根合铁(Ⅲ)酸钾的合成和组成分析

目的要求

(1) 了解三草酸合铁(Ⅲ)酸钾的合成方法。

(2) 掌握确定化合物化学式的基本原理和方法。

(3) 巩固无机合成、滴定分析和重量分析的基本操作。

实验原理

三草酸根合铁(Ⅲ)酸钾$\{K_3[Fe(C_2O_4)_3] \cdot 3H_2O\}$为亮绿色单斜晶体,易溶于水(0℃时,100g 水中溶解度为 4.7g,100℃时为 118g),难溶于乙醇、丙酮等有机溶剂。受热时,在 110℃下可失去结晶水,到 230℃即分解。该配合物为光敏物质,光照下易分解。

本实验首先利用$(NH_4)_2Fe(SO_4)_2$与$H_2C_2O_4$反应制取FeC_2O_4,然后在过量$K_2C_2O_4$存在下,用H_2O_2氧化FeC_2O_4即可制得产物三草酸根合铁(Ⅲ)酸钾,反应同时产生的$Fe(OH)_3$可通过加入适量的$H_2C_2O_4$将其转化为产物。有关反应式如下:

$$(NH_4)_2Fe(SO_4)_2 + H_2C_2O_4 \Longrightarrow FeC_2O_4(s) + (NH_4)_2SO_4 + H_2SO_4 \quad (8-1)$$

$$6FeC_2O_4 + 3 H_2O_2 + 6K_2C_2O_4 \Longrightarrow 4K_3[Fe(C_2O_4)_3] + 2Fe(OH)_3(s) \quad (8-2)$$

$$2Fe(OH)_3 + 3H_2C_2O_4 + 3K_2C_2O_4 \Longrightarrow 2K_3[Fe(C_2O_4)_3] + 6H_2O \quad (8-3)$$

该配合物的组成可通过化学分析确定。自行设计分析方案,测定合成产物中结晶水、$C_2O_4^{2-}$、Fe^{3+}、K^+的含量,最后确定该配合物产品的组成。

实验仪器及药品

1. 仪器

烧杯(100mL)、锥形瓶(250mL)、量筒(10mL、50mL)、酸式滴定管(50mL)、吸滤瓶(250mL)、布氏漏斗、酒精灯、电子天平(0.01g,0.0001g)、烘箱、恒温水浴锅。

2. 药品

$(NH_4)_2Fe(SO_4)_2 \cdot 6H_2O(s)$、$H_2SO_4(3mol \cdot L^{-1})$、$H_2C_2O_4($饱和$)$、$K_2C_2O_4$

（饱和）、C_2H_5OH（95％，50％）、H_2O_2（10％）、$KMnO_4$ 标准溶液（0.02mol·L^{-1}）、Zn 粉、丙酮。

实验步骤

1. 三草酸根合铁（Ⅲ）酸钾的合成

将 5g$(NH_4)_2Fe(SO_4)_2$·$6H_2O$(s)溶于 20mL 水中，加 10 滴 3mol·L^{-1} H_2SO_4 酸化，加热使其溶解。在不断搅拌下再加入 25mL 饱和 $H_2C_2O_4$ 溶液，然后将其加热至沸，静置，得黄色 FeC_2O_4 沉淀，倾去上层清液，用倾注法洗涤沉淀 2～3 次，每次用水约 10mL。

在上述沉淀中加入 10mL 饱和 $K_2C_2O_4$ 溶液，水浴加热至 40℃，用滴管缓慢滴加 6mL 10％H_2O_2 溶液，边滴加边搅拌并维持温度在 40℃左右，此时溶液中有棕色的 $Fe(OH)_3$ 沉淀产生。加完 H_2O_2 后将溶液加热至沸，分两次加入 8mL 饱和 $H_2C_2O_4$ 溶液（先加入 5mL，然后慢慢滴加其余 3mL），保持沸腾状态，此时体系应变成亮绿色透明溶液。如果体系混浊可趁热过滤。在滤液中加入 10mL 95％乙醇，这时若溶液变浑浊，微热使其变清。放置暗处，让其冷却结晶。抽滤，用 50％的乙醇溶液洗涤晶体，再用少量的丙酮淋洗晶体两次，抽干，在空气中干燥。称量，计算产率。产物应避光保存。

2. 组成分析

根据设计方案，利用实验室提供的仪器及药品，分别测定合成产物中结晶水、$C_2O_4^{2-}$、Fe^{3+}、K^+ 的含量，最后确定该配合物产品的组成。

思考题

1. 合成过程中，滴加 H_2O_2 以后为什么还要将溶液煮沸？
2. 合成产物的最后一步，加入 95％乙醇的作用是什么？能否用蒸干溶液的方法来取得产物？为什么？
3. 产物为什么要经过多次洗涤？洗涤不充分对其组成测定会产生怎样的影响？

参考资料

1. 南京大学《无机及分析化学实验》编写组. 无机及分析化学实验. 3 版. 北京：高等教育出版社，1998。
2. 本实验教材中相关组分分析的内容。

实验 54　混合液中 Pb^{2+}、Bi^{3+} 含量的连续测定的设计性实验

目的要求

应用学过的理论知识，在总结有关实验操作的基础上，采用配位滴定法，自行

设计测定 Pb^{2+}、Bi^{3+} 混合液中 Pb^{2+}、Bi^{3+} 含量的方案,并进行实验操作。

设计提示

(1) 本实验混合液 Pb^{2+}、Bi^{3+} 浓度各约 $0.01\ mol \cdot L^{-1}$,pH=0.5。

(2) 实验室仅提供下列试剂:

固体 EDTA($Na_2H_2Y \cdot 2H_2O$)、铬黑 T 指示剂、二甲酚橙指示剂、纯 Zn 片、HCl(1∶1,体积比)、$NH_3 \cdot H_2O$(1∶1,体积比)、HNO_3($0.1mol \cdot L^{-1}$)、$NH_3 \cdot H_2O$-NH_4Cl 缓冲溶液(pH=10)、六次甲基四胺(20%,用于调节 pH)。

(3) 实验中所需仪器仅限于实验室已提供的仪器。

设计要求

(1) 查阅有关资料,设计出详细的实验方案(包括目的要求、实验原理、实验用品、操作步骤、数据处理)。

(2) 实验原理应讨论下列问题:①能否连续滴定;②合适的 pH;③选用何种指示剂? 为什么? ④选用的缓冲溶液组分及 pH?

(3) 写出完整的实验报告。

(4) 针对实验结果,分析本实验中应注意的关键问题。

参考资料

1. 武汉大学. 分析化学. 北京:高等教育出版社,1999。
2. 武汉大学. 分析化学实验. 北京:高等教育出版社,1999。

实验 55　一组未知液分析的设计性实验

目的要求

(1) 通过本实验全面复习醇、酚、醛、酮以及羧酸的主要化学性质。

(2) 运用所学的理论知识和实验技术,设计未知液的分析鉴定方案。

设计提示

(1) 复习有机化学教材中醇、酚、醛、酮以及羧酸的主要化学性质的相关内容,根据实验室所提供的实验条件,拟定未知液的分析鉴定方案。

(2) 实验室提供的化学试剂:饱和溴水、NaOH(10%)、$FeCl_3$(1%)、费林试剂甲、费林试剂乙、$K_2Cr_2O_7$(5%)、碘液、$NaHCO_3$(5%)、酚酞试剂。

(3) 教师提供的未知液。将以下样品进行编号:乙酸、丙酮、乙醛、苯酚、1-丁醇、2-丁醇、甘油、苯甲醛、乙二酸、甲酸。

学生根据所提供的化合物以及化学试剂,拟定实验方案。

设计要求

1. 设计实验方案

根据提供的化学试剂,独立设计实验方案(内容包括实验目的、实验原理、实验药品、预期结果,以及相关化学反应式)。

2. 实验操作

所设计的实验方案经指导教师审查允许后,独立完成实验。实验过程中,应细心观察、如实记录实验现象,正确分析判断未知液成分。

3. 实验报告

完成实验后,应立即完成实验报告。将实验方案设计、实验报告交给指导教师。

参考资料

1. 傅建熙. 有机化学. 北京:高等教育出版社,2000。
2. 本教材实验23,有机化合物官能团的性质试验。

实验 56　立体分子模型的设计及制作

预习

(1) 开链烃优势构象的判断方法以及 Newman 投影式的投影规则。
(2) 环己烷及其衍生物的构象以及优势构象的判断方法。
(3) 旋光异构等相关内容(包括透视式、Fischer 式以及对映体等)。
(4) Fischer 投影式的投影规则。
(5) 物质的构型与构象的内在关系。

目的要求

(1) 通过本实验,全面复习立体化学内容(包括构型、构象和旋光异构等内容)。
(2) 通过动手装配分子模型,掌握 Newman 投影式和 Fischer 投影式的投影方法。
(3) 学会通过 Fischer 投影式判断对映体、非对映体及相同物等关系。

设计提示

(1) 复习 Newman 投影式和 Fischer 投影式的投影规则。

（2）复习产生构象的原因，以及构型与构象的关系。

（3）安装制作分子模型的过程中应该注意键角（sp^3 杂化的碳原子键角为 $109°28'$，正四面体结构）。

设计要求

按要求独立设计下列各组实验。

（1）安装乙烷及其衍生物分子构象的模型。

① 安装乙烷的分子模型，通过旋转 C—C σ 键，画出其 Newman 投影式的优势构象。

② 安装 1,2-二溴乙烷的分子模型，通过旋转 C—C σ 键，分别画出其 Newman 投影式的全重叠式、邻位交叉式、部分重叠式和对位交叉式等四种典型构象式。

（2）安装环己烷及其衍生物的椅式构象。

① 安装环己烷的椅式构象，并通过模型实现由椅式→船式→另一种椅式的转化。

② 安装反-1,2-二氯环己烷的优势构象模型。

③ 安装顺-1,3-二氯环己烷的优势构象模型。

（3）安装 2-丁醇互为对映体的分子模型，并画出其透视式。

（4）根据下列透视式安装分子模型。

① A 和 B 是什么关系？

② 根据模型画出 **A** 和 **B** 的 Fischer 投影式，并命名之。

（5）根据下列 5 组 Fischer 投影式的变化情况，用模型验证变化前后的 Fischer 式是对映体还是相同物，并用 R/S 标记其构型。

③
$$\begin{array}{c} COOH \\ H \!-\!\!\!-\!\!\!-\! OH \\ CH_3 \end{array} \xrightarrow{\text{交换一对基团}} \begin{array}{c} COOH \\ H_3C \!-\!\!\!-\!\!\!-\! OH \\ H \end{array}$$

④
$$\begin{array}{c} COOH \\ H \!-\!\!\!-\!\!\!-\! OH \\ CH_3 \end{array} \xrightarrow{\text{纸面上旋转} 180°} \begin{array}{c} CH_3 \\ HO \!-\!\!\!-\!\!\!-\! H \\ COOH \end{array}$$

⑤
$$\begin{array}{c} COOH \\ H \!-\!\!\!-\!\!\!-\! OH \\ CH_3 \end{array} \xrightarrow{\text{交换两对基团}} \begin{array}{c} H \\ HOOC \!-\!\!\!-\!\!\!-\! CH_3 \\ OH \end{array}$$

(6) 根据下列分子透视式安装其分子模型,画出其 Fischer 投影式,并用 R/S 标记各手性碳原子的构型。

$$\begin{array}{c} COOH \\ Cl \!-\!\!\!-\!\!\!-\! H \\ Cl \!-\!\!\!-\!\!\!-\! H \\ COOH \end{array}$$

① 该化合物是否存在对称因素? 如果存在,请说明对称因素的名称。

② 该化合物是否具有旋光性?

③ 命名该化合物。

(7) 根据下列 Newman 投影式制作模型,画出其 Fischer 投影式,标记手性碳原子的 R/S 构型,并命名。

(8) 根据下列结构式安装分子模型,标记 **A**、**B**、**C** 分子中手性碳原子的 R/S 构型,画出 **A**、**B** 分子的 Fischer 投影式,分别指出 **A** 与 **B**、**A** 与 **C** 的关系,并命名。

A   **B**   **C**

通过本实验认真领会 Fischer 投影式的投影规则,弄清构象与构型的联系及差别。

参考资料

傅建熙. 有机化学. 北京:高等教育出版社,2000。

实验 57　系列设计性实验

目的要求

(1) 通过对具体待测物质分析方案的设计,培养学生分析和解决问题的能力,同时加深对理论知识的理解和应用,做到理论联系实际。

(2) 要求学生通过查阅有关资料自行设计实验方案,经指导教师审阅同意后,独立完成实验并写出实验报告。

分析方案的综合设计

分析方案的综合设计,应考虑以下几个主要方面:

1. 采样

采样是分析程序中极其重要的一环,采样不正确,测定再准确也徒劳无功,甚至可能得出错误的结论。因此,所采集的样品必须具有代表性。根据分析对象是气体、液体或固体,采用不同的采样方法。总之,使得所采集的样品真实地反映待测对象的信息。

2. 试样的分解

试样在分析前必须经过预处理制备成溶液。应根据分析对象和分析方法来选择溶剂。

在基础分析化学的综合设计中,若试样为矿石,则往往需用熔融法才能将试样溶解完全。若为无机盐类,可用水溶解,但应注意离子的水解和生成碱式盐沉淀等问题(如 BiOCl),采取相应的措施抑制其发生。

稀 HCl 和稀 HNO_3 能溶解许多试样。当有难溶于稀酸的物质存在时,可用浓酸溶解,尤其是选择 $HClO_4$ 及 HF。用 HNO_3 溶解时,NO_3^- 有氧化性,应注意可变价离子的变价可能性。如果试样中有铅元素,则不能用含 H_2SO_4 的溶剂溶解,因为这时会析出 $PbSO_4$ 沉淀。

3. 试样的成分分析

未知成分的试样,应用定性分析方法进行鉴定,在确定成分后进行含量测定。

4. 分析方法的选择

从分析对象来说,应考虑是有机物还是无机物试样。从要求分析的组分来说,有主量分析和全量分析。从所测组分的含量来说,有常量分析和微量分析的问题,需要决定是选择适合常量分析的滴定分析法、重量分析法,还是选用微量分析法(如分光光度法和原子吸收法等)。此外,现代分析中还有状态分析、形态分析、表面分析和微区分析等。

在用滴定分析法进行分析时,应特别注意浓度、温度、酸度和干扰物质的影响。

在设计分析方案时,滴定剂的浓度和被滴物取样量一般为酸碱、氧化还原、沉淀滴定按浓度 $0.1mol \cdot L^{-1}$ 来设计和取量,而配合滴定,是以浓度 $0.01mol \cdot L^{-1}$ 考虑取量。

对于试样中的干扰组分应设法消除其干扰。消除干扰的方法主要有两种:一种是分离法;一种是掩蔽法。常用的分离方法有沉淀分离法、萃取分离法和色谱分离法等。常用的掩蔽方法有沉淀掩蔽法、配位掩蔽法和氧化还原掩蔽法等。

根据待测组分的性质、含量和对分析结果的要求以及实验室的具体情况,选择最合适的分析方法。

5. 分析方案的设计要求

设计分析方案要求具体、详细,内容应包括以下几项。

(1) 实验原理。根据学过的理论知识加以阐明、论述。如酸碱滴定法,应阐明选用的标准溶液(包括标准溶液的配制和标定)、滴定反应、化学计量点的 pH 计算、滴定终点的指示(是选择合适的酸碱指示剂还是用电位法指示滴定终点)以及滴定方式等。

(2) 所用仪器和试剂(规格)。

(3) 实验步骤:包括取样、标液的配制及标定、试样组分的鉴定和组分含量的测定。

(4) 测定结果和数据处理。

(5) 讨论:测定误差、注意事项及心得体会。

分析方案设计的题目举例

1. 滴定分析部分

1) 酸碱滴定法

(1) 草酸试样中 $H_2C_2O_4$ 质量分数的测定。

(2) NaH_2PO_4-Na_2HPO_4 混合液中各组分含量的测定。

(3) NH_3-NH_4Cl 混合液中各组分含量的测定。

(4) $NaOH$-Na_2CO_3 固体试样中各组分含量的测定。

2) 配位滴定法

(1) 自来水中 Ca^{2+}、Mg^{2+} 含量的测定

(2) Cu^{2+}-Pb^{2+} 混合液中 Cu^{2+}、Pb^{2+} 含量的测定。

(3) 石灰石中 Ca^{2+}、Mg^{2+} 含量的测定。

(4) 黄铜中 Cu、Zn 含量的测定。

(5) 胃舒平药片中 Al_2O_3 及 MgO 含量的测定

3) 氧化还原滴定法

(1) KIO_3 和 KI 混合液中各组分含量的测定。

(2) 褐铁矿中铁含量的测定。

(3) 钢铁试样中 Cr、Mn 含量的测定。

(4) 植物中还原糖的测定。

(5) 维生素 C 药片中抗坏血酸含量的测定。

4) 沉淀滴定法

(1) $NaCl$-Na_2SO_4 混合液中 Cl^-、SO_4^{2-} 含量的测定。

(2) HCl-$FeCl_3$ 混合液中 HCl、Fe^{3+} 含量的测定。

(3) 银合金中银含量的测定。

2. 重量分析法

(1) 可溶性钡化合物中钡含量的测定。

(2) 钢铁中镍含量的测定。

(3) 植物或肥料中钾的测定。

3. 微量分析中的分光光度法

(1) 水中铜等重金属含量的测定。

(2) 水中 $Cr(VI)$ 的测定。

(3) 水中 Fe^{3+}/Fe^{2+} 含量对比分析测定。

4. 混合离子的分离及鉴定

(1) 如何证明某晶体是明矾？

(2) 已知混合液的分离和鉴定。

① Cd^{2+}、Al^{3+}、Zn^{2+}、Ca^{2+}、Fe^{3+}、NH_4^+ 混合液。

② SO_4^{2-}、PO_4^{3-}、SO_3^{2-}、CO_3^{2-}、NO_3^-、Cl^- 的混合液。

(3) 未知混合液的分离和鉴定：可能含有 Hg^{2+}、Cu^{2+}、Al^{3+}、Fe^{3+}、Zn^{2+}、

Sn^{4+}、Ba^{2+}、NH_4^+、Cu^{2+} 混合液。

5. 综合性设计实验

(1) Na_2CO_3 的制备与分析。

(2) 五水硫酸铜晶体的制备及结晶水含量的测定。

(3) 硫代硫酸钠的制备和应用(由 $Na_2S \rightarrow Na_2S_2O_3$)。

(4) 三氯化六氨合钴(Ⅲ)的合成和组成测定。

(5) 生物体中钙、铁、磷元素的定性鉴定。

(6) 铝合金的综合分析。

参考资料

1. 武汉大学. 分析化学. 北京:高等教育出版社,1999。

2. 武汉大学. 分析化学实验. 北京:高等教育出版社,1999。

实验 58　一组计算机模拟实验

实验内容

1. 硫代硫酸钠的制备

了解非水溶剂重结晶的一般原理,掌握硫代硫酸钠的合成原理及操作。

2. 阿伏伽德罗常量的测定

了解电解法测定阿伏伽德罗常量的原理和方法,学习电解操作。

3. 原电池

通过锌铜原电池,了解原电池的工作原理和电化学的基本知识。

4. 由三氧化二铬制备重铬酸钾

掌握由铬矿制备重铬酸钾的原理,熟悉有关铬化合物的性质。

5. 结晶学初步

通过对各种模型的操作,初步了解晶体的基本结构特点。

6. C_{60}

了解 C_{60} 的发现、制备和结构特点。

7. 凝胶法生长难溶酒石酸钙单晶体

了解凝胶法生长难溶物质的基本操作步骤和原理。

8. 一水草酸钙的热化学分析

了解热重分析的基本原理和操作,掌握应用热重分析研究物质性质的方法。

9. 酸碱滴定分析

通过模拟,正确掌握滴定分析的操作方法。

10. 基本有机化合物分离、提纯操作技术

回流操作、蒸馏操作、分馏操作、水蒸气蒸馏操作、减压蒸馏操作、升华以及色谱等基本操作。通过模拟,掌握其正确的操作方法。

参考资料

1. 大连理工大学. 有机化学实验 MMCAI 教学课件. 北京:高等教育出版社,1999。
2. 南开大学. 无机化学模拟实验. 北京:高等教育出版社,2000。

第9章 研究性实验项目

随着教育质量工程的进一步推进,学生的创新精神和创新能力的培养受到特别关注,教学方法和学习方法的改革引起高度重视。为了顺应教学改革的需要,本章设计了 7 个探究式的研究性实验,通过开放实验室,为学生搭建一个自主学习、研究的平台。在选题上注意结合农林科专业特点,体现绿色化学理念以及环境保护意识。

实验 59 肉桂醛酰腙配合物的合成及抑菌活性研究

项目内容

本课题以没食子酸为原料首先合成没食子酸甲酯,以没食子酸甲酯肼解得到没食子酰肼,再将具有抑菌活性的肉桂醛与没食子酰肼缩合成目标配体,合成的配体是一类以氮和氧原子为配位原子,与生物环境较接近,具有强配位能力和优良生物活性的配体,且廉价易得。本项目中开展多种合成方式与 Cu 和 Ag 等过渡金属形成配合物,进行抑菌活性测试,对结构与抑菌活性进行初探,有望合成出结构新颖、易于降解,环境友好型的高抑菌活性的肉桂醛酰腙配合物。

项目特色及创新点

肉桂醛是用途广泛的有机合成原料,在食品添加剂、化妆品、医药、防腐剂和杀菌剂等方面都有广泛的应用,据文献报道含 C═N 结构的化合物一般都具有杀菌、除草和植物调节活性。将肉桂醛与酰肼缩合在结构上引进 C═N,另外生物体内的酶促反应都有金属离子参加,所以酰腙类配体与细胞中的过渡金属形成稳定的螯合物会影响其生物活性。根据这些特点可以选肉桂醛酰腙为目标配体,进一步改善配体及其配合物的溶解性,生物活性,合成出具有良好抗菌、抗病毒、仿生催化等生物活性的希夫碱配合物。

创新之处

1. 将已具有活性的肉桂醛与抗氧化活性较高、水溶性好的没食子酸酰肼结合,理论上有望得到更高抑菌活性的配合物。

2. 采用水热合成结合溶剂蒸发法、微波合成法合成肉桂醛酰腙配合物。

3. 明确结构关系,归纳、寻找构效关系。

项目实施方案及时间安排

1. 查阅文献资料(1 周)

在实验开始时,由学生查阅文献资料并设计实验方案,经教师同意后方可进行实验。

2. 个人探索实验(4 周)

学生需在 2 周的时间内完成以下基本内容:
(1) 以肉桂醛、没食子酸为原料,经脂化、酰化、肼解、缩合而成肉桂醛没食子酸酰肼(L)。(2 周)
(2) 以 L 为配体与过渡金属合成配合物。(1 周)
(3) 采用滤纸片法进行抑菌活性实验。(1 周)

3. 实验报告、总结(1 周)

在探索实验中,学生应将每天的实验内容记入实验日记,然后根据实验日记书写实验报告。报告内容按实验要求写出。

对学生的要求

1. 具有查阅中英文文献和学习总结文献的能力。
2. 具有一定的创新思想和实验设计能力。
3. 具有良好的实验动手能力。
4. 仔细严谨,做实验有条理,对所从事的科研工作有兴趣。

实验 60　棉籽的利用开发的新工艺研究

项目内容

本项目以棉籽为研究对象,对棉籽中的几种重要成分进行分步提取研究。根据蛋白质、油脂、糖类、酚类等成分的性质特点,总结当今各种提取技术的利与弊,设计出更加高效、节能、环保的棉籽利用开发新工艺。

项目特色及创新点

我国是世界第一产棉大国,棉籽年产量为 1100 万吨。棉籽中一般壳占 39%～52%,棉仁占 48%～61%。棉仁中含油 30%～35%,含蛋白 35%～45%。

棉籽不仅是很好的油料资源,也是一种亟待开发利用的主要蛋白质资源。棉籽蛋白的氨基酸组成平衡,接近理想模式。由于棉酚的存在,棉粕在饲料中的添加量受到限制。传统工艺由于采用了高温蒸炒、高温压榨和预榨工艺制油后的棉饼(粕)中结合棉酚的含量很高,且其游离棉酚含量仍然较高。高温工艺使得大量色素固化,以及糖类和磷脂类物质焦化,造成棉粕呈棕褐色,在饲料中的添加量受到了限制,还影响了油脂的提炼。

新工艺技术特点

1. 采用低温一次浸出工艺处理棉籽,最大程度地避免了蛋白质的热变性和破坏,保证棉籽蛋白产品的营养效价。降低了能耗。

2. 采用溶剂分步萃取棉籽油和脱除棉酚,保证提油和脱酚的快速、彻底。

3. 快速萃取出大量的游离棉酚,避免变性棉酚、结合棉酚及其他形式的棉酚衍生物的生成。

4. 脱酚的同时,去除棉籽仁中的棉籽糖、单宁、植酸、黄曲霉毒素以及农药残留等有毒有害物质。

5. 低温工艺使色素不被固化到物料和油品中,毛油中色素含量低,油品质量得到全面保证。

6. 保证溶剂的分离和回收,使溶剂的消耗降到最低程度,从而保证项目能达到可观的经济效益。

项目实施方案及时间安排

1. 系统查阅相关资料,充分了解当今棉籽提取工艺的利与弊。(1周)

2. 自行设计提取棉籽中蛋白质、油脂、酚类、糖类的实验方案,在教师的指导讨论下,确定最终实验方案。(1周)

3. 对实验方案进行初步的实验实施,教师现场指导答疑。(4周)

4. 实验总结,自行进行实验结果分析及总结。(1周)

对学生的要求

1. 有一定的查阅文献学习总结的能力。

2. 具有一定的创新思想和实验设计能力。

3. 具有良好的实验动手能力。

4. 态度端正,从事研究有始有终。

实验 61　2-脱氧-D-葡萄糖杂环脲类化合物的合成及除草活性研究

项目内容

本课题以壳聚糖的单体-2-氨基-2-脱氧-D-葡萄糖和氮杂环对脲类化合物进行修饰,经化学改造,合成系列 2-脱氧-D-葡萄糖杂环脲类化合物。通过结构确认,并进行除草活性测试;将已经具有除草功能的化合物与糖和杂环进行有效的连接,很有可能得到一类结构新颖、对环境毒害较小、对人体的安全系数提高、除草活性优异的化合物。

项目特色及创新点

杂环化合物由于其结构变化多,同时具有广泛的生物活性而成为 21 世纪农药发展的热点。杂环化合物农药一般具有较高的活性,杂环化合物大多数能够在自然界中生物体内找到其相应的骨架,因此一般杂环化合物在自然界中更容易降解,有着良好的环境兼容性。这些特点表明,杂环化合物在当今农药创制中占据了非常重要的地位。糖类化合物是生物体内的可适性分子,是基本的生命物质之一,它以各种形式参与生命过程。实验证明,糖的衍生物有许多生物活性。例如,5-氟尿嘧啶葡糖氮苷具有抗肿瘤活性,1,7-二芳基-3,5-庚二醇的葡糖氧苷有杀死细胞毒素的活性等。在农药方面,很多含有糖类结构的化合物也表现出优秀的杀菌活性,如多抗霉素、井岗霉素、宁南霉素等。很多合成工作者正是注意到糖类化合物的这些生物活性,进行模拟设计和合成。

将已经具有除草功能的化合物与糖和杂环进行有效的连接,很有可能得到一类结构新颖、对环境毒害较小、对人体的安全系数提高、除草活性优异的活性功能化合物。糖类修饰脲类化合物,从溶解性来看有望解决该类化合物不溶或难溶于水的一个难题;从其功能性看,将对脲类化合物的活性有着一定的促进作用。

项目实施方案及时间安排

1. 查阅文献资料(1 周)

在实验开始时,由学生查阅文献资料并设计实验方案,经教师同意后方可进行实验。

2. 个人探索实验(4 周)

学生需在 2 周的时间内完成以下基本内容:

(1) 以 2-氨基-2-脱氧-D-葡萄糖为原料,经对甲氧基苯甲醛法、硝化、酰化、氨解、水解合成两种 2-脱氧-D-葡萄糖杂环脲类化合物。(2 周)

（2）以稗草、狗尾为实验靶标，进行除草活性实验。（2 周）

3．实验报告、总结（1 周）

在探索实验中，学生应将每天的实验内容记入实验日记。然后根据实验日记书写实验报告。报告内容按实验要求写出。

对学生的要求

1．有一定的查阅文献学习总结的能力。
2．具有一定的创新思想和实验设计能力。
3．具有良好的实验动手能力。
4．态度端正，从事研究有始有终。

实验 62　　超临界流体色谱分析番茄红素

项目内容

番茄中含有番茄红素和少量的 β-胡萝卜素，二者均属于类胡萝卜素。类胡萝卜素为多烯类色素，不溶于水而溶于脂溶性有机溶剂。本项目以超临界 CO_2 作为流动相，选择最佳的压力，温度，携带剂，研究番茄红素及其氧化产物在 C18 色谱柱上的保留值的变化规律，确定最佳的分离条件。

项目特色及创新点

番茄红素属于类胡萝卜素的一种，广泛分布于番茄、西瓜、葡萄等各种植物体中，作为多烯芳香烃，番茄红素是很强的抗氧化剂，可以消除血管中的自由基，淬灭单线态氧，对于抑制癌症有一定的效果。近年来，对番茄红素的分析方法的研究也日益增多，常用的方法是 HPLC、TLC 和紫外分光光度法等。这些方法各有特点。HPLC 准确度较高，但有机溶剂耗费多；TLC 设备要求不高，但分析时间长、精密度差；紫外分光光度法比较简单，但由于 α-、β-胡萝卜素等的干扰，容易产生较大的误差。

利用超临界流体色谱分析胡萝卜素已有报道，Lesellier E 列和 Aubert 利用超临界流体色谱对 α-胡萝卜素和 β-胡萝卜素进行了分析。但采用超临界流体色谱专门分析番茄红素还未见报道。超临界流体具有高的扩散性和较强的溶解能力，有机溶剂用量少，操作温度低等优点，本项目通过考察色谱柱温度、超临界流体的压力、超临界流体的组成及携带剂浓度等因素对番茄红素分离的影响，为研究番茄红素建立一种有力的分析分离方法。

项目实施方案及时间安排

1. 查阅文献资料(1 周)

在实验开始时,由学生查阅文献资料并设计实验方案,经教师同意后方可进行实验。

2. 个人探索实验(2 周)

学生需在 2 周的时间内完成以下基本内容:
(1) 试剂的配制、试样的制备。
(2) 提取和净化。
(3) 色谱条件的探索。

3. 实验报告、总结(1 周)

在探索实验中,学生应将每天的实验内容记入实验日记。然后根据实验日记书写实验报告。报告内容按实验要求写出。

对学生的要求

1. 有一定的查阅文献学习总结的能力。
2. 具有一定的创新思想和实验设计能力。
3. 具有良好的实验动手能力。
4. 态度端正,从事研究有始有终。

实验 63　废旧电池的综合利用

项目内容

本项目以废旧电池为研究对象,对废旧电池的回收利用进行研究。根据电池的不同成分的物理、化学性质特点,利用所学化学基础知识,熟悉无机物的提取、制备、提纯、分析等方法与技能。设计出合理回收不同成分,为保护环境、节约资源,加强废旧电池的再利用提供切实有效的方法。

项目特色及创新点

日常生活中常用的干电池为锰锌干电池,其负极为电池的壳体——锌电极,正极为被 MnO_2 包围着的石墨电极,电解质是氯化锌及氯化铵的糊状物。1 号废旧锌锰电池的组成,质量 70 g 左右,其中碳棒 5.2 g,锌皮 7.0 g,锰粉 25 g,铜帽 0.5 g,以及其他成分。国内年消费干电池 80 亿只,当电池的电量消耗完毕之后,碳棒、锌皮、锰粉、铜等还相对完好,直接丢弃造成极大的浪费。同时,电池中还含有有害物质,如 Zn、Hg、Ni、Pb 等重金属,处置不当就会造成污染。

实验特点

(1) 废旧电池的前处理,合理分离不同成分。

(2) 分离并除去电池中的有害物质,确保无环境污染。

(3) 根据不同成分制备化学粗品。

项目实施方案及时间安排

1. 系统查阅相关资料,充分了解废旧电池在环境中的危害。(1 周)

2. 自行设计实验除去废旧电池中的重金属的方法和手段;利用废旧电池的不同成分分别获得单质锌和铜、硫酸锌、氯化锌、氯化铵等粗产品。在老师的指导与讨论之下,确定实验方案。(1 周)

3. 对实验方案进行初步实施,指导教师现场指导。(1 周)

4. 总结实验,学生自主进行总结分析。(1 周)

对学生的要求

1. 具备一定的查阅和分析文献资料的能力。

2. 具有一定的创新思维和实验设计能力。

3. 具备较强的动手能力和较扎实的化学基础理论知识。

4. 态度端正,愿意从事科学研究。

实验 64　土壤样品中全氮量的测定方法研究

项目内容

1. 凯氏法定氮测定土壤中全氮量的原理及实验装置的安装。

2. 土壤样品的风干处理及消煮。

3. 指示剂的选择及滴定终点的判断。

项目特色及创新点

以实际土壤样品中全氮量的测定为主线,培养学生将所学的酸碱滴定分析、环境监测等理论知识应用于实践中,使学生通过创新实验,经历一次完整的定量分析实验过程,使其查阅文献、分析解决实际问题的能力、实验技能等得到全面的锻炼,综合能力得以进一步提升。

项目实施方案及时间安排

　　1. 查阅文献资料(1 周)

　　学生在一周时间内,查阅有关土壤样品的取样、风干处理及全氮量测定的相关文献,并提出实验方案,指导教师参与讨论,并共同确定实验方案。

　　2. 实验研究过程(4 周)

　　学生按拟定的实验方案进行实验,每周至少 4 学时,教师现场指导并答疑。

　　3. 实验总结(1 周)

　　学生在一周时间内自主进行实验结果分析及总结。

对学生的要求

　　1. 态度端正,勤于思考,有吃苦精神。
　　2. 具有一定的化学基础知识及实验技能。
　　3. 动手能力强,具有团结协作精神。

实验 65　乙酸乙烯酯共聚乳液的制备

项目内容

　　以水为分散介质,用乙酸乙烯酯为主要单体,通过选择合适的共聚单体、乳化剂和引发剂在一定的条件下合成乳液,并测试乳液的性能,探讨共聚单体、乳化剂和引发剂的种类对乳液的性能的影响,寻找综合性能优良的乳液的最佳配方。

项目特色及创新点

　　乳液聚合因其以水为介质、反应速率快、聚合反应放出的热易于扩散在水中,且产品乳液可直接用做胶黏剂和涂料、价廉环保等优点而备受关注。聚乙酸乙烯酯乳液价格便宜,但它易水解,在紫外光照射下可发生断链反应,耐光老化性能差,且其玻璃化温度为 32℃,在室温下不能成膜等缺点,因而需要对其进行改性。

　　制备综合性能更优异的聚合物乳液也需与其他单体共聚合如与氯乙烯单体共聚合可改善聚氯乙稀的可塑性或改良其溶解性,与丙烯酸共聚合可改善乳液的黏接性能和耐碱性;用外加增塑剂如邻苯二甲酸二丁酯的方法对聚乙酸乙烯酯乳液进行改性可以降低其玻璃化温度使其在室温下成膜,但增塑剂易挥发,是一种环境激素,而用共聚的方法对其进行内增塑就可避免其对环境的污染。

项目实施方案及时间安排

1. 查阅文献资料(1 周)

学生查阅相关文献资料并设计详细的实验方案,经教师同意后方可进行实验。

2. 个人探索实验(4 周)

学生需在 4 周的时间内完成以下基本内容:
(1) 以乙酸乙烯酯为主要单体,通过乳液聚合合成乳液。(3 周)
(2) 乳液性能测试。(1 周)

3. 实验报告、总结(1 周)

学生应将每天的实验内容记入实验日记。然后根据实验日记书写实验报告。报告内容按实验要求写出。

对学生的要求

1. 有一定的查阅文献自主学习的能力。
2. 具有一定的创新思想和实验设计能力。
3. 具有良好的实验动手能力。
4. 态度端正,从事研究有始有终。

第 10 章 英文原文引入实验

实验 66 Preparation of 2,4-dinitrochlorobenzene

Chlorine is an ortho-para directing but deactivating group. After introduction of one nitro group the ring is strongly deactivated, and control of the reaction to give the mono- or dinitro product is easily achieved because of the large difference in rates. Mononitration gives significant amounts of both ortho and para isomers; separation of the major product is readily effected by crystallization.

$$(10 - 1)$$

Mononitration

In a 125mL Erlenmeyer flask place 8mL of concentrated nitric acid and then add 8mL of concentrated sulfuric acid. Swirl the mixture and cool in a cold-water bath to 20 to 22℃. Obtain 3mL of chlorobenzene and with a pipet and bulb, add the chlorobenzene a few drops at a time to the acid. Mix thoroughly by swirling after each addition, and keep the mixture at room temperature by placing the flask in a cold-water bath as needed; do not cool below 20 to 22℃. After all of the chlorobenzene has been added, swirl the mixture for another five minutes and then cool it in an ice bath.

Add about 20 g of chopped ice to the flask and stir with scraping to break up the solid lumps of product. Allow any excess ice to melt and then collect the solid by suction filtration on a Hirsch funnel. Press the solid on funnel and wash with a little water . Remove a small sample and dry it on filter paper for melting point and TLC . Recrystallize the rest of the solid in a test tube (18mm×150mm or 25mm×100mm). Add 5 mL methanol, heat to boiling in a steam or hot-water bath, and then add just enough methanol (1 to 2mL) to dissolve all of the solid at the boiling point. Allow cooling, and then chilling in an ice bath, collecting the solid, and spreading the crystals on glassine paper to dry.

Determine the melting points of the crude and recrystallized samples, identify the product, and calculate the percentage yield. Compare samples of the crude and recrystallized product and the recrystallization mother liquor by TLC using hexane: chloroform 9 : 1 as developing solvent.

Dinitration

In a 125-mL Erlenmeyer flask, place 8mL of concentrated nitric acid. Place the flask in the hood and add 20mL of concentrated sulfuric acid. Swirl the flask to mix the acids and then, without cooling, add 3mL chlorobenzene in one portion. A vigorous exothermic reaction will occur, with evolution of brown fumes. Hold the flask by the neck, using a loop of towel if it is too warm to handle, and swirl steadily for 10 minutes to keep the layers well mixed. The heat of reaction will keep the mixture at the right temperature (about 60 to 70℃).

After 10 minutes the evolution of fumes should be nearly stopped. Cool the flask by swirling it in an ice bath and add ice, a few pieces at a time at first, swirling to keep the mixture cold, Continue adding ice until the flask is about half full, and then stir with a glass rod until the product solidifies. (CAUTION: 2,4-dinitrochlorobenzene is irritating to the skin and causes a burning sensation; if contact occurs, wash the area thoroughly with soap and water.) When all the ice has melted, collect the product by suction filtration on a Hirsch funnel. Press the solid on the funnel and wash with a little water. Remove a small sample of the solid and dry on filter paper for determination of melting point and TLC.

Transfer the rest of solid to a test tube, add about 5mL of methanol, and warm until the solid dissolves and forms an oily lower layer. While the solution is warm, add just enough additional methanol, stirring after each mL is added, to give a homogeneous solution. Since the product has a low melting point, it will separate as an oil as the solution cools. Rub the oil droplets gently on the wall of the tube while the solution is at room temperature until crystals begin to form.

Then cool, with stirring, and keep the mixture in an ice bath for several minutes. Collect the solid, press on the filter, and allow the crystals to dry.

Determine the melting points of the crude and recrystallized solid and calculate the yield of the purified product. Compare samples of the crude and recrystallized solid and the recrystallization mother liquor by TLC.

实验 67　pH Titration of H_3PO_4 Mixtures, Calculation of K_1, K_2 and K_3^*

Purpose

In this experiment the titration of pure H_3PO_4 and H_3PO_4 with HCl or NaH_2PO_4 is followed by measuring the pH of the solution after each addition of NaOH titrant. From this data, K_1, K_2 and K_3 of H_3PO_4 may be calculated. In addition the amount of HCl, H_3PO_4 and NaH_2PO_4 present in the sample may be determined.

Apparatus

pH meter

pH electrode (glass) and reference electrode (SCE or Ag | AgCl) or combination pH electrode

magnetic stirrer; beakers (2), 300mL, tall form; graduated cylinder, 100mL; volumetric flasks (2), 100mL; buret, 50 mL; pipet, 25mL

Chemicals

0. 100mol • L^{-1} sodium hydroxide [NaOH], standard

Sample 1: Approximately 0.1 mol • L^{-1} phosphoric acid [H_3PO_4] diluted to mark in a 100mL volumetric flask* *

Sample 2: Approximately 0.1 mol • L^{-1} H_3PO_4, plus hydrochloric acid [HCl] or sodium phosphate [NaH_2PO_4], monobasic diluted to mark in a 100 mL volumetric flask.

Buffer, for standardization of pH meter: pH 4.0, commercial, or pH 3.57, saturated potassium acid tartrate [$KHC_4H_4O_6$], approximately 0.6 g per 100mL

Theory

During the course of the titration, addition of OH^- will not significantly increase the pH of the solution until most of the HCl has been neutralized and the H_3PO_4 has been changed into $H_2PO_4^-$.

$$H_3PO_4 + OH^- \longrightarrow H_2PO_4^- + H_2O \qquad (10-2)$$

Further addition of OH^- will increase the pH of the solution, yielding the first break in the titration curve at the equivalence point.

Additional OH^- will then react with the second hydrogen ion, converting $H_2PO_4^-$ into HPO_4^{2-}.

$$H_2PO_4^- + OH^- \longrightarrow HPO_4^{2-} + H_2O \qquad (10-3)$$

Until this conversion is almost complete, only a small change in pH of the solution upon addition of base is observed (i. e. , a buffered solution). As the conversion is completed, there is an accompanying sharp rise in pH of the solution.

The third hydrogen ion reacts only partially with OH^-, yielding PO_4^{3-}.

$$HPO_4^{2-} + OH^- \longrightarrow PO_4^{3-} + H_2O \qquad (10-4)$$

The pH of the solution rises only very gradually with the continued addition of OH^-. (Why?)

Further discussion of the titration curve will come in the section on treatment of data.

Note

Most of the difficulties of this assignment result from improper care and handling of the pH meter, and, even more important, failure to understand the principles of titrating polyprotic acids and their salts. Many students have produced a great deal of very fine data only to find that they have done the wrong titrations or cannot calculate their results correctly. The directions here are intentionally vague in some respects in order to give the student a chance to apply his theoretical knowledge. Consult the instructor if necessary.

Electrodes are fragile, so care must be taken to avoid bumping or scratching them. Although most newer electrodes are constructed with a plastic body shield, it is still possible to damage the thin glass tips, particularly with a magnetic stirring bar. Electrodes must not be removed from a solution while the meter is indicating, as damage to the meter is possible. When the instrument is not in use, it should be kept on STANDBY and the electrodes should be immersed in distilled water to rnaintain hydration.

Procedure

Set up a titration assembly similar to the one shown in Fig. 10-1. Turn on and standardize the pH meter, following the instructions supplied with the instrument. A set of very general instructions which apply to many meters is given in the text of the chapter. For precise results, it is preferable to standardize the meter using two buffers, one at pH 7, the other at pH 4. In the event only one buffer is used, it should be the one around pH 4. Rinse the electrodes with distilled water after using the buffer. Care must be taken to prevent rinse water or any other liquid from entering the filling hole of the reference electrode. Keep the electrodes immersed in distilled water until your sample is ready to titrate.

Take a 25 mL aliquot of H_3PO_4 solution (Sample 1) and dilute it with distilled water to 100mL in 300mL tall-form beaker.

Wash the electrodes (or the combination electrode) thoroughly with distilled water, and introduce them in such a way that they will not touch each other, the side or bottom of the beaker, or the stirring bar.

Place the magnetic stirring bar in the beaker, taking care that the bar will clear the electrodes.

Keep the solution well stirred throughout the titration. Record the pH of the solution before adding any of the titrant. The first few additions of titrant (0.100 mol • L^{-1} NaOH) may be rather large, 3 to 4mL. Readings of pH and volume are taken after each addition. When the pH begins to change rather rapidly, the size of the additions should be greatly decreased. In the neighbourhood of the end points, the additions should be reduced to 0.1mL. The titration should be continued until a pH of 12 is obtained. If necessary, repeat the titration to obtain sufficient points around the end points. Rinse and store the electrodes in distilled water.

Take a 25mL aliquot of H_3PO_4 plus HCl or NaH_2PO_4 (Sample 2) and dilute it with distilled water to 100mL in a 300mL tall-form beaker or Erlenmeyer flask.

Carry out a titration in the same manner as with Sample 1. Again, repeat the titration if necessary to obtain sufficient readings.

Treatment of Data

For each set of data, plot pH vs. milliliters of NaOH added on fine-ruled graph paper (ruling of 10 by 10 to the cm is desirable). Determine the end points from these graphs using the method designated by the instructor. (See text of the chapter for the various methods of end-point detection.)

Calculate the molarity and the number of grams of H_3PO_4 and HCl or NaH_2PO_4 present in your samples.

Calculate K_1, K_2, K_3 and the equilibrium constant for Eq. (3) from your data for the pure H_3PO_4 (Sample 1) and for the mixture of H_3PO_4 plus HCl or NaH_2PO_4 (Sample 2).

Be sure to take into account increased volumes when calculating concentrations at all points on the curve, remembering the initial aliquot volume.

Calculation of K_1, K_2 and K_3

In this discussion, it is assumed that the sample is pure H_3PO_4; it is left to the student to develop the proper equations for his particular sample 1.

One way of calculating K_1 is as follows:

$$H_3PO_4 \longrightarrow H_2PO_4^- + H^+ \qquad (10-5)$$

$$K_1 \cong \frac{[H_2PO_4^-][H^+]}{[H_3PO_4]} \qquad (10-6)$$

From the initial pH reading the concentration of H^+ in solution at the beginning of the titration may be calculated. Ionization of H_3PO_4 gives $H_2PO_4^-$ and H^+, and hence $c(H_2PO_4^-) = c(H^+)$. The concentration of H_3PO_4 can be calculated from the amount of NaOH used in reaching each end point. This is the original concentration of H_3PO_4. The concentration of H_3PO_4 remaining in solution after ionization is the original concentration less the concentration of H^+. Similar arguments can be made for the case in which HCl or NaH_2PO_4 are present in the original H_3PO_4 solution.

There is another method for calculating K_1. Stoichiometrically, the point halfway to the end point should give equal concentrations of $H_2PO_4^-$ and H_3PO_4, in which case K_1 would equal the H^+ concentration.

$$K_1 = \frac{[H^+][H_2PO_4^-]}{[H_3PO_4]} = [H^+] \qquad (10-7)$$

However, because K_1 is relatively large, at the halfway point B, $[H_2PO_4^-] > [H_3PO_4]$, due to the ionization of H_3PO_4 to $H_2PO_4^-$ and H^+. Hence an indirect method must be used in calculating K_1.

Starting at point A in Fig. 10-1 calculate the moles of acid added to reach point B (adding acid from A to B is the equivalent of adding base from B to A). From this calculate the H^+ concentration added.

From the pH value at B calculate the H^+ concentration actually present in the solution. The difference in H^+ concentrations ($H_{added}^+ - H_{pH}^+$) is a measure of the H^+ used in converting $H_2PO_4^-$ to H_3PO_4.

$$H^+ + H_2PO_4^- \longrightarrow H_3PO_4 \qquad (10-8)$$

The concentration of H^+ used is a measure of the concentration of H_3PO_4 formed. From the pH, the value of the H^+ concentration in the solution can be determined.

The actual concentration of $H_2PO_4^-$ in solution at point B is the concentration at point A less the concentration of H_3PO_4 which is present at point B. Dilution corrections must be made for the $H_2PO_4^-$ concentration observed at point A when it is used at point B. With $[H^+]$, $[H_3PO_4]$ and $[H_2PO_4^-]$ known, K_1 may be determined.

K_2 can be calculated as follows:

$$H_2PO_4^- \longrightarrow HPO_4^{2-} + H^+ \qquad (10-9)$$

$$K_2 = \frac{[H^+][HPO_4^{2-}]}{[H_2PO_4^-]} \qquad (10-10)$$

Point C in Fig. 10-1 represents a mark halfway to the second end point. Hence,

$$[HPO_4^{2-}] = [H_2PO_4^-] \qquad (10-11)$$

$$K_2 = [H^+] \qquad (10-12)$$

K_2 may be determined from the pH value.

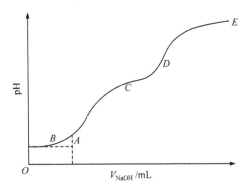

Fig. 10-1   potentiometric titration curve
for titration of H_3PO_4 with NaOH

The following describes the calculation of K_3:

$$HPO_4^{2-} \longrightarrow PO_4^{3-} + H^+ \qquad (10-13)$$

$$K_3 = \frac{[PO_4^{3-}][H^+]}{[HPO_4^{2-}]} \qquad (10-14)$$

Because of the small value of K_3, an indirect method must also be used in calculating its value.

Calculate the amount of NaOH added from the end point D to any selected point E on the top, level part of the curve. Then calculate the concentration of OH^- added.

$$OH_{added}^- = \frac{\text{mL NaOH}(E-D) \times M}{\text{vol. at } E} \qquad (10-15)$$

The actual measure of the OH^- concentration can be determined from the pH of the solution at E. The difference in the concentrations $(OH^-_{added} - OH^-_{pH})$ is a measure of OH^- used to convert HPO_4^{2-} to PO_4^{3-}, thus their concentrations may be determined.

The OH^- concentration of the solution comes from the pH value.

With the concentrations of H^+, HPO_4^{2-}, and PO_4^{3-} known, K_3 may be determined.

Questions

1. Comment on the statement that a buffer is a mixture of a conjugate acid and base.

2. Why is a saturated solution of potassium acid tartrate $(KHC_4H_4O_6)$ acceptable as a pH standard? Is it a buffer?

3. How accurate is K_1? K_2? K_3? Why?

4. In the calculation of the K value for a 0.01 mol $\cdot$ L^{-1} monobasic acid, in what pH range may ionization (of HA) and hydrolysis mol $\cdot$ L^{-1}(of A^-) be neglected?

5. Sketch your electrode system and label each part and each chemical. Describe the function of each.

6. What is the difference between pH and $p_\alpha(H)$? Which quantity is measured by a pH meter?

* 引自: D. T. Sawyer, W. R. Heineman, and J. M. Beebe. Chemistry experiments for instrumental method. New York: John Wiley and Sons, Inc., 1984.

** Sample 1 is optional, it is included to enable comparison of pure H_3PO_4 with a mixture of H_3PO_4 and another acid.

实验 68　Redox Processes and Faraday's Law

Introduction

Redox processes are chemical reactions in which substances undergo a change in oxidation number. For example, the dissolution of metallic zinc in aqueous hydrochloric acid (Eq. 10 – 16)

$$Zn + 2HCl \Longleftrightarrow ZnCl_2 + H_2 \qquad\qquad (10-16)$$

involves oxidation and reduction because zinc increases in oxidation number (from zero in the atom to $2+$ in $ZnCl_2$) and hydrogen decreases in oxidation number (from $1+$ in HCl to zero in H_2). Remember that all redox reactions can be considered to occur because of electron transfer. One process (oxidation) involves a loss of electrons whereas the other (reduction) involves a gain of electrons. Thus, Equation (10 – 16) can be broken down into two steps (half-reactions), one (Eq. 10 – 17) supplying the electrons required for the other (Eq. 10 – 18).

$$Zn \Longleftrightarrow Zn^{2+} + 2e \qquad\qquad (10-17)$$

$$2H^+ + 2e \Longrightarrow H_2 \qquad\qquad (10-18)$$

One important point should be noted in redox processes, viz. , the total number of electrons produced in one half-reaction is the number of electrons consumed in the other half-reaction; there is no excess charge left over when the process is completed. Since equations such as Eq. 10 – 17 and Eq. 10 – 18 are balanced with respect to mass and charge, they provide the basis for establishing the equivalency between mass and charge. Thus, Eq. 10 – 17 indicates that one mole of zinc produces two mole of electrons when it dissolves. From a chemical point of view, a mole of electrons is a fundamental amount of electricity in the same way that a mole of a substance is a fundamental amount of matter; both represent the same number of particles, i. e. , Avogadro's number. A mole of electrons is called a Faraday, after Michael Faraday, who discovered the basic laws which relate electricity to matter. One Faraday of electricity will produce or consume an equivalent (in terms of electron transfer) amount of matter; this amount is called the equivalent weight of the substance. For example, from Eq. 10 – 17 we see that one mole of electrons (which is Avogadro's number and hence, also called one Faraday) is produced by 1/2 mole (65. 37g/2 = 32. 69g) of zinc. Equation 10 – 18 indicates that each mole of electrons produces 1/2 mole of H_2 (2. 00g/2 = 1. 00g). Thus, when zinc and hydrogen are involved in a redox process 32. 69g of zinc and 1. 00g of H_2 are equivalent quantities in the sense that they are both involved in 1 mole of electrons. 32. 69g and 1. 00g are said to be the *equivalent weights* of zinc and hydrogen, respectively.

Reaction 10 – 17 and 10 – 18 occur when zinc and aqueous HCl are brought together, the electron transfer occurring at the metal surface. It is also possible to arrange reactions 10 – 17 and 10 – 18 to occur in an *electrochemical* system where the electrons travel through an external circuit.

In this experiment we will reduce hydrogen ions (Eq. 10 – 18) in one electrochemical cell at the same time that we oxidize an unknown metal in another electrochemical cell. We shall arrange to have the cells in series so that the same current (same number of electrons) passes through both cells. By measuring the amount of hydrogen gas liberated, we have a measure of the number of electrons passed through the cell. This information together with the weight loss of the metal electrode (Eq. 10 – 19)

$$M \Longrightarrow M^{n+} + ne \qquad\qquad (10-19)$$

should provide sufficient information to identify the metal.

Procedure

Set up the apparatus as shown in Fig. 10 - 2. A burette, which will be used to measure the volume of gas liberated, is placed in a beaker containing 100mL of 1 mol $\cdot$ L^{-1} H$_2$SO$_4$. The other 100mL beaker contains 100mL of 0.5mol $\cdot$ L^{-1} KNO$_3$ solutions. A piece of heavy nichrome wire acts as an electrical connector between the beakers. Nichrome is used because this alloy is relatively inert and the components will not become involved in the redox processes which will occur upon electrolysis. The electroactive electrodes are a piece of heavy copper wire coated with waterproof insulation in the H$_2$SO$_4$ solution and a piece of the unknown metal in the KNO$_3$ solution. The current will be supplied by a suitable power source provided by your instructor.

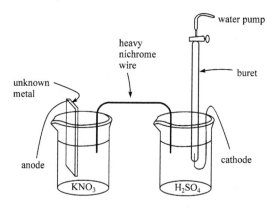

Fig. 10 - 2   Apparatus for this experiment

Use the following procedure to conduct the electrolysis.

(1) Draw some H$_2$SO$_4$ solution to the buret tip using a piece of rubber tubing and a water pump. Make certain the buret stopcock is greased before you draw the acid up. The acid level in the buret should be near the stopcock but on the graduations. Check the level after a few minutes to make certain that the stopcock does not leak. Record the acid level in the buret.

(2) Make certain the copper wire cathode is well within the buret. There should be no bare wire exposed to the solution outside of the buret.

(3) Weigh, and record the weight of the unknown metal.

(4) Attach the metal to the anode using a spring clip.

(5) Start the electrolysis by immersing the anode in the KNO$_3$ solution. Do not immerse the spring clip in the solution. Hydrogen gas should immediately be

generated at the cathode and collected in the buret. Collect about 50 mL of gas and record the liquid level in the buret. Disconnect the power source, record the temperature of the room and the atmospheric pressure. You may see a cloudyness appearing at the anode while the electrolysis proceeds. This will not affect your experiment.

(6) Open the stopcock on the buret, draw acid to the top of the graduations, read the buret, reconnect the power source, and generate approximately 50 mL of hydrogen again. Record the level of acid in the buret, the pressure and temperature of the room.

(7) Remove the metal anode, rinse it with distilled water, and quickly with 1 mol • L^{-1} acetic acid, again with distilled water, and then with acetone. Let the acetone evaporate in air and weigh the anode; record the weight. If the anode has acquired a flaky coating, you will have to scrape this off, and then rinse ang dry the electrode.

Data Analysis

Assume that the following information was obtained in this experiment. Upon electrolysis the anode lost 0.232g while 27.2mL H$_2$(g) (measured at 25℃ and 752 torr[①]) are produced.

(1) Calculate the number of moles of hydrogen formed using the ideal gas law.

$$pV = nRT$$

Since the hydrogen was collected over 1mol • L^{-1} H$_2$SO$_4$ it contains water vapor; we must correct for the partial pressure of water over 1mol • L^{-1} H$_2$SO$_4$ (see Table 10-1). At 25℃ the vapor pressure of water over 1mol • L^{-1} H$_2$SO$_4$ is 22.4torr. Thus, the pressure of hydrogen is 752−22.4=730torr. Rearranging the ideal gas law for the number of moles of gas gives:

$$n = \frac{pV}{RT}$$

Substituting the appropriate quantities yields

$$n = \frac{(730\text{torr})(0.0272\text{L})}{\left(62.36 \dfrac{\text{torr} \cdot \text{L}}{\text{mol} \cdot \text{K}}\right)(298\text{K})} = 1.07 \times 10^{-3}\text{moles}$$

---

① torr 为非法定单位,1torr=1.333 22×10^{2}Pa,下同。

Table 10 - 1　The Vapor Pressure of Water Over a 1mol · L^{-1} H$_2$SO$_4$ Solution

T/℃	0	5	10	15	20	25	30	35	40	45	50
p/torr	4.38	6.30	8.80	12.3	16.6	22.4	30.0	40.1	52.9	68.1	88.5

(2) Calculate the number of Faradays of electrons passed through the circuit. Since 1 mole of H$_2$ requires 2 Faradays, the number of Faradays passed is

$$2 \times 1.07 \times 10^{-3} = 2.14 \times 10^{-3}$$

But this must be the number of equivalents of metal oxidized (lost) at the anode. Thus the equivalent weight of the metal is given by

$$\text{eq. wt.} = \frac{\text{g. metal oxidized}}{\text{Faradays passed}} = \frac{0.232\text{g}}{2.14 \times 10^{-3}} = 108\text{g}$$

The metal must have an atomic weight which is a whole number multiple of 108. Inspection of the atomic weights of the elements indicates that the metal is probably silver.

In a similar fashion, calculate the equivalent weight of your unknown metal.

Error Analysis

Estimate the maximum uncertainty in the equivalent weight of your metal that arises from the following sources.

(1) An error of ±3℃ is made in the temperature at which H$_2$ is collected.

(2) The volume of H$_2$ is determined at 25℃ but a correction for the vapor pressure of water is not made.

(3) The barometric pressure is in error by ±7 torr.

(4) The weight of the anode is in error by ±0.001g.

(5) The concentration of the KNO$_3$ is in error by ±0.1 mol · L^{-1}.

(6) The concentration of H$_2$SO$_4$ is in error by ±0.1 mol · L^{-1}.

Describe the error expected if the following experimental conditions obtained.

(7) The copper anode was not insulated.

(8) The spring clip attached to the anode was immersed while the electrolysis occurred.

实验 69　Transforming Bengay into Aspirin

Overview

In this experiment you will isolate methyl salicylate from a muscle pain relief ointment, such as Bengay, and transform it into aspirin by a series of reactions. Bengay (original formula) contains two active ingredients, methyl salicylate (18. 3%) and menthol (16%), in a matrix of wax and other inactive compounds. Methyl salicylate is also known as **wintergreen oil** and has a sweet and minty smell. It is used in perfumery and as a flavoring agent in candy manufacture.

methyl salicylate   menthol

Methyl salicylate is a phenol and an ester. The ester group can be hydrolyzed to afford salicylic acid. In the presence of acetic anhydride, the phenol group of salicylic acid reacts, readily yielding aspirin.

methyl salicylate

salicylic acid

heat

acetic anhydride

acetylsalicylic acid
aspirin

The whole transformation from Bengay to aspirin encompasses several steps. The first step is the extraction of methyl salicylate and menthol from the ointment, followed by their separation. Whereas methyl salicylate and menthol are soluble in methanol, the inactive ingredients, such as wax, are not. The methanol extract is evaporated and the residue, consisting of methyl salicylate and menthol, is separated by acid-base extraction. Both menthol and methyl salicylate are insoluble in water, but methyl salicylate is soluble in basic aqueous solutions because the phenol group is dissociated at high pH. Menthol is a neutral compound (an alcohol) and does not react with bases. Thus, a mixture of the two can be separated by extraction with a sodium hydroxide solution. An outline of the separation is shown in the chart below.

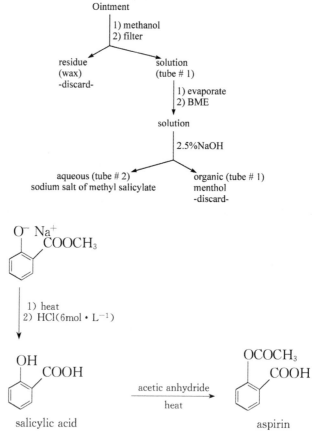

After the separation of methyl salicylate, you will perform its hydrolysis under basic conditions (saponification) followed by acidification with hydrochloric acid to obtain a white powder of salicylic acid. Without further purification you will react salicylic acid with acetic anhydride to obtain aspirin.

You will assess the success of the transformation by IR spectroscopy and melting points. Methyl salicylate, salicylic acid, and aspirin show signification differences in their IR spectra.

Procedure

1. Separation of methyl salicylate

Safety First

HCl and NaOH are corrosive and toxic Handle them with care.

tert-Butyl methyl ether and methanol are flammable.

Menthol is an irritant. Avoid skin contact.

Methyl salicylate is toxic.

Weigh 3.5g of ointment (Bengay original formula) in a 50mL beaker. Add 10 mL of methanol and break the paste against the walls of the breaker with the help of a spatula. Do this for about 5 minutes to ensure extraction of the active ingredients. Remove the paste with the spatula and let it dry over a pre-tared double paper towel in the fume hood. Weigh the paste on the paper after the methanol has evaporated.

Transfer the liquid in the breaker into a 25mL round-bottom flask. Make sure that no residual paste is transferred along with the liquid. Evaporate the solvent in a rota-vap using a hot water bath. Little methanol should remain in the liquid, which should become a viscous residue. Stop the evaporation when no more solvent is collected in the rota-vap's cold trap.

Leave aside one or two drops of the residue for IR analysis; label this "original mixture". With the help of a Pasteur pipet transfer the rest of the liquid in the round-bottom flask to a 16mm×125mm screw-cap tube (labeled tube "1"). Rinse the walls of the round-bottom flask twice with 3 mL of *tert*-butyl methyl ether (BME) each time, and transfer the rinses to tube 1.

Add 2mL of 2.5% aqueous NaOH solution, cap the tube, and invert it about 50 times; occasionally vent the tube. To avoid emulsions, do not shake the tube. Let the layers settle. Remove the lower layer with the help of a Pasteur pipet and transfer it to another 16mm×125mm screw-cap tube. Label this test tube "2". If the layers are emulsified and do not separate, centrifuge the tube for about 2 minutes (balance the centrifuge!).

Extract the BME solution two more times with 2.5mL of 2.5% NaOH solution each time, collecting the aqueous layer in tube 2 with 2mL of BME. With the help of a Pasteur pipet remove the lower aqueous layer and transfer it to a 15mL round-bottom flask. Proceed to E22B. 3. See "Cleaning Up" at the end of section E22B. 5.

2. Hydrolysis of methyl salicylate

Safety First

HCl and NaOH are corrosive and toxic Handle them with care.

To the flask from the previous step add 2mL of 2.5% aqueous NaOH solution and a small boiling chip. Lubricate the joint with a very small amount of grease. Attach a microscale water condenser and reflux the system directly on a hot plate at a medium setting for 25 minutes.

At the end of this period, turn the heat off and let the solution cool down to ambient temperature. With the help of a Pasteur pipet transfer the solution to a 50~100 mL beaker. Wash the walls of the flask with a little water and transfer the rinses to the beaker. Acidify the solution by adding $6mol \cdot L^{-1}$ HCl until the pH is clearly acidic (pH<2); about 1~2mL of acid will be necessary. As the acid is added, a white precipitate of salicylic acid forms.

Cool the beaker in an ice-water bath. Stir the liquid with a glass rod to ensure complete precipitation. Vacuum-filter the suspension using a Hirsch funnel. Let the solid dry on the filter with the vacuum on for about 5 minutes. Transfer the solid to a piece of porous plate and dry it by spreading it on the surface and pressing it with a spatula. Repeat this operation for 5 minutes. The product should be dry before proceeding to the synthesis of aspirin. Weigh the produce and leave a few crystals aside for IR and melting point analysis. Proceed to E22B. 4. See "Cleaning Up" at the end of section E22B. 5.

3. Synthesis of aspirin

Safety First

Acetic anhydride is a lachrymator. Dispense this chemical in the fume hood.

Fill approximately one-half of a small crystallizing dish (about 8cm in diameter) with water and place it on a hot plate to boil. In the meantime, in a clean and dry 15-mL round-bottom flask weigh approximately 200mg of salicylic acid from the previous step. Add 2 mL of acetic anhydride with the help of a pluringe (**fume hood!**). If you have less than 200 mg of salicylic acid, reduce the amount of acetic anhydride accordingly.

Add a small boiling chip and attach a mecroscale water condenser. If you are using the condenser from the previous step, make sure that its inner walls are perfectly dry (moisture decomposes the acetic anhydride and decreases the yield of aspirin). Use a piece of paper towel to dry the condenser.

Place the round-bottom flask with condenser in the boiling-water bath and let the system react for about five minutes. At the end of this period add 1 mL of water through the top of the reflux condenser. Turn off the heat and let the system react for an additional five-minutes period. This will destroy the excess acetic anhydride.

Carefully remove the water bath from the hot plate and let the system cool down to ambient temperature. With the help of a Pasteur pipet transfer the liquid to a $50\sim100$ mL beaker. Wash the walls of the flask with 2 mL of water and transfer the wash to the beaker. Add 4 mL of water to the beaker and cool the system in an ice-water bath to crystallize the aspirin. Sometimes aspirin gives a supersaturated solution, which is difficult to crystallize. To induce precipitation of aspirin, gently scratch the walls of the beaker with a glass rod. After a few minutes aspirin will precipitate as a white mass. If this fails, you can induce the crystallization by "seeding" the supersaturated solution with a few crystals of pure aspirin. Stirring and scratching with the glass rod will finally afford the desired solid.

Vacuum-filter the aspirin using a Hirsch funnel. Let the solid dry on the filter with the vacuum on for about 5 minutes and then transfer it to a piece of porous plate. Dry the solid as you dried the salicylic acid. Weigh the product. Determine its melting point and run its IR spectrum.

Aspirin can be recrystallized from water. Approximately 3 mL of boiling water are needed to dissolve 100 mg of aspirin.

4. Analysis

Ferric Chloride Test

Prepare three labeled test tubes with 1 mL of a 0.1% aqueous solution of ferric chloride. To two of them add a small amount (a few crystals) of either salicylic acid (from E22B. 3) or aspirin (from E22B. 4). Add a drop of water to the third one. Observe the change in color. A red-purple color is a positive test for phenols; yellow is considered negative.

IR Analysis

Run the IR of the "original mixture" directly on NaCl plates. Also obtain the IR of salicylic acid and aspirin using a nujol mull.

The success of the transformation can be follower by the IR spectra of the products. Because the original mixture contains methyl salicylate and menthol, its IR shows typical peaks for these two compounds. The most important bands expected for methyl salicylate, menthol, salicylic acid, and aspirin are indicated below.

　　5. Experiment report

Pre-lab

　　1. Make a table showing the physical properties (molecular mass, m. p. , b. p. , solubility, refractive index, flammability [for solvents only], and toxicity/hazards) of methyl salicylate, menthol, methanol, butyl methyl ether, salicylic acid, aspirin, and acetic anhydride.

　　2. Classify methyl salicylate and menthol as acidic, basic, or neutral. Identify the functional groups present in each molecule and determine how they affect its acid-base properties.

　　3. Could you use $NaHCO_3$ instead of NaOH for the separation of methyl salicylate from menthol? Briefly justify your answer.

　　4. Write a chemical equation for the reaction of methyl salicylate with 2. 5% aqueous NaOH.

　　5. Write a chemical equation for the hydrolysis of methyl salicylate with sodium hydroxide. What is the general name for this type of reaction? Is the reaction reversible?

　　6. Why do you acidify with HCl at the end of the hydrolysis of methyl salicylate?

　　7. Write a chemical reaction for the acetylation of salicylic acid with acetic anhydride.

　　8. What would happen if the glassware is not dry? Explain with a chemical reaction.

In-lab

　　1. Calculate the amount in mg of menthol and methyl salicylate present in 3. 5 g of ointment, considering that the ointment contains 18. 3% methyl salicylate and 16% menthol.

　　2. Report the mass of the original mixture after evaporation of methanol. Compare this mass with the amount of methyl salicylate and menthol that should be present in 3. 5 g of ointment. Read the label of the ointment and speculate what other compound is likely to be present in the methanol extract.

3. Report the mass of salicylic acid and its melting point. How does the melting point compare with the literature value? Briefly discuss.

4. Report the mass of aspirin and its melting point. How does the melting point compare with the literature value? Briefly discuss.

5. Calculate the % yield in the synthesis of aspirin. Discuss your results.

6. Report and interpret your ferric chloride results.

实验 70　Determination of Iron in an Ore

Procedure

Dissolving Sample. Weigh their samples of iron ore (Notes 1 and 2) of appropriate size (consult the instructor) into three 150-mL beakers. Add 10 mL of concentrated hydrochloric acid and 10mL of water to each beaker. Cover the beakers with watch glasses and keep the solution just below the boiling point on a steam bath, hot plate, or wire gauze until the ore dissolves (hood) (Note 3). This may require 30 to 60 min. At this point the only solid present should be a white residue of silica. If an appreciable amount of colored solid remains in the beaker, the sample must be fused to bring the remainder of the iron into solution (Note 4). Reduce the sample according to the following methods.

Notes

1. Some commercial samples are made from iron oxide and are easily soluble in acid. Such samples will not require lengthy heating to effect solution and will not leave a residue of silica. The instructor will alter the directions if such samples are used.

2. If the ore is not finely ground, it should be ground in an agate mortar before drying. If it is suspected that the ore contains organic matter, the sample, after weighing, should be ignited in an uncovered porcelain crucible for 5 min. This oxidizes organic matter.

3. If tin (II) chloride is to be used to reduce the iron, add successive portions of stannous chloride until the solution changes from yellow to colorless. This will aid in dissolving the sample. Avoid an excess of tin (II) chloride.

4. If fusion is required (consult the instructor), dilute the solution with an equal volume of water and then filter. Wash the residue with 1% hydrochloric acid and then wash with water to remove the acid. Transfer the paper to a porcelain crucible and burn off the carbon. If the residue is white it may be

disregarded, as the color was probably caused by organic matter. If the color remains, add about 5g of potassium pyrosulfate and heat carefully until the salt just fuses. Maintain this temperature for 15 to 20 min or until all the iron reacts. Then cool and dissolve the residue in 25mL of 1 : 1 hydrochloric acid and add this solution to the main filtrate.

Reduction with Tin (II) Chloride. Adjust the volume of the solution to 15 to 20 mL by evaporation or dilution. The solution should be yellow in color because of the presence of iron (III) ion (Note 1). Keep the solution hot and reduce the iron in the first sample (Note 2) by adding $SnCl_2$ (Note 3) drop by drop, until the color the solution changes from yellow to colorless (or very light green) Add 1 or 2 drops excess $SnCl_2$. Cool the solution under the tap and rapidly pour in 20mL of saturated $HgCl_2$ solution (Note 4). Allow the solution to stand for 3 min and then rinse the solution into a 500mL Erlenmeyer flask. Dilute to a volume of about 300mL and add 25mL of Zimmermann-Reinhardt solution (Note 5). Titrate slowly with permanganate, swirling the flask constantly. The end point is marked by the first appearance of a faint pink tinge which persists when the solution is swirled (Note 6).

Reduce and titrate the second and third samples in the same manner (Note 7). Calculate and report the percentage of iron in the sample in the usual manner.

Notes

1. If $SnCl_2$ has been used during dissolving, and the solution is colorless or almost so at this point, add a small crystal of potassium permanganate and heat a little longer until the yellow color is distinct. The reduction can then be followed more readily.

2. Reduce only one sample and finish the titration before reducing the second. Why?

3. This is prepared by dissolving 113g of $SnCl_2 \cdot 2H_2O$ (free of iron) in 250mL of concentrated hydrochloric acid, adding a few pieces of mossy tin, and diluting to 1 liter with water.

4. If the $HgCl_2$ were added slowly, part of it would be temporarily in contact with an excess of $SnCl_2$, which might reduce the substance to metallic mercury. Also, if the solution were hot, there would be a danger of forming mercury. The precipitate here should be white and silky and large in quantity. If the precipitate is gray or black, indicating the presence of mercury, the sample should be

discarded. If no precipitate is obtained, indicating insufficient $SnCl_2$, the sample should be discarded.

5. This is prepared as follows: Dissolve 70g of $MnSO_4$ in 500mL of water and add slowly, with stirring, 110mL of concentrated sulfuric acid and 200mL of 85% phosphoric acid. Dilute to 1 liter.

6. The color may fade slowly because of oxidation of Hg_2Cl_2 or chloride ion by permanganate.

7. If desired (consult the instructor) a blank can be determined by carrying a mixture of 10mL of concentrated hydrochloric acid and 10mL of water through the entire procedure. The blank normally will be about 0.03 to 0.05mL of 0.1mol · L^{-1} potassium permanganate.

第三篇
附　　录

第 11 章　常用仪器的使用方法

11.1　托盘天平（台秤）的使用方法

托盘天平用于准确度要求不高的称量,能称准至 0.1g,结构如图 11-1 所示。

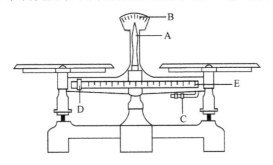

图 11-1　托盘天平结构

使用方法介绍如下:

(1) 零点调整。使用台秤前需把游码 D 放在游码标尺 E 的零处,托盘中未放物体时,如指针 A 不在刻度 B 的零点附近,可调节零点调节螺丝 C。

(2) 称量。称量时,将被称量物放在左盘,砝码放在右盘。添加游码及砝码时应从小到大,直至指针 A 指示的位置与零点相符(允许偏差一小格),记下游码及砝码质量,即为被称量物的质量。

(3) 称量完毕,应把砝码放回盒内。把游码移回游码标尺的零处,取下称量物,将托盘放在一侧或用橡皮圈架起,以免摆动。

11.2　电子天平的使用方法

电子天平分为普通电子天平、上皿式电子天平及精密电子天平和电子分析天平等。一般分析测试中常用的最大载荷为 100g 或 200g,最小分度值为 0.1mg 或 0.01mg,如图 11-2 所示。

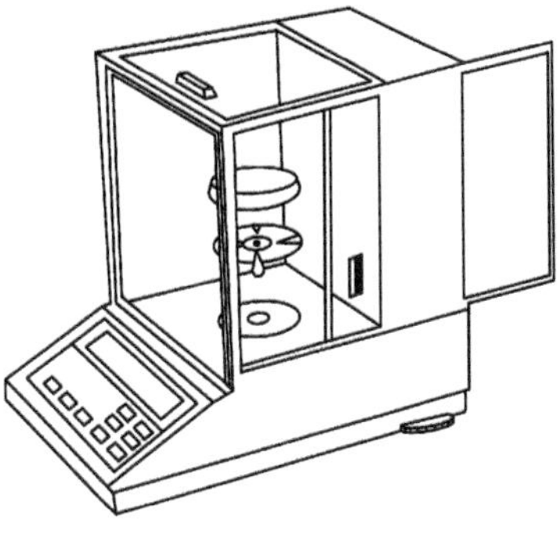

图 11-2　电子天平结构图

11.2.1　电子天平的特点

（1）使用寿命长、性能稳定、灵敏度高而且操作方便，称量速度快。

（2）具有自动校准、超载指示、故障报警、去皮等功能。

（3）电子天平具有质量电信号输出功能，可与计算机、打印机联用。

（4）天平应放于无振动、无气流、无热辐射及不含腐蚀性气体的环境中，使用水泥台或其他防振的工作台。

11.2.2　使用方法

（1）开机。首先调节天平的水平，然后接通电源，再按 ON 键开机，稳定后天平显示 0.0000g。

（2）校准。天平开机稳定后，按 CAL（校准）键，再将校准砝码放入托盘中央，天平显示 0.0000g 后移去校准砝码，天平再次显示 0.0000g，完成校准即可正常称量。

（3）去皮。当需把天平托盘上的被称物体的质量显示清零时，只要按 TARE 键即可，天平显示 0.0000g。

（4）天平读数。将被称物体轻放入托盘中央，关上天平挡风窗口，显示器上的数字不断变化，待数字稳定后，天平显示值即为被称物体的质量。

11.3　酸度计的结构及使用方法

PHS-3C 型酸度计是 LED 数字显示的精密 pH 计，适用于测定水溶液的 pH 和电位（mV）值，此外还可以配上离子选择性电极，测出电极电位值。

11.3.1　仪器主机外型结构

酸度计的外型结构如图 11-3 所示。

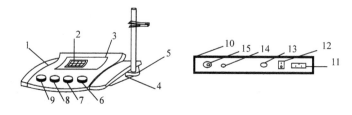

(a) 主机构件

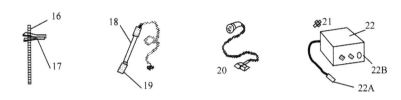

(b) 附件及其构件

图 11 - 3　酸度计的外型结构

1. 机箱盖；2. 显示屏；3. 面板；4. 机箱底；5. 电极梗插座；6. 定位调节旋钮；

7. 斜率补偿调节旋钮；8. 温度补偿调节旋钮；9. 选择升关旋钮(pH、mV)；

10. 仪器后面板；11. 电源插座；12. 电源开关；13. 保险丝；14. 参比电极接口；

15. 测量电极插座；16. 电极梗；17. 电极夹；18. E-201-C-9 型塑壳可充式 pH 复

合电极；19. 电极套；20. 电源线；21. Q9 短路插头；22. 电极转换器(选购件)；

22A. 转换器插头；22B. 转换器插座

11.3.2　使用方法

1. 开机前准备

(1) 电极梗 16 旋入电极梗插座 5,调节电极夹 17 到适当位置。

(2) 复合电极 18 夹在电极夹 17 上拉下电极 18 前端的电极套 19。

(3) 用蒸馏水清洗电极。

2. 开机

(1) 电源线 20 插入电源插座 11。

(2) 按下电源开关 12,电源接通后,预热 30min,即可进行标定。

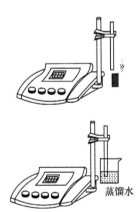

蒸馏水

3. 标定

仪器使用前先要标定。一般说来,仪器在连续使用时,每天标定一次。

(1) 在测量电极插座 15 处拔去 Q9 短路插头 21。

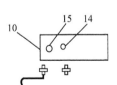

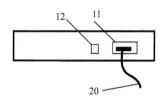

（2）在测量电极插座 15 处插上复合电极 18。

（3）如不用复合电极，则在测量电极插座 15 处插上电极转换器的插头 22A；玻璃电极插头插入转换器插座 22B 处；参比电极接入参比电极接口 14 处。

（4）把选择开关旋钮 9 调到 pH 挡。

（5）调节温度补偿调节旋钮 8，使旋钮白线对准溶液温度值。

（6）把斜率调节旋钮 7 顺时针旋到底（即调到 100％位置）。

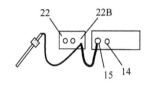

（7）把用蒸馏水清洗过的电极插入 pH＝6.86 的缓冲溶液中。

（8）调节定位调节旋钮，使仪器显示读数与该缓冲溶液当时温度下的 pH 相一致（如用混合磷酸盐定位温度为 10℃时，pH＝6.92）。

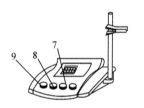

（9）用蒸馏水清洗电极、再插入 pH＝4.00（或 pH＝9.18）的标准缓冲溶液中，调节斜率旋钮使仪器显示读数与该缓冲液中当时温度下的 pH 一致。

（10）重复步骤(7)～(9)直至不用再调节定位或斜率两调节旋钮为止。

注意

经标定后，定位调节旋钮及斜率调节旋钮不应再有变动。

标定的缓冲溶液第一次应用 pH＝6.86 的溶液，第二次应用接近被测溶液 pH 的缓冲液，如被测溶液为酸性时，缓冲液应选 pH＝4.00；如被测溶液为碱性时则选 pH＝9.18 的缓冲溶液。一般情况下，在 24h 内仪器不需再标定。

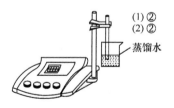

4. 测量 pH

经标定过的仪器即可用来测量被测溶液，被测溶液与标定溶液温度相同与否、测量步骤有所不同。

（1）被测溶液与定位溶液温度相同时，测量步骤如下。

① 用蒸馏水清洗电极头部，用被测溶液清洗一次。

② 把电极浸入被测溶液中，用玻璃棒搅拌溶液，使溶液均匀，在显示屏上读出溶液的 pH。

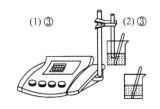

③ 调节"温度"调节旋钮 8，使白线对准被测溶液的温度值。

④ 把电极插入被测溶液内，用玻璃棒搅拌溶液，使溶液均匀后读出该溶液的 pH。

（2）被测溶液和定位溶液温度不同时，测量步骤如下：

① 用蒸馏水清洗电极头部，用被测溶液清洗一次。

② 用温度计测出被测溶液的温度值。

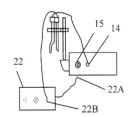

5. 测量电极电位(mV)值

（1）把离了选择电极或金属电极和参比电极夹在电极架上。

（2）用蒸馏水清洗电极头部，用被测溶液清洗一次。

（3）把电极转换器的插头 22A 插入仪器后部的测量电极插座 15 处；把离子电极的插头插入转换器的插座 22B 处。

（4）把参比电极接入仪器后部的参比电极接口 14 处。

（5）把两种电极插在被测溶液内，将溶液搅拌均匀后，即可在显示屏上读出该离子选择电极的电极电位(mV)，还可自动显示正、负极性。

（6）如果被测信号超出仪器的测量范围，或测量端开路时，显示屏会不亮，作超载报警。

（7）使用金属电极测量电极电位时，用带夹子的 Q9 插头，Q9 插接入测量电极插座 15 处，夹子与金属电极导线相接，参比电极接入参比电极接口 14 处。

11.4　分光光度计的使用方法

722S 分光光度计是一种简便易用的分光光度法通用仪器，能在 340～1000nm 波长执行透射比、吸光度和浓度直读测定，广泛适用于医学卫生、临床检验、生物化学、石油化工、环保监测、质量控制等作定性定量分析用，可自动调零，自动调

100%T,设有浓度因子设定和浓度直读功能,并附有 RS-232C 串行接口。

11.4.1　仪器外型

分光光度计的外型结构如图 11-4 所示。

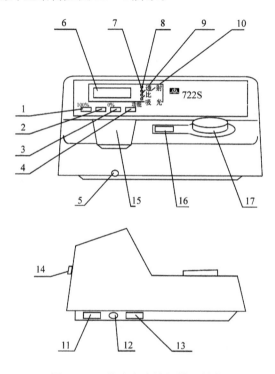

图 11-4　分光光度计的外型结构

$\boxed{\uparrow/100\%}$键　"透射比"灯亮时,自动调整 100%T(一次未到位可加按一次)。

"吸光度"灯亮时,自动调节吸光度 0(一次未到位可加按一次)。

"浓度因子"灯亮时,用作增加浓度因子设定,点按点动,持续按 1s 后,进入快速增加,再按$\boxed{模式}$键后自动确认设定值;在"浓度直读"灯亮时,用作增加浓度直读设定,点按点动,持续按 1s 后,进入快速增加,再按$\boxed{模式}$键后自动确认设定值。

$\boxed{\downarrow/0\%}$键　"透射比"灯亮时,自动调整 0%T(调整范围<10%T)。

＊在"吸光度"灯亮时不用,若按下则出现超载指示。

"浓度因子"灯亮时,用作减少浓度因子设定,操作方式同$\boxed{\uparrow/100\%}$键。

"浓度直读"灯亮时,用作减少浓度直读设定,操作方式同$\boxed{\uparrow/100\%}$键。

| 功能 |键　　预定功能扩展键用。

按下时将当前显示值从 RS232C 口发送,可由所联计算机接收或打印机接收。

| 模式 |键　　用作选择显示标尺。

按"透射比"灯亮、"吸光度"灯亮、"浓度因子"灯亮、"浓度直读"灯亮次序,每按一次渐进一步循环。

11.4.2　操作使用

(1) 预热。仪器开机后,灯及电子器件需预热稳定,故开机预热 30min 后才能进行测定工作,如紧急应用时请注意随时调 0%T,调 100%T。

(2) 调零。开机预热后,当需要改变测试波长,或测试较长时间后,或做高精度测试前;应打开试样盖(关闭光门)或用不透光材料在样品室中遮断光路,然后按 | 0% |键,即能自动调整零位。

(3) 调整波长。使用仪器上的波长旋钮,即可方便地调整仪器当前测试波长,具体波长由旋钮左侧的显示窗显示,读出波长时目光垂直观察。

(4) 调整 100%T。开机预热后,当需要改变测试波长、或测试较长时间后、或要作高精度测试前(一般在调零前应加一次 100%T 调整以使仪器内部自动增益到位),应将空白样品置入样品室光路中,关闭试样盖(同时打开光门)按下| 100% |键即能自动调整 100%T(一次有误差时可加按一次)。

(5) 置标尺为"吸光度",样品置于光路中,即可读出数据。

第 12 章 常用数据表

12.1 弱酸及其共轭碱在水中的离解常数(25℃, $I=0$)

弱酸	分子式	K_a	pK_a	共轭碱	
				pK_b	K_b
砷酸	H_3AsO_4	$6.3\times10^{-3}(K_{a_1})$	2.20	11.80	$1.6\times10^{-12}(K_{b_3})$
		$1.0\times10^{-7}(K_{a_2})$	7.00	7.00	$1\times10^{-7}(K_{b_2})$
		$3.2\times10^{-12}(K_{a_3})$	11.50	2.50	$3.1\times10^{-3}(K_{b_1})$
亚砷酸	$HAsO_2$	6.0×10^{-10}	9.22	4.78	1.7×10^{-5}
硼酸	H_3BO_3	5.8×10^{-10}	9.24	4.76	1.7×10^{-5}
焦硼酸	$H_2B_4O_7$	$1\times10^{-4}(K_{a_1})$	4	10	$1\times10^{-10}(K_{b_2})$
		$1\times10^{-9}(K_{a_2})$	9	5	$1\times10^{-5}(K_{b_1})$
碳酸	H_2CO_3	$4.2\times10^{-7}(K_{a_1})$	6.38	7.62	$2.4\times10^{-8}(K_{b_2})$
	(CO_2+H_2O)	$5.6\times10^{-11}(K_{a_2})$	10.25	3.75	$1.8\times10^{-4}(K_{b_1})$
氢氰酸	HCN	6.2×10^{-10}	9.21	4.79	1.6×10^{-5}
铬酸	H_2CrO_4	$1.8\times10^{-7}(K_{a_1})$	0.74	13.26	$5.6\times10^{-14}(K_{b_1})$
		$3.2\times10^{-7}(K_{a_2})$	6.50	7.50	$3.1\times10^{-8}(K_{b_1})$
氢氟酸	HF	6.6×10^{-4}	3.18	0.82	1.5×10^{-11}
亚硝酸	HNO_2	5.1×10^{-4}	3.29	10.71	1.2×10^{-11}
过氧化氢	H_2O_2	1.8×10^{-12}	11.75	2.25	5.6×10^{-3}
磷酸	H_3PO_4	$7.6\times10^{-3}(K_{a_1})$	2.12	11.88	$1.3\times10^{-12}(K_{b_3})$
		$6.3\times10^{-8}(K_{a_2})$	7.20	6.80	$1.6\times10^{-7}(K_{b_2})$
		$4.4\times10^{-13}(K_{a_3})$	12.36	1.64	$2.3\times10^{-2}(K_{b_1})$
焦磷酸	$H_4P_2O_7$	$3.0\times10^{-2}(K_{a_1})$	1.52	12.48	$3.3\times10^{-13}(K_{b_4})$
		$4.4\times10^{-3}(K_{a_2})$	2.36	11.64	$2.3\times10^{-12}(K_{b_3})$
		$2.5\times10^{-7}(K_{a_3})$	6.60	7.40	$4.0\times10^{-8}(K_{b_2})$
		$5.6\times10^{-10}(K_{a_4})$	9.25	4.75	$1.8\times10^{-5}(K_{b_1})$
亚磷酸	H_3PO_3	$5.0\times10^{-2}(K_{a_1})$	1.30	12.70	$2.0\times10^{-13}(K_{b_2})$
		$2.5\times10^{-7}(K_{a_2})$	6.60	7.40	$4.0\times10^{-8}(K_{b_1})$
氢硫酸	H_2S	$1.3\times10^{-7}(K_{a_1})$	6.88	7.12	$7.7\times10^{-8}(K_{b_2})$

续表

弱酸	分子式	K_a	pK_a	共轭碱	
				pK_b	K_b
硫酸	H_2SO_4	$1.0\times10^{-2}(K_{a_2})$	1.99	12.01	$1.0\times10^{-12}(K_{b_1})$
亚硫酸	H_2SO_3	$1.3\times10^{-2}(K_{a_1})$	1.90	12.10	$7.7\times10^{-13}(K_{b_2})$
	(SO_2+H_2O)	$6.3\times10^{-8}(K_{a_2})$	7.20	6.80	$1.6\times10^{-7}(K_{b_1})$
偏硅酸	H_2SiO_3	$1.7\times10^{-10}(K_{a_1})$	9.77	4.23	$5.9\times10^{-5}(K_{b_2})$
		$1.6\times10^{-12}(K_{a_2})$	11.8	2.20	$6.2\times10^{-3}(K_{b_1})$
甲酸	HCOOH	1.8×10^{-4}	3.74	10.26	5.5×10^{-11}
乙酸	CH_3COOH	1.8×10^{-5}	4.74	9.26	5.5×10^{-10}
一氯乙酸	$CH_2ClCOOH$	1.4×10^{-3}	2.86	11.14	6.9×10^{-12}
二氯乙酸	$CHCl_2COOH$	5.0×10^{-2}	1.30	12.70	2.0×10^{-13}
三氯乙酸	CCl_3COOH	0.23	0.64	13.36	4.3×10^{-14}
氨基乙酸盐	$^+NH_3CH_2COOH$	$4.5\times10^{-3}(K_{a_1})$	2.35	11.65	$2.2\times10^{-12}(K_{b_2})$
	$^+NH_3CH_2COO^-$	$2.5\times10^{-10}(K_{a_2})$	9.60	4.40	$4.0\times10^{-5}(K_{b_1})$
乳酸	$CH_3CHOHCOOH$	1.4×10^{-4}	3.86	10.14	7.2×10^{-11}
苯甲酸	C_6H_5COOH	6.2×10^{-5}	4.21	9.79	1.6×10^{-10}
草酸	$H_2C_2O_4$	$5.9\times10^{-2}(K_{a_1})$	1.22	12.78	$1.7\times10^{-13}(K_{b_2})$
		$6.4\times10^{-5}(K_{a_2})$	4.19	9.81	$1.6\times10^{-10}(K_{b_1})$
d-酒石酸	CH(OH)COOH | CH(OH)COOH	$9.1\times10^{-4}(K_{a_1})$	3.04	10.96	$1.1\times10^{-11}(K_{b_2})$
		$4.3\times10^{-5}(K_{a_2})$	4.37	9.63	$2.3\times10^{-10}(K_{b_1})$
邻苯二甲酸	—COOH —COOH	$1.1\times10^{-3}(K_{a_1})$	2.95	11.05	$9.1\times10^{-12}(K_{b_2})$
		$3.9\times10^{-5}(K_{a_2})$	5.41	8.59	$2.6\times10^{-9}(K_{b_1})$
柠檬酸	CH_2COOH | $C(OH)COOH$ | CH_2COOH	$7.4\times10^{-4}(K_{a_1})$	3.13	10.87	$1.4\times10^{-11}(K_{b_3})$
		$1.7\times10^{-5}(K_{a_2})$	4.76	9.26	$5.9\times10^{-10}(K_{b_2})$
		$4.0\times10^{-7}(K_{a_3})$	6.40	7.60	$2.5\times10^{-8}(K_{b_1})$
苯酚	C_6H_5OH	1.1×10^{-10}	9.95	4.05	9.1×10^{-5}
乙二胺四乙酸	$H_6\text{-EDTA}^{2+}$	$0.13(K_{a_1})$	0.9	13.1	$7.7\times10^{-14}(K_{b_6})$
	$H_5\text{-EDTA}^+$	$3\times10^{-2}(K_{a_2})$	1.6	12.4	$3.3\times10^{-13}(K_{b_5})$
	$H_4\text{-EDTA}$	$1\times10^{-2}(K_{a_3})$	2.0	12.0	$1\times10^{-12}(K_{b_4})$

续表

弱酸	分子式	K_a	pK_a	共轭碱	
				pK_b	K_b
	$H_3\text{-EDTA}^-$	$2.1\times10^{-3}(K_{a_4})$	2.67	11.33	$4.8\times10^{-12}(K_{b_3})$
	$H_2\text{-EDTA}^{2-}$	$6.9\times10^{-7}(K_{a_5})$	6.16	7.84	$1.4\times10^{-8}(K_{b_2})$
	$H\text{-EDTA}^{3-}$	$5.5\times10^{-11}(K_{a_6})$	10.26	3.74	$1.8\times10^{-4}(K_{b_1})$
氨离子	NH_4^+	5.5×10^{-10}	9.26	4.74	1.8×10^{-5}
联氨离子	$^+H_3NNH_3^+$	3.3×10^{-9}	8.48	5.52	3.0×10^{-6}
羟氨离子	NH_3^+OH	1.1×10^{-6}	5.96	8.04	9.1×10^{-9}
甲胺离子	$CH_3NH_3^+$	2.4×10^{-11}	10.62	3.38	4.2×10^{-4}
乙胺离子	$C_2H_5NH_3^+$	1.8×10^{-11}	10.75	3.25	5.6×10^{-4}
二甲胺离子	$(CH_3)_2NH_2^+$	8.5×10^{-11}	10.07	3.93	1.2×10^{-4}
二乙胺离子	$(C_2H_5)_2NH_2^+$	7.8×10^{-12}	11.11	2.89	1.3×10^{-3}
乙醇胺离子	$HOCH_2CH_2NH_3^+$	3.2×10^{-10}	9.50	4.50	3.2×10^{-5}
三乙醇胺离子	$(HOCH_2CH_2)_3NH^+$	1.7×10^{-8}	7.76	6.24	5.8×10^{-7}
六亚甲基四胺离子	$(CH_2)_6NH^+$	7.1×10^{-6}	5.15	8.85	1.4×10^{-9}
乙二胺离子	$^+H_3NCH_2CH_2NH_3^+$	1.4×10^{-7}	6.85	7.15	$7.1\times10^{-8}(K_{b_2})$
	$H_2NCH_2CH_2NH_3^+$	1.2×10^{-10}	9.93	4.07	$8.5\times10^{-5}(K_{b_1})$
吡啶离子		5.9×10^{-6}	5.23	8.77	1.7×10^{-9}

12.2　金属配合物的稳定常数

12.2.1　金属与常见配位体配合物稳定常数的对数值

配位体	金属离子	I	$\lg\beta_n$
NH_3	Ag^+	0.1	2.40,7.40
	Cu^{2+}	0.1	4.13,7.61,10.48,12.59
	Ni^{2+}	0.1	2.75,4.95,6.64,7.79,8.50,8.49
	Zn^{2+}	0.1	2.27,4.61,7.01,9.06
F^-	Al^{3+}	0.53	6.1,11.15,15.0,17.7,19.4,19.7
	Fe^{3+}	0.5	5.2,9.2,11.9
Cl^-	Hg^{2+}	0.5	6.7,13.2,14.1,15.1
CN^-	Ag^+	0~0.3	—,21.1,21.8,20.7
	Fe^{2+}	0	$35.4([Fe(CN)_6]^{4-})$

续表

配位体	金属离子	I	$\lg\beta_n$
	Fe^{3+}	0	$43.6([Fe(CN)_6]^{3-})$
	Ni^{2+}	0.1	$31.3([Ni(CN)_4]^{2-})$
	Zn^{2+}	0.1	$16.7([Zn(CN)_4]^{2-})$
硫代硫酸根	Ag^+	0	8.82,13.5
	Hg^{2+}	0	29.86,32.26
磺基水杨酸根	Al^{3+}	0.1	12.9,22.9,29.0
	Fe^{3+}	3	14.4,25.2,32.2
	Cu^{2+}	0.1	9.5,16.5
乙酰丙酮	Al^{3+}	0.1	8.1,15.7,21.2
	Cu^{2+}	0.1	7.8,14.3
	Fe^{2+}	0.1	4.7,8.0
	Fe^{3+}	0.1	9.3,17.9,25.1
	La^{3+}	0.1	4.6,8.0,10.8
	Zn^{2+}	0.1	4.6,8.2
OH^-	Ag^+	0	2.3,3.6,4.8
	Al^{3+}	2	$33.3([Al(OH)_4]^-)$
	Bi^{3+}	3	12.4
	Cd^{2+}	3	4.3,7.7,10.3,12.0
OH^-	Cr^{3+}	0.1	10.2,18.3
	Cu^{2+}	0	$6.0,17.1([Cu_2(OH)_2]^{2+})$
	Fe^{2+}	1	4.5
	Fe^{3+}	3	11.0,21.7
	Hg^{2+}	0.5	10.3,21.7
	La^{3+}	3	3.9
	Mg^{2+}	0	2.6
	Ni^{2+}	0.1	4.6
	Pb^{2+}	0.3	6.2,10.3,13.3
	Sn^{2+}	3	$10.1,23.5([Sn_2(OH)_2]^{2+})$
	Th^{4+}	1	9.7
	Ti^{3+}	0.5	11.8
	TiO^{2+}	1	13.7
	Zn^{2+}	0	4.4,—,14.4,15.5
	Zr^{4+}	4	13.8,27.2,40.2,53

12.2.2　金属与氨基羧酸配合物稳定常数的对数值($I=0.1, t=20\sim25℃$)

金属离子	EDTA			EGTA		HEDTA	
	K^H(MHL)	K(ML)	K^{OH}(MOHL)	K^H(MHL)	K(ML)	K(ML)	K^{OH}(MOHL)
Ag^+	6.0	7.3					
Al^{3+}	2.5	16.1	8.1				
Ba^{2+}	4.6	7.8		5.4	8.4	6.2	
Bi^{3+}		27.9					
Ca^{2+}	3.1	10.7		3.8	11.0	8.0	
Ce^{3+}		16.0					
Cd^{2+}	2.9	16.5		3.5	15.6	13.0	
Co^{2+}	3.1	16.3			12.3	14.4	
Co^{3+}	1.3	36					
Cr^{3+}	2.3	23	6.6				
Cu^{2+}	3.0	18.8	2.5	4.4	17	17.4	
Fe^{2+}	2.8	14.3				12.2	5.0
Fe^{3+}	1.4	25.1	6.5			19.8	10.1
Hg^{2+}	3.1	21.8	4.9	3.0	23.2	20.1	
La^{3+}		15.4			15.6	13.2	
Mg^{2+}	3.9	8.7			5.2	5.2	
Mn^{2+}	3.1	14.0		5.0	11.5	10.7	
Ni^{2+}	3.2	18.6		6.0	12.0	17.0	
Pb^{2+}	2.8	18.0		5.3	13.0	15.5	
Sn^{2+}		22.1					
Sr^{2+}	3.9	8.6		5.4	8.5	6.8	
Th^{4+}		23.2					8.6
Ti^{3+}		21.3					
TiO^{2+}		17.3					
Zn^{2+}	3.0	16.5		5.2	12.8	14.5	

注：EGTA 为乙二醇二乙醚二胺四乙酸；HEDTA 为 2-羟乙基乙二胺三乙酸。

12.3　元素的相对原子质量

原子序数	名称	符号	英文名称	相对原子质量
1	氢	H	hydrogen	1.007 94(7)
2	氦	He	helium	4.002 602(2)
3	锂	Li	lithium	6.941(2)
4	铍	Be	beryllium	9.012 182(3)
5	硼	B	boron	10.811(7)
6	碳	C	carbon	12.010 7(8)

续表

原子序数	名称	符号	英文名称	相对原子质量
7	氮	N	nitrogen	14.006 74(7)
8	氧	O	oxygen	15.999 4(3)
9	氟	F	fluorine	18.998 403 2(5)
10	氖	Ne	neon	20.179 7(6)
11	钠	Na	sodium	22.989 770(2)
12	镁	Mg	magnesium	24.305 0(6)
13	铝	Al	aluminium	26.981 538(2)
14	硅	Si	silicon	28.085 5(3)
15	磷	P	phosphorus	30.973 761(2)
16	硫	S	sulfur	32.066(6)
17	氯	Cl	chlorine	35.452 7(9)
18	氩	Ar	argon	39.948(1)
19	钾	K	potassium	39.098 3(1)
20	钙	Ca	calcium	40.078(4)
21	钪	Sc	scandium	44.955 910(8)
22	钛	Ti	titanium	47.867(1)
23	钒	V	vanadium	50.941 5(1)
24	铬	Cr	chromium	51.996 1(6)
25	锰	Mn	manganese	54.938 049(9)
26	铁	Fe	iron	55.845(2)
27	钴	Co	cobalt	58.933 200(9)
28	镍	Ni	nickel	58.693 4(2)
29	铜	Cu	copper	63.546(3)
30	锌	Zn	zinc	65.39(2)
31	镓	Ga	gallium	69.723(1)
32	锗	Ge	germanium	72.61(2)
33	砷	As	arsenic	74.921 60(2)
34	硒	Se	selenium	78.96(3)
35	溴	Br	bromine	79.904(1)
36	氪	Kr	krypton	83.80(1)
37	铷	Rb	rubidium	85.467 8(3)
38	锶	Sr	strontium	87.62(1)

原子序数	名称	符号	英文名称	相对原子质量
39	钇	Y	yttrium	88.905 85(2)
40	锆	Zr	zirconium	91.224(2)
41	铌	Nb	niobium	92.906 38(2)
42	钼	Mo	molybdenum	95.94(1)
43	锝 *	Tc	technetium	(98)
44	钌	Ru	ruthenium	101.07(2)
45	铑	Rh	rhodium	102.905 50(2)
46	钯	Pd	palladium	106.42(1)
47	银	Ag	silver	107.868 2(2)
48	镉	Cd	cadmium	112.411(8)
49	铟	In	indium	114.818(3)
50	锡	Sn	tin	118.710(7)
51	锑	Sb	antimony	121.760(1)
52	碲	Te	tellurium	127.60(3)
53	碘	I	iodine	126.904 47(3)
54	氙	Xe	xenon	131.29(2)
55	铯	Cs	caesium	132.905 45(2)
56	钡	Ba	barium	137.327(7)
57	镧	La	lanthanum	138.905 5(2)
58	铈	Ce	cerium	140.116(1)
59	镨	Pr	praseodymium	140.907 65(2)
60	钕	Nd	neodymium	144.24(3)
61	钷 *	Pm	promethium	(145)
62	钐	Sm	samarium	150.36(3)
63	铕	Eu	europium	151.964(1)
64	钆	Gd	gadolinium	157.25(3)
65	铽	Tb	terbium	158.925 34(2)
66	镝	Dy	dysprosium	162.50(3)
67	钬	Ho	holmium	164.930 32(2)
68	铒	Er	erbium	167.26(3)
69	铥	Tm	thulium	168.934 21 (2)
70	镱	Yb	ytterbium	173.04(3)
71	镥	Lu	lutetium	174.967(1)
72	铪	Hf	hafnium	178.49(2)

续表

原子序数	名称	符号	英文名称	相对原子质量
73	钽	Ta	tantalum	180.947 9(1)
74	钨	W	tungsten	183.84(1)
75	铼	Re	rhenium	186.207(1)
76	锇	Os	osmium	190.23(3)
77	铱	Ir	iridium	192.217(3)
78	铂	Pt	platinum	195.078(2)
79	金	Au	gold	196.966 55(2)
80	汞	Hg	mercury	200.59(2)
81	铊	Tl	thallium	204.383 3(2)
82	铅	Pb	lead	207.2(1)
83	铋	Bi	bismuth	208.980 38(2)
84	钋*	Po	polonium	(210)
85	砹*	At	astatine	(210)
86	氡*	Rn	radon	(222)
87	钫*	Fr	francium	(223)
88	镭*	Ra	radium	(226)
89	锕*	Ac	actinium	(227)
90	钍*	Th	thorium	232.038 1(1)
91	镤*	Pa	protactinium	231.035 88(2)
92	铀*	U	uranium	238.028 9(1)
93	镎*	Np	neptunium	(237)
94	钚*	Pu	plutonium	(244)
95	镅*	Am	americium	(243)
96	锔*	Cm	curium	(247)
97	锫*	Bk	berkelium	(247)
98	锎*	Cf	californium	(251)
99	锿*	Es	einsteinium	(252)
100	镄*	Fm	fermium	(257)
101	钔*	Md	mendelevium	(258)
102	锘*	No	nobelium	(259)
103	铹*	Lr	lawrencium	(260)
104	▮*	Rf	rutherfordium	(261)
105	▮*	Db	dubnium	(262)
106	▮*	Sg	seaborgium	(263)

原子序数	名称	符号	英文名称	相对原子质量
107	▮ *	Bh	bohrium	(264)
108	▮ *	Hs	hassium	(265)
109	▮ *	Mt	meitnerium	(268)
110	*			(269)
111	*			(272)
112	*			(277)

注:本表相对原子质量引自 1999 年国际相对原子质量表,以^{12}C$=12$ 为基准。末位数的准确度加注在其后括号内。加括号的相对原子质量为放射性元素最长寿命同位数的质量数。加 * 者为放射性元素。

12.4 常见离子和化合物的颜色

12.4.1 离子

1. 无色离子

阳离子:Na^+　K^+　NH_4^+　Mg^{2+}　Ca^{2+}　Ba^{2+}　Al^{3+}　Sn^{2+}　Sn^{4+}　Pb^{2+}　Bi^{3+}　Ag^+　Zn^{2+}　Cd^{2+}　Hg_2^{2+}　Hg^{2+}

阴离子:BO_2^-　$C_2O_4^{2-}$　Ac^-　CO_3^{2-}　SiO_3^{2-}　NO_3^-　NO_2^-　PO_4^{3-}　MoO_4^{2-}　SO_3^{2-}　SO_4^{2-}　S^{2-}　$S_2O_3^{2-}$　F^-　Cl^-　ClO_3^-　Br^-　BrO_3^-　I^-　SCN^-　$[CuCl_2]^-$

2. 有色离子

$[Cu(H_2O)_4]^{2+}$	$[CuCl_4]^{2-}$	$[Cu(NH_3)_4]^{2+}$	
浅蓝色	黄色	深蓝色	

$[Cr(H_2O)_6]^{2+}$　$[Cr(H_2O)_6]^{3+}$　$[Cr(H_2O)_5Cl]^{2+}$　$[Cr(H_2O)_4Cl_2]^+$
蓝色　　　　　　紫色　　　　　　浅绿色　　　　　　暗绿色

$[Cr(NH_3)_2(H_2O)_4]^{3+}$　$[Cr(NH_3)_3(H_2O)_3]^{3+}$　$[Cr(NH_3)_4(H_2O)_2]^{3+}$
紫红色　　　　　　　浅红色　　　　　　　橙红色

$[Cr(NH_3)_5H_2O]^{2+}$　$[Cr(NH_3)_6]^{3+}$　CrO_2^-　CrO_4^{2-}　$Cr_2O_7^{2-}$
橙黄色　　　　　黄色　　　绿色　黄色　橙色

$[Mn(H_2O)_6]^{2+}$　MnO_4^{2-}　MnO_4^-
肉色　　　　绿色　　紫红色

$[FeCl_6]^{3-}$　$[FeF_6]^{3-}$　$[Fe(C_2O_4)_3]^{3-}$　$[Fe(NCS)_n]^{3-n}$
黄色　　　　无色　　　黄色　　　　血红色

$[Fe(H_2O)_6]^{2+}$　$[Fe(H_2O)_6]^{3+}$　$[Fe(CN)_6]^{4-}$　$[Fe(CN)_6]^{3-}$
浅绿色　　　　淡紫色　　　黄色　　　浅橘黄色

$[Co(H_2O)_6]^{2+}$　$[Co(NH_3)_6]^{2+}$　$[Co(NH_3)_6]^{3+}$　$[CoCl(NH_3)_5]^{2+}$
粉红色　　　　黄色　　　　橙黄色　　　红紫色

$[Co(NH_3)_5(H_2O)]^{3+}$　$[Co(NH_3)_4CO_3]^+$　$[Co(CN)_6]^{3-}$　$[Co(SCN)_4]^{2-}$
粉红色　　　　　　紫红色　　　　　紫色　　　　蓝色

$[Ni(H_2O)_6]^{2+}$　$[Ni(NH_3)_6]^{2+}$　I_3^-
亮绿色　　　　蓝色　　　浅棕黄色

12.4.2　化合物

1. 氧化物

CuO	Cu$_2$O	Ag$_2$O	ZnO	Hg$_2$O	HgO	TiO$_2$	V$_2$O$_3$	VO$_2$
黑色	暗红色	暗棕色	白色	黑褐色	红色或黄色	白色或橙红色	黑色	深蓝色

V$_2$O$_5$	Cr$_2$O$_3$	CrO$_3$	MnO$_2$	FeO	Fe$_2$O$_3$	Fe$_3$O$_4$	CoO	Co$_2$O$_3$	NiO
红棕色	绿色	红色	棕褐色	黑色	砖红色	黑色	灰绿色	黑色	暗绿色

Ni$_2$O$_3$	PbO	Pb$_3$O$_4$
黑色	黄色	红色

2. 氢氧化物

Zn(OH)$_3$	Pb(OH)$_2$	Mg(OH)$_2$	Sn(OH)$_2$	Sn(OH)$_4$	Mn(OH)$_2$	CuOH
白色	白色	白色	白色	白色	白色	黄色

Fe(OH)$_2$	Fe(OH)$_3$	Cd(OH)$_2$	Al(OH)$_3$	Bi(OH)$_3$	Sb(OH)$_3$	Cu(OH)$_2$
白色或苍绿色	红棕色	白色	白色	白色	白色	浅蓝色

Ni(OH)$_2$	Ni(OH)$_3$	Co(OH)$_2$	Co(OH)$_3$	Cr(OH)$_3$
浅绿色	黑色	粉红色	褐棕色	灰绿色

3. 氯化物

AgCl	Hg$_2$Cl$_2$	PbCl$_2$	CuCl	CuCl$_2$	CuCl$_2$·2H$_2$O	Hg(NH$_3$)Cl	CoCl$_2$
白色	白色	白色	白色	棕色	蓝色	白色	蓝色

CoCl$_2$·H$_2$O	CoCl$_2$·2H$_2$O	CoCl$_2$·6H$_2$O	FeCl$_3$·6H$_2$O
蓝紫色	紫红色	粉红色	黄棕色

4. 溴化物

AgBr	CuBr$_2$	PbBr$_3$
淡黄色	黑紫色	白色

5. 碘化物

AgI	Hg$_2$I$_2$	HgI$_2$	PbI$_2$	CuI
黄色	黄褐色	红色	黄色	白色

6. 卤酸盐

Ba(IO$_3$)$_2$	AgIO$_3$	KClO$_4$	AgBrO$_3$
白色	白色	白色	白色

7. 硫化物

Ag$_2$S	HgS	PbS	CuS	Cu$_2$S	FeS	Fe$_2$S$_3$	SnS	SnS$_2$
灰黑色	红色或黑色	黑色	黑色	黑色	棕黑色	黑色	灰黑色	金黄色

8. 硫酸盐

Ag$_2$SO$_4$	Hg$_2$SO$_4$	PbSO$_4$	CaSO$_4$	BaSO$_4$	[Fe(NO)]SO$_4$
白色	白色	白色	白色	白色	深棕色

Cu(OH)$_2$SO$_4$	CuSO$_4$·5H$_2$O	CoSO$_4$·7H$_2$O	Cr$_2$(SO$_4$)$_3$·6H$_2$O	Cr$_2$(SO$_4$)$_3$
浅蓝色	蓝色	红色	绿色	紫色或红色

Cr$_2$(SO$_4$)$_3$·18H$_2$O
蓝紫色

9. 碳酸盐

Ag_2CO_3　$CaCO_3$　$BaCO_3$　$MnCO_3$　$CdCO_3$　$Zn_2(OH)_2CO_3$　$FeCO_3$

白色　　白色　　白色　　白色　　白色　　　白色　　　　白色

$Cu_2(OH)_2CO_3$　　$Ni_2(OH)_2CO_3$

　暗绿色　　　　　　浅绿色

10. 磷酸盐

$Ca_3(PO_4)_2$　$CaHPO_4$　$Ba_3(PO_4)_2$　$FePO_4$　Ag_3PO_4　$MgNH_4PO_4$

　白色　　　白色　　　白色　　　浅黄色　　黄色　　白色

11. 铬酸盐

Ag_2CrO_4　$PbCrO_4$　$BaCrO_4$　$FeCrO_4 \cdot 2H_2O$　$CaCrO_4$

砖红色　　黄色　　黄色　　　黄色　　　　黄色

12. 硅酸盐

$BaSiO_3$　$CuSiO_3$　$CoSiO_3$　$Fe_2(SiO_3)_3$　$MnSiO_3$　$NiSiO_3$　$ZnSiO_3$

白色　　蓝色　　紫色　　　棕红色　　肉色　　翠绿色　白色

13. 草酸盐

CaC_2O_4　$Ag_2C_2O_4$　$FeC_2O_4 \cdot 2H_2O$

白色　　　白色　　　　黄色

14. 类卤化合物

$AgCN$　$Ni(CN)_2$　$Cu(CN)_2$　$CuCN$　$AgSCN$　$Cu(SCN)_2$

白色　　浅绿色　　浅棕黄色　白色　　白色　　黑绿色

15. 其他含氧酸盐

$Ag_2S_2O_3$　$BaSO_3$

白色　　　白色

16. 其他化合物

$Fe_4^{III}[Fe^{II}(CN)_6]_3 \cdot xH_2O$　$Cu_2[Fe(CN)_6]$　$Ag_3[Fe(CN)_6]$　$Zn_3[Fe(CN)_6]_2$　$Co_2[Fe(CN)_6]$

　　　蓝色　　　　　　红棕色　　　　橙色　　　　黄褐色　　　　绿色

$Ag_4[Fe(CN)_6]$　$Zn_2[Fe(CN)_6]$　$K_3[Co(NO_2)_6]$　$K_2Na[Co(NO_2)_6]$　$(NH_4)_2Na[Co(NO_2)_6]$

　白色　　　　白色　　　黄色　　　　黄色　　　　　黄色

$K_2[PtCl_6]$　$Na_2[Fe(CN)_5NO] \cdot 2H_2O$　$NaAc \cdot Zn(Ac)_2 \cdot 3[UO_2(Ac)_2] \cdot 9H_2O$

黄色　　　　红色　　　　　　黄色

12.5 常用缓冲溶液的配制

缓冲溶液组成	pK_a	pH	配制方法
氨基乙酸-HCl	2.35(pK_{a_1})	2.3	取氨基乙酸 150g 溶于 500mL 水,加浓 HCl 80mL,水稀至 1L
H$_3$PO$_4$-柠檬酸盐		2.5	取 Na$_2$HPO$_4$·12H$_2$O 113g 溶于 200mL 水,加柠檬酸 387g,溶解,过滤,稀至 1L
一氯乙酸-NaOH	2.86	2.8	取 500g 一氯乙酸溶于 200mL 水中,加 NaOH 40g 溶解后,稀至 1L
邻苯二甲酸氢钾-HCl	2.95(pK_{a_1})	2.9	取 200g 邻苯二甲酸氢钾溶于 500mL 水,加浓 HCl 80mL,稀至 1L
甲酸-NaOH	3.76	3.7	取 95g 甲酸和 NaOH 40g 溶于 500mL 水,稀至 1L
NH$_4$Ac-HAc		4.5	取 NH$_4$Ac 77g 溶于 200mL 水,加冰醋酸 59mL,稀至 1L
NaAc-HAc	4.74	4.7	取无水 NaAc 83g 溶于水,加冰醋酸 60mL,稀至 1L
NaAc-HAc	4.74	5.0	取无水 NaAc 60g 溶于水,加冰醋酸 60mL,稀至 1L
NH$_4$Ac-HAc		5.0	取无水 NH$_4$Ac 250g 溶于水,加冰醋酸 60mL,稀至 1L
六次甲基四胺-HCl	5.15	5.4	取六次甲基四胺 40g 溶于 200mL 水,加浓 HCl 10mL,稀至 1L
NH$_4$Ac-HAc		6.0	取 NH$_4$Ac 600g 溶于水,加冰 HAc 20mL,稀至 1L
NaAc-H$_3$PO$_4$ 盐		8.0	取无水 NaAc 50g 和 Na$_2$HPO$_4$·12H$_2$O 50g,溶于水,稀至 1L
Tris-HCl(三羟甲基氨甲烷)CNH$_2$≡(HOCH$_3$)$_3$	8.21	8.2	取 25g Tris 试剂溶于水,加浓 HCl 8mL,稀至 1L
NH$_3$-NH$_4$Cl	9.26	9.2	取 NH$_4$Cl 54g 溶于水,加浓氨水 63mL,稀至 1L
NH$_3$-NH$_4$Cl	9.26	9.5	取 NH$_4$Cl 54g 溶于水,加浓氨水 126mL,稀至 1L
NH$_3$-NH$_4$Cl	9.26	10.0	取 NH$_4$Cl 54g 溶于水,加浓氨水 350mL,稀至 1L

注:1. 缓冲液配制后可用 pH 试纸检查,若 pH 不对,可用共轭酸或碱调节。精确调节时,可用 pH 计。

2. 若需增加或减少缓冲液的缓冲容量时,可相应增加或减少共轭酸碱对物质的量,再调节之。

12.6　常用试剂的配制

试剂	浓度	配制方法
$BiCl_3$	$0.1mol \cdot L^{-1}$	溶解 31.6g $BiCl_3$ 于 330mL 6 mol·L^{-1} HCl 中,加水稀释至 1L
$SbCl_3$	$0.1mol \cdot L^{-1}$	溶解 22.8g $SbCl_3$ 于 330mL 6 mol·L^{-1} HCl 中,加水稀释至 1L
$SnCl_2$	$0.1mol \cdot L^{-1}$	溶解 22.6g $SnCl_2 \cdot 2H_2O$ 于 330mL 6 mol·L^{-1} HCl 中,加水稀释至 1L。加入数粒纯 Sn,以防氧化
$Hg(NO_3)_2$	$0.1mol \cdot L^{-1}$	溶解 33.4g $Hg(NO_3)_2 \cdot 1/2H_2O$ 于 1L 0.6mol·L^{-1} HNO_3 中
$Hg_2(NO_3)_2$	$0.1mol \cdot L^{-1}$	溶解 56.1g $Hg_2(NO_3)_2 \cdot 2H_2O$ 于 1L 0.6mol·L^{-1} HNO_3 中,并加入少许金属 Hg
$(NH_4)_2CO_3$	$1mol \cdot L^{-1}$	溶解 95g 研细的 $(NH_4)_2CO_3$ 于 1L 2mol·L^{-1} $NH_3 \cdot H_2O$ 中
$(NH_4)_2SO_4$	饱和	溶解 50g $(NH_4)_2SO_3$ 于 100mL 热水中,冷却后过滤
$FeSO_4$	$0.5mol \cdot L^{-1}$	溶解 69.5g $FeSO_4 \cdot 7H_2O$ 于适量水中,加入 5mL 18mol·L^{-1} H_2SO_4,再用水稀释至 1L,置入小铁钉数枚
$FeCl_3$	$0.5mol \cdot L^{-1}$	称取 135.2g $FeCl_3 \cdot 6H_2O$ 溶于 100mL 6mol·L^{-1} HCl 中,加水稀释至 1L
$CrCl_3$	$0.1mol \cdot L^{-1}$	称取 26.7g $CrCl_3 \cdot 6H_2O$ 溶于 30mL 6mol·L^{-1} HCl 中,加水稀释至 1L
KI	10%	溶解 100g KI 于 1L 水中,储于棕色瓶中
KNO_3	1%	溶解 10g KNO_3 于 1L 水中
乙酸铀酰锌		(1) 10g $UO_2(Ac)_2 \cdot 2H_2O$ 和 6mL 6mol·L^{-1} HAc 溶于 50mL 水中 (2) 30g $Zn(Ac)_2 \cdot 2H_2O$ 和 3mL 6mol·L^{-1} HCl 溶于 50mL 水中,将(1)、(2)两种溶液混合,24h 后取清液使用
$Na_3[CO(NO_2)_6]$		溶解 230g $NaNO_2$ 于 500mL 水中,加入 165 mL 6mol·L^{-1} HAc 和 30g $Co(NO_3)_2 \cdot 6H_2O$ 放置 24h,取其清液,稀释至 1L,并保存在棕色瓶中。此溶液应呈橙色,若其变成红色,表示已分解,应重新配制
Na_2S	$2mol \cdot L^{-1}$	溶解 240g $Na_2S \cdot 9H_2O$ 和 40g NaOH 于水中稀释至 1L
$(NH_4)_6Mo_7O_{24} \cdot 4H_2O$	$0.1mol \cdot L^{-1}$	溶解 124g $(NH_4)_6Mo_7O_{24} \cdot 4H_2O$ 于 1L 水中,将所得溶液倒入 1L 6mol·L^{-1} HNO_3 中,放置 24h,取其澄清液
$(NH_4)_2S$	$3 mol \cdot L^{-1}$	取一定量 $NH_3 \cdot H_2O$,将其均分为两份,往其中一份通 H_2S 至饱和,而后与另一份 $NH_3 \cdot H_2O$ 混合

续表

试剂	浓度	配制方法
$K_3[Fe(CN)_6]$		取 $K_3[Fe(CN)_6]$ 0.7～1g 溶解于水,稀释至 100mL(使用前临时配制)
铬黑 T		将铬黑 T 和烘干的 NaCl 按 1:100 的比例研细,均匀混合,储于棕色瓶中
二苯胺		将 1g 二苯胺在搅拌下溶于 100mL 密度 1.84g·cm⁻³ H_2SO_4 或 100mL 密度 1.70g·cm⁻³ H_3PO_4 中(该溶液可保存较长时间)
镁试剂		溶解 0.01g 镁试剂于 1L 1mol·L⁻¹ NaOH 溶液中
钙指试剂		0.2g 钙指示剂溶于 100mL H_2O 中
铝试剂		1g 铝试剂溶于 1L 水中
Mg-NH₄⁺ 试剂		将 100g $MgCl_2·6H_2O$ 和 100g NH_4Cl 溶于水中,加 50mL 浓 $NH_3·H_2O$,用水稀释至 1L
萘氏试剂		溶解 115g HgI_2 和 80g KI 于水中,稀释至 500mL,加入 500 mL 6mol·L⁻¹ NaOH 溶液,静置后,取其清液,保存在棕色瓶中
格里斯试剂		(1) 在加热下溶解 0.5g 对氨基苯磺酸于 50 mL 30% HAc 中,于暗处保存 (2) 将 0.4 g α-萘胺与 100 mL 水混合煮沸,再从蓝色渣滓中倾出的无色溶液中加入 6 mL 80% HAc 使用前将(1)、(2)两液等体积混合
打萨宗(二苯缩氨硫脲)		溶解 0.1g 打萨宗于 1L CCl_4 或 $CHCl_3$ 中
对氨基苯磺酸	0.34 mol·L⁻¹	将 0.5g 对氨基苯磺酸溶于 150 mL 2mol·L⁻¹ HAc 溶液中
α-萘胺	0.12 mol·L⁻¹	0.3g α-萘胺加 20 mL H_2O 加热煮沸,在所得溶液中加入 150 mL 2mol·L⁻¹ HAc
丁二酮肟		1g 丁二酮肟溶于 100 mL 95% C_2H_5OH 中
盐桥	3%	用饱和 KCl 水配制 3%琼脂胶加热至溶
氯水		在水中通入氯气直至饱和,该溶液使用时临时配制
溴水		在水中滴入液溴至饱和
碘液	0.01 mol·L⁻¹	溶解 1.3g I_2 和 5g KI 于尽可能少量的水中,加水稀释至 1L
品红溶液		0.1%水溶液
淀粉溶液	1%	将 1g 淀粉和少量冷水调成糊状,倒入 100mL 沸水中,煮沸后冷却即可

试剂	浓度	配制方法
费林溶液		Ⅰ液：将 34.64g $CuSO_4 \cdot H_2O$ 溶于水中,稀释至 500 mL Ⅱ液：将 173g 酒石酸钾钠 $\cdot 4H_2O$ 和 50g NaOH 溶于水中,稀释至 500 mL 用时将Ⅰ和Ⅱ等体积相混合
2,4-二硝基苯肼		将 0.25g 2,4-二硝基苯肼溶于 HCl 溶液(42 mL 浓 HCl 加 50 mL H_2O),加热溶解,冷却后稀释至 250 mL
米隆试剂		将 2g(0.15mL)Hg 溶于 3mL 浓 HNO_3(相对密度1.4),稀释至 10mL
苯肼试剂		(1) 溶 4 mL 苯肼于 4 mL 冰醋酸,加 H_2O 36 mL,再加入 0.5g 活性炭过滤(如无色可不脱色),装入有色瓶中,防止皮肤触及,因很毒,如触及应先用 5% HAc 冲洗后再用肥皂洗。 (2) 溶 5g 盐酸苯肼于 100 mL 水中,必要时可微热助溶,如果溶液呈深蓝色,加活性炭共热过滤,然后加入 9g NaAc 晶体(或相应量的无水 NaAc),拌搅使溶,储存于有色瓶中。此试剂中,苯肼盐酸与 NaAc 经复分解反应生成苯肼乙酸盐,后者是弱酸与弱碱形成的盐,在水溶液中易经水解作用,与苯肼建立平衡。如果苯肼试剂久置变质,可改将 2 份盐酸苯肼与 3 份 NaAc 晶体混合研匀后,临用时取适量混合物,溶于水便可供用
CuCl-NH₃ 液		(1) 5g CuCl 溶于 100 mL 浓 $NH_3 \cdot H_2O$,用水稀释至 250 mL。过滤,除去不溶性杂质。温热滤液,漫漫加入羟胺盐酸盐,直至蓝色消失为止。 (2) 1g CuCl 置于一支大试管,加 1～2mL 浓 $NH_3 \cdot H_2O$ 和 10mL 水,用力摇动静置,倾出溶液并加入一根铜丝,储存备用
C_6H_5OH 溶液		50g C_6H_5OH 溶于 500mL 5% NaOH 溶液中
β-萘酚溶液		50g β-萘酚溶于 500mL 5% NaOH 溶液中
蛋白质溶液		25 mL 蛋清,加 100～150 mL 蒸馏水,搅拌,混匀后,用 3～4 层纱布过滤
α-萘酚乙醇溶液		10g α-萘酚溶于 100 mL 95% C_2H_5OH 中,再用 95% C_2H_5OH 稀释至 500 mL,储存于棕色瓶中。一般是用前新配
茚三酮乙醇溶液	0.1%	0.4g 茚三酮溶于 500 mL 95% C_2H_5OH 中,用时配制

12.7　几种常用酸、碱的浓度

试剂名称	密度 /(g·cm^{-3})	质量分数 /%	物质的量浓度 /(mol·L^{-1})	试剂名称	密度 /(g·cm^{-3})	质量分数 /%	物质的量浓度 /(mol·L^{-1})
浓 H_2SO_4	1.84	98	18	HBr	1.38	40	7
稀 H_2SO_4		9	2	HI	1.70	57	7.5
浓 HCl	1.19	38	12	冰醋酸	1.05	99	17.5
稀 HCl		7	2	稀乙酸	1.04	30	5
浓 HNO_3	1.41	68	16	稀乙酸		12	2
稀 HNO_3	1.2	32	6	浓 NaOH	1.44	～41	～14.4
稀 HNO_3		12	2	稀 NaOH		8	2
浓 H_3PO_4	1.7	85	14.7	浓 $NH_3·H_2O$	0.91	～28	14.8
稀 H_3PO_4	1.05	9	1	稀 $NH_3·H_2O$		3.5	2
浓 $HClO_4$	1.67	70	11.6	$Ca(OH)_2$ 水溶液		0.15	
稀 $HClO_4$	1.12	19	2	$Ba(OH)_2$ 水溶液		2	～0.1
浓 HF	1.13	40	23				

12.8　常用指示剂

12.8.1　酸碱指示剂（18～25℃）

指示剂	pH 变色范围	颜色变化	溶液配制方法
甲基紫 （第一变色范围）	0.1～0.5	黄—绿	0.1% 或 0.05% 水溶液
苦味酸	0.0～1.3	无色—黄	0.1% 水溶液
甲基绿	0.1～2.0	黄—绿—浅蓝	0.05% 水溶液
孔雀绿 （第一变色范围）	0.1～2.0	黄—浅蓝—绿	0.1% 水溶液
甲酚红 （第一变色范围）	0.2～1.8	红—黄	0.04g 指示剂溶于 100mL 质量分数 w= 0.50 的 C_2H_5OH 中
甲基紫 （第二变色范围）	1.0～1.5	绿—蓝	0.1% 水溶液

指示剂	pH 变色范围	颜色变化	溶液配制方法
百里酚蓝 （麝香草酚蓝） （第一变色范围）	1.2～2.8	红—黄	0.1g 指示剂溶于 100mL 质量分数 $w=0.20$ 的 C_2H_5OH 中
甲基紫 （第三变色范围）	2.0～3.0	蓝—紫	0.1% 水溶液
茜素黄 R （第一变色范围）	1.9～3.3	红—黄	0.1% 水溶液
二甲基黄	2.9～4.0	红—黄	0.1g 或 0.01g 指示剂溶于 100mL 质量分数 $w=0.90$ 的 C_2H_5OH 中
甲基橙	3.1～4.4	红—橙黄	0.1% 水溶液
溴酚蓝	3.0～4.6	黄—蓝	0.1g 指示剂溶于 100mL 质量分数 $w=0.20$ 的 C_2H_5OH 中
刚果红	3.0～5.2	蓝紫—红	0.1% 水溶液
茜素红 S （第一变色范围）	3.7～5.2	黄—紫	0.1% 水溶液
溴甲酚绿	3.8～5.4	黄—蓝	0.1g 指示剂溶于 100mL 质量分数 $w=0.20$ 的 C_2H_5OH 中
甲基红	4.4～6.2	红—黄	0.1g 或 0.2g 指示剂溶于 100mL 质量分数 $w=0.60$ 的 C_2H_5OH 中
溴酚红	5.0～6.8	黄—红	0.1g 或 0.04g 指示剂溶于 100mL 质量分数 $w=0.20$ 的 C_2H_5OH 中
溴甲酚紫	5.2～6.8	黄—紫红	0.1g 指示剂溶于 100mL 质量分数 $w=0.20$ 的 C_2H_5OH 中
溴百里酚蓝	6.0～7.6	黄—蓝	0.05g 指示剂溶于 100mL 质量分数 $w=0.20$ 的 C_2H_5OH 中
中性红	6.8～8.0	红—亮黄	0.1g 指示剂溶于 100mL 质量分数 $w=0.60$ 的 C_2H_5OH 中
酚红	6.8～8.0	黄—红	0.1g 指示剂溶于 100mL 质量分数 $w=0.20$ 的 C_2H_5OH 中

续表

指示剂	pH 变色范围	颜色变化	溶液配制方法
甲酚红	7.2～8.8	亮黄—紫红	0.1g 指示剂溶于 100mL 质量分数 $w=0.50$ 的 C_2H_5OH 中
百里酚蓝 （麝香草酚蓝） （第二变色范围）	8.0～9.0	黄—蓝	参看第一变色范围
酚酞	8.2～10.0	无色—紫红	0.1g 指示剂溶于 100mL 质量分数 $w=0.60$ 的 C_2H_5OH 中
百里酚酞	9.4～10.6	无色—蓝	0.1g 指示剂溶于 100mL 质量分数 $w=0.90$ 的 C_2H_5OH 中
茜素红 S （第二变色范围）	10.0～12.0	紫—淡黄	参看第一变色范围
茜素黄 R （第二变色范围）	10.1～12.1	黄—淡紫	0.1% 水溶液
孔雀绿 （第二变色范围）	11.5～13.2	蓝绿—无色	参看第一变色范围
达旦黄	12.0～13.0	黄—红	溶于 H_2O、C_2H_5OH

12.8.2　混合酸碱指示剂

指示剂溶液的组成	变色点 pH	颜色		备注
		酸色	碱色	
一份质量分数为 0.001 甲基黄酒精溶液 一份质量分数为 0.001 次甲基蓝酒精溶液	3.3	蓝紫	绿	pH 3.2 蓝紫 pH 3.4 绿
一份质量分数为 0.001 甲基橙水溶液 一份质量分数为 0.0025 靛蓝（二磺酸）水溶液	4.1	紫	黄绿	
一份质量分数为 0.001 溴百里酚绿钠盐水溶液 一份质量分数为 0.002 甲基橙水溶液	4.3	黄	蓝绿	pH 3.5 黄 pH 4.0 黄绿 pH 4.3 绿
三份质量分数为 0.001 溴甲酚绿酒精溶液 一份质量分数为 0.002 甲基红酒精溶液	5.1	酒红	绿	
一份质量分数为 0.002 甲基红酒精溶液 一份质量分数为 0.001 次甲基蓝酒精溶液	5.4	红紫	绿	pH 5.2 红紫 pH 5.4 暗蓝 pH 5.6 绿

指示剂溶液的组成	变色点 pH	颜色		备注
		酸色	碱色	
一份质量分数为 0.001 溴甲酚绿钠盐水溶液 一份质量分数为 0.001 氯酚红钠盐水溶液	6.1	黄绿	蓝紫	pH 5.4 蓝绿 pH 5.8 蓝 pH 6.2 蓝紫
一份质量分数为 0.001 溴甲酚紫钠盐水溶液 一份质量分数为 0.001 溴百里酚蓝钠盐水溶液	6.7	黄	蓝紫	pH 6.2 黄紫 pH 6.6 紫 pH 6.8 蓝紫
一份质量分数为 0.001 中性红酒精溶液 一份质量分数为 0.001 次甲基蓝酒精溶液	7.0	蓝紫	绿	pH 7.0 蓝紫
一份质量分数为 0.001 溴百里酚蓝钠盐水溶液 一份质量分数为 0.001 酚红钠盐水溶液	7.5	黄	绿	pH 7.2 暗绿 pH 7.4 淡紫 pH 7.6 深紫
一份质量分数为 0.001 甲酚红钠盐水溶液 三份质量分数为 0.001 百里酚蓝钠盐水溶液	8.3	黄	紫	pH 8.2 玫瑰 pH 8.4 紫

12.8.3　金属离子指示剂

指示剂名称	离解平衡和颜色变化	溶液配制方法
铬黑 T(EBT)[1]	$H_2In^- \xrightleftharpoons{pK_{a_2}=6.3} HIn^{2-} \xrightleftharpoons{pK_{a_3}=11.6} In^{3-}$ 　紫红　　　　　　　　蓝　　　　　　　橙	0.5% 水溶液
二甲酚橙 (XO)	$H_2In^{4-} \xrightleftharpoons{pK_{a_5}=6.3} HIn^{5-}$ 　黄　　　　　　　红	0.2% 水溶液
K-B 指示剂[1]	$H_2In \xrightleftharpoons{pK_{a_1}=8} HIn^- \xrightleftharpoons{pK_{a_2}=13} In^{2-}$ 　红　　　　　　蓝　　　　　　紫红 （酸性铬蓝 K）	0.2g 酸性铬蓝 K 与 0.4g 萘酚绿 B 溶于 100mL 水中
钙指示剂[1]	$H_2In^- \xrightleftharpoons{pK_{a_2}=7.4} HIn^{2-} \xrightleftharpoons{pK_{a_3}=13.5} In^{3-}$ 　酒红　　　　　　　蓝　　　　　　酒红	0.5% C_2H_5OH 溶液
吡啶偶氮萘酚 (PAN)	$H_2In^+ \xrightleftharpoons{pK_{a_1}=1.9} HIn \xrightleftharpoons{pK_{a_2}=12.2} In^-$ 　黄绿　　　　　　黄　　　　　　淡红	0.1% C_2H_5OH 溶液

指示剂名称	离解平衡和颜色变化	溶液配制方法
Cu-PAN（CuY-PAN 溶液）	$\underline{CuY} + PAN + M^{n+} = MY + \underline{Cu\text{-}PAN}$ 　浅绿　　　无色　　　　　　红	将 $0.05\,mol \cdot L^{-1}$ Cu^{2+} 溶液 10mL、pH 5～6 的 HAc 缓冲溶液 5 mL、PAN 指示剂 1 滴混合，加热至 60℃左右，用 EDTA 滴至绿色，得到约 $0.025\ mol \cdot L^{-1}$ 的 CuY 溶液。使用时取 2～3mL 于试液中，再加数滴 PAN 溶液
磺基水杨酸	$H_3In \xrightleftharpoons{pK_{a_2}=2.7} HIn \xrightleftharpoons{pK_{a_3}=13.1} In^{2-}$ 　　　　　　（无色）	1%水溶液
钙镁试剂（calmagite）	$H_2In^- \xrightleftharpoons{pK_{a_2}=8.1} HIn^{2-} \xrightleftharpoons{pK_{a_3}=12.4} In^{3-}$ 　红　　　　　　蓝　　　　　红橙	0.5%水溶液

1) EBT、钙指示剂、K-B 指示剂等在水溶液中稳定性较差，可以配成指示剂与 NaCl 之比为 1：100 或 1：200 的固体粉末。

12.8.4　氧化还原指示剂

指示剂名称	φ^0/V （$[H^+]=1\ mol \cdot L^{-1}$）	颜色变化		溶液配制方法
		氧化态	还原态	
中性红	0.24	红	无色	0.05%C_2H_5OH（质量分数为 0.60）溶液
次甲基蓝	0.36	蓝	无色	0.05%水溶液
变胺蓝	0.59（pH=2）	无色	蓝	0.05%水溶液
二苯胺	0.76	紫	无色	1%浓 H_2SO_4 溶液
二苯胺磺酸钠	0.85	紫红	无色	0.5%水溶液
N-邻苯氨基苯甲酸	1.08	紫红	无色	0.1g 指示剂加 20mL 质量分数为 0.05 Na_2CO_3 溶液，用 H_2O 稀释至 100mL
邻二氮菲-Fe(Ⅱ)	1.06	浅蓝	红	1.485g 邻二氮菲与 0.695g $FeSO_4 \cdot 7H_2O$ 溶于 100 mL H_2O 中（$0.025\ mol \cdot L^{-1}$）
5-硝基邻二氮菲-Fe(Ⅱ)	1.25	浅蓝	紫红	1.608g 5-硝基邻二氮菲与 $FeSO_4 \cdot 7H_2O$ 0.695g 溶于 100 mL H_2O 中（$0.025\ mol \cdot L^{-1}$）

12.8.5　沉淀滴定吸附指示剂

指示剂	被测离子	滴定剂	滴定条件	配制方法
荧光黄	Cl^-	Ag^+	pH 7~10(一般 7~8)	0.2% C_2H_5OH 溶液
二氯荧光黄	Cl^-	Ag^+	pH 4~10(一般 5~8)	0.1%水溶液
曙红	Br^-、I^-、SCN^-	Ag^+	pH 2~10(一般 3~8)	0.5%水溶液
溴甲酚绿	SCN^-	Ag^+	pH4~5	0.1%水溶液
甲基紫	Ag^+	Cl^-	酸性溶液	0.1%水溶液
罗丹明 6G	Ag^+	Br^-	酸性溶液	0.1%水溶液
钍试剂	SO_4^{2-}	Ba^{2+}	pH 1.5~3.5	0.5%水溶液
溴酚蓝	Hg_2^{2+}	Cl^-、Br^-	酸性溶液	0.1%水溶液

12.9　常用化学物质性质(含毒性和易燃性)

12.9.1　相对急性毒性标准

级别	LD_{50}(大鼠经口) /(mg·kg^{-1})	LD_{50}(大鼠吸入) /(mg·kg^{-1})	LD_{50}皮肤吸收(兔) /(mg·kg^{-1})	说明
0	5000 以上	10000 以上	2800 以上	无明显毒害
1	500~5000	100~10000	340~2800	低毒
2	50~500	100~1000	43~340	中等毒害
3	1~50	10~100	5~43	高度毒害
4	1 以下	10 以下	5 以下	剧毒

12.9.2　常见化学物质毒性和易燃性

化学物质	急性毒性(大鼠 LD_{50})	闪点 $t/℃$	爆炸极限 φ(体积分数)/%	MAK /(mg·m^{-3})	TLV /(mg·m^{-3})
一氧化碳	狗 40(LD_{100}, p. i.)		12.5~74	55	55
乙腈	200~453.2(or)	6	4~16	70	70
乙炔	947(LD_{100}, p. i.)		3~82		1000
乙醛	1930(口服)LD_{50} 36	−38	4~57	100	180
乙醇	13660(or),60(p. i.)	12	3.3~19	1000	1900
乙醚	300(p. i.)	−45	1.85~48	500	400
乙二胺	1160(or)	43		30	25

续表

化学物质	急性毒性(大鼠 LD_{50})	闪点 $t/℃$	爆炸极限 φ(体积分数)/%	MAK /(mg·m^{-3})	TLV /(mg·m^{-3})
乙二醇	7330(or)	111			260
正丁醇	4360(or)	29	1.4～11	200	
仲丁醇	6480(or)	24	1.7～9.8		450
叔丁醇	3500(or)	10	2.4～8		300
二氯甲烷	1600(or)			1750	1740
二氯乙烷	680(or)	13	6.2～15.9	400	200
二甲烷(各异构体)	2000～4300(or)	29(间)	1.0～7.0	870	435
二硫化碳	300(or)-3	-3	1～44	30	60
二氧化硫				13	13
二氧化硒				0.1	0.2
二甘醇	16980(or)	124			
二甲基甲酰胺	3700(or)	58	2.2～15.2	60	30
2,4-二硝基苯酚	30(or)			1	
二氧己环	600(or)20(p.i.)	12	2～22.2	200	360
三氧化二砷	138(or)			0.5	0.5
三氯化磷				3	0.5
三氟化硼					
三乙胺	460(or)	<-7	1.2～8.0		100
丙酮	9750(or)300(p.i.)	-18	3～13	2400	2400
丙烯腈	90(or)	0	3～17	45	45
丙烯醛	46(or)	-26	3～31	0.5	0.25
正丙醇	1870(or)	25	2.1～13.5	200	500
异丙醇	5840(or)40(p.i.)	12	2.3～12.7	800	
甲苯	1000(or)	4.4	1.4～6.7	750	375
甲酚 (各异构体)	邻 1350(or)对 1800(or)间 2020(or)	94(邻、对)	1.06～1.40	22	22
甲醛	800(or)1(p.i.)		7～73	5	3
甲醇	12880(or)200(p.i.)	12	6～36.5	50	9
甲酸		69	18～57	9	9
四氯化碳	7500(or)150(p.i.) 1280(小鼠经口)			50	65

化学物质	急性毒性(大鼠 LD_{50})	闪点 t/℃	爆炸极限 φ(体积分数)/%	MAK /(mg·m^{-3})	TLV /(mg·m^{-3})
四氢呋喃	65(p. i.)(小鼠)	-14	2~11.8	200	590
正戊烷		-49	1.45~8.0	2950	2950
石油醚		-57,<22	1~6		500
光气	0.2(p. i.),LCt_{50},3200mg·m^{-3},分钟(对人)			0.5	0.4
苄醇	3100(or)				
苄基氯		67	1.1~	5	5
环己烷	5500(or)	-6		1400	1050
环己酮	2000(or)	44	1.1~8.1	200	200
环氧乙烷	330(or)	<-18	3~100	90	90
汞	20~100(or)			0.1	0.1
吡啶	1580(or)12	20	1.8~12.4	10	15
奎宁	500(or)				
肼(联氨)	200(p. i.)			0.1	1.3
苯	5700(or)51(p. i.)	-11	1.4~8	50	80
苯胺	200(or,LD_{100})(猫)	70	1.3	19	19
苯酚	530(or)	79	1.5~	20	19
苯肼	500(or LD_{100})(兔)	89		15	22
对苯二胺	250(or)	156		0.1	
苯基羟胺	20(or)(兔)				
苯乙酮	900~3000(or)				
苯腈	316(小鼠、腹腔)				
氟乙酸	2.5(or)			0.2	
哌啶	540(or)	16			
氢醌	320(or)	165			2
臭氧				0.2	0.2
重氮甲烷	剧毒				0.4
氨	250(or,LD_{100})(猫)			50	18
烯丙醇	64(or)0.6(p. i.)	21	3~18	5	3
喹啉	460(or)				

化学物质	急性毒性(大鼠 LD$_{50}$)	闪点 t/℃	爆炸极限 φ(体积分数)/%	MAK /(mg·m^{-3})	TLV /(mg·m^{-3})
异喹啉	350(or)				
萘		79	0.9～5.9	50	50
α 和 β-萘酚	150(or,LD$_{100}$)(猫)				
氯	1(p.i.)			3	3
氯化汞	37(or)				
氯乙酸	76(or)				
氯仿	2180(or)			200	240
氯苯	2910(or)	29	1.3～7.1	230	350
2-氯乙醇	95(or)0.1(p.i.)	60	4.9～15.9	16	16
氰化钾	10(or)0.2(p.i.)				
氰化氢	LCt$_{100}$5000 mg·m^{-3}, 分钟(对人)			11	11
硝基苯	500(or)	35	7.3	5	5
硫酸二甲酯	440(or)	83		5	15
硫酸二乙酯	800(or)				
硫化氢	1.5(p.i. LD$_{100}$)			25	
氯化氢	2～4(p.i. LD$_{100}$)(猫)			10	7
溴化氢				17	10
溴				0.7	0.7
溴甲烷	20(p.i. LD$_{100}$)			50	60
碘甲烷	101(腹腔)				28
乙酸	3300(or)	43	4～16	25	25
乙酸酐	1780(or)	54	3～10	20	20
乙酸丁酯		27	1.4～7.6	950	710
乙酸乙酯	5620(or)	-4.4	2.18～9	1400	1400
乙酸戊酯		25	1～7.5	1050	525
聚乙二醇	29000(or)				
聚丙二醇	2900(or)				
叠氮化钠	50(or, LD$_{100}$) 37.4(小鼠,or)				

注：LD$_{50}$为半致死浓度；LD$_{100}$为绝对(100%)致死量；MAK 为德国采用的车间空气中化学物质的最高容许浓度；TLV 为 1973 年美国采用的车间空气中化学物质的阈限值；p.i. 为每次吸入(数字表示 mg·m^3 空气)，无特别注明者所用实验动物皆为大鼠；or 为经口(mg·kg^{-1})；LCt$_{50}$表示能使 50% 人员死亡的浓时积，称作半致死浓时积。

12.9.3　危险药品的分类、性质和管理

类　别		举　例	性　质	注意事项
爆炸品		硝酸铵、苦味酸、三硝基甲苯	遇高热摩擦、撞击等，引起剧烈反应，放出大量气体和热量，产生猛烈爆炸	存放在阴凉、低下处。轻拿、轻放
易燃品	易燃液体	丙酮、乙醚、甲醇、乙醇、苯等有机溶剂	沸点低、易挥发，遇火则燃烧，甚至引起爆炸	存放阴凉处，远离热源。使用时注意通风，不得有明火
	易燃固体	赤磷、硫、萘、硝化纤维	沸点低，受热、摩擦、撞击或遇氧化剂，可引起剧烈连续燃烧、爆炸	存放阴凉处，远离热源。使用时注意通风，不得有明火
	易燃气体	氢气、乙炔、甲烷	因撞击、受热引起燃烧，与空气按一定比例混合则会爆炸	使用时注意通风，如为钢瓶气，不得在实验室存放
	遇水易燃品	钠、钾	遇水剧烈反应，产生可燃气体并放出热量，此反应热会引起燃烧	保存于煤油中，切勿与水接触
	自燃物品	黄磷	在适当温度下被空气氧化、放热，达到燃点而引起自燃	保存于水中
氧化剂		硝酸钾、氯酸钾、过氧化氢、过氧化钠、高锰酸钾	具有强氧化性，遇酸、受热、与有机物、易燃品、还原剂等混合时因反应引起燃烧或爆炸	不得与易燃品、爆炸品、还原剂等一起存放
剧毒品		氰化钾、三氧化二砷、升汞、氯化钡、六六六	剧毒，少量侵入人体（误食或接触伤口）导致中毒甚至死亡	专人、专柜保管，现用现领，用后的剩余物，不论是固体或液体都应交回保管人，并应设有使用登记制度
腐蚀性药品		强酸、氟化氢、强碱、溴、酚	具有强腐蚀性，触及物品造成腐蚀、破坏，触及人体皮肤引起化学烧伤	不要与氧化剂、易燃品、爆炸品放在一起

12.10　一些物质的摩尔质量

化学式	$M_B/(g \cdot mol^{-1})$	化学式	$M_B/(g \cdot mol^{-1})$
Ag	107.87	AgCN	133.89
AgBr	187.77	AgI	234.77
$AgBrO_3$	235.77	$AgNO_3$	169.87
AgCl	143.32	AgSCN	165.95

续表

化学式	$M_B/(\text{g} \cdot \text{mol}^{-1})$	化学式	$M_B/(\text{g} \cdot \text{mol}^{-1})$
Ag_2CrO_4	331.73	Be	9.012
Ag_2SO_4	311.80	BeO	25.01
Ag_3AsO_4	462.52	Bi	208.98
Ag_3PO_4	418.58	$BiCl_3$	315.34
Al	26.98	$Bi(NO_3)_3 \cdot 5H_2O$	485.07
$AlBr_3$	266.69	BiOCl	260.43
$AlCl_3$	133.34	$BiOHCO_3$	286.00
$AlCl_3 \cdot 6H_2O$	241.43	$BiONO_3$	286.98
$Al(NO_3)_3$	213.00	Bi_2O_3	465.96
$Al(NO_3)_3 \cdot 9H_2O$	375.13	Bi_2S_3	514.16
$Al(OH)_3$	78.00	Br	79.90
Al_2O_3	101.96	BrO_3^-	127.90
$Al_2(SO_4)_3$	342.15	Br_2	159.81
$Al_2(SO_4)_3 \cdot 18H_2O$	666.43	C	12.01
As	74.92	$C_2O_4^{2-}$	88.02
AsO_4^{3-}	138.92	Ca	40.08
As_2O_3	197.84	$CaCl_2$	110.98
As_2O_5	229.84	$CaCl_2 \cdot 6H_2O$	219.08
As_2S_3	246.04	$CaCl_2 \cdot 2H_2O$	147.01
B	10.81	$CaCO_3$	100.09
B_2O_3	69.62	CaC_2O_4	128.10
Ba	137.33	CaO	56.08
$BaBr_2$	297.14	$Ca(OH)_2$	74.09
$BaCl_2$	208.23	$Ca_3(PO_4)_2$	310.18
$BaCl_2 \cdot 2H_2O$	244.26	$CaSO_4$	136.14
$BaCO_3$	197.34	Cd	112.41
$BaCrO_4$	253.32	$CdCl_2$	183.32
BaO	153.33	$CdCO_3$	172.42
$Ba(OH)_2$	171.34	CdS	144.48
$Ba(OH)_2 \cdot 8H_2O$	315.46	Ce	140.12
$BaSO_4$	233.39	CeO_2	172.11
$Ba_3(AsO_4)_2$	689.82	$Ce(SO_4)_2$	332.24

化学式	$M_B/(\text{g} \cdot \text{mol}^{-1})$	化学式	$M_B/(\text{g} \cdot \text{mol}^{-1})$
$Ce(SO_4)_2 \cdot 4H_2O$	404.30	CuI	190.45
$Ce(SO_4)_2 \cdot 2(NH_4)_2SO_4 \cdot 2H_2O$	632.55	$Cu(NO_3)_2$	187.55
$CH_3COOH(乙酸)$	60.05	$Cu(NO_3)_2 \cdot 3H_2O$	241.60
$(CH_3CO)_2O(乙酐)$	102.09	CuO	79.55
Cl	35.45	CuS	95.61
Cl_2	70.91	$CuSCN$	121.63
CN^-	26.01	$CuSO_4$	159.61
Co	58.93	$CuSO_4 \cdot 5H_2O$	249.69
$Co(NO_3)_2$	182.94	Cu_2O	143.09
$Co(NO_3)_2 \cdot 6H_2O$	291.03	$Cu_2(OH)_2CO_3$	221.12
$CoCl_2$	129.84	Cu_2S	159.16
$CoCl_2 \cdot 6H_2O$	237.93	F	19.00
CoS	91.00	F_2	38.00
$CoSO_4$	155.00	Fe	55.85
$CoSO_4 \cdot 7H_2O$	281.10	$FeCl_3$	162.21
Co_2O_3	165.86	$FeCl_2$	126.75
Co_3O_4	240.80	$FeCl_3 \cdot 6H_2O$	270.30
CO	28.01	$FeCl_2 \cdot 4H_2O$	198.81
$CO(NH_2)_2(尿素)$	60.05	$FeCO_3$	115.86
CO_2	44.01	$FeNH_4(SO_4)_2 \cdot 12H_2O$	482.20
CO_3^{2-}	60.01	$Fe(NO_3)_3$	241.86
Cr	52.00	$Fe(NO_3)_3 \cdot 9H_2O$	404.00
$CrCl_3$	158.35	FeO	71.85
$CrCl_3 \cdot 6H_2O$	266.44	$Fe(OH)_3$	106.87
CrO_4^{2-}	115.99	Fe_2O_3	159.69
Cr_2O_3	151.99	Fe_3O_4	231.54
$Cr_2(SO_4)_3$	392.18	FeS	87.91
$CS(NH_2)_2(硫脲)$	76.12	FeS_2	119.98
Cu	63.55	$FeSO_4$	151.91
$CuCl$	99.00	$FeSO_4 \cdot 7H_2O$	278.02
$CuCl_2$	134.45	$FeSO_4 \cdot (NH_4)_2SO_4 \cdot 6H_2O$	392.14
$CuCl_2 \cdot 2H_2O$	170.48	$Fe_2(SO_4)_3$	399.88

化学式	$M_B/(g \cdot mol^{-1})$	化学式	$M_B/(g \cdot mol^{-1})$
$Fe_2(SO_4)_3 \cdot 9H_2O$	562.02	HgS	232.66
H	1.008	$HgSO_4$	296.65
H_2	2.016	Hg_2Cl_2	472.09
H_2CO_3	62.02	Hg_2I_2	654.99
$H_2C_2O_4$	90.04	$Hg_2(NO_3)_2$	525.19
$H_2C_2O_4 \cdot 2H_2O$	126.07	$Hg_2(NO_2)_2 \cdot 2H_2O$	561.22
H_2O_2	34.01	Hg_2SO_4	497.24
H_2O	18.01	HI	127.91
H_2S	34.08	HIO_3	175.91
H_2SO_4	98.08	HNO_3	63.01
H_2SO_3	82.08	HNO_2	47.01
$H_2SO_3 \cdot NH_2$(氨基磺酸)	98.10	I	126.90
H_3AsO_4	141.94	I_2	253.81
H_3AsO_3	125.94	K	39.10
H_3BO_3	61.83	K_2CO_3	138.21
H_3PO_4	98.00	K_2CrO_4	194.19
H_3PO_3	82.00	$K_2Cr_2O_7$	294.18
HBr	80.91	K_2O	94.20
HCl	36.46	K_2PtCl_6	485.99
$HClO_4$	100.46	K_2SO_4	174.26
HCN	27.02	$K_2S_2O_7$	254.32
$HCOOH$(甲酸)	46.02	$K_2SO_4 \cdot Al_2(SO_4)_3 \cdot 24H_2O$	948.78
$HC_2H_3O_2$(乙酸)	60.05	K_3AsO_4	256.22
$HC_7H_5O_2$(苯甲酸)	122.12	$K_3Fe(CN)_6$	329.25
HF	20.01	K_3PO_4	212.27
Hg	200.59	$K_4Fe(CN)_6$	368.35
Hg_2Br_2	560.99	$KAl(SO_4)_2 \cdot 12H_2O$	474.38
$HgCl_2$	271.50	KBr	119.00
$Hg(CN)_2$	252.63	$KBrO_3$	167.00
HgI_2	454.40	KCl	74.55
$Hg(NO_3)_2$	324.60	$KClO_4$	138.55
HgO	216.59	$KClO_3$	122.55

化学式	$M_B/(g \cdot mol^{-1})$	化学式	$M_B/(g \cdot mol^{-1})$
KCN	65.12	$Mg_2P_2O_7$	222.55
$KFe(SO_4)_2 \cdot 12H_2O$	503.25	Mn	54.94
$KHC_4H_4O_6$(酒石酸氢钾)	188.18	$MnCl_2 \cdot 4H_2O$	197.90
$KHC_8H_4O_4$(邻苯二甲酸氢钾)	204.22	$MnCO_3$	114.95
$KHC_2O_4 \cdot H_2C_2O_4 \cdot 2H_2O$	254.19	$Mn(NO_3)_2 \cdot 6H_2O$	287.04
$KHC_2O_4 \cdot H_2O$	146.14	MnO	70.94
$KHSO_4$	136.17	MnO_2	86.94
KI	166.00	MnS	87.00
KIO_3	214.00	$MnSO_4$	151.00
$KIO_3 \cdot HIO_3$	389.91	$MnSO_4 \cdot 4H_2O$	223.06
$KMnO_4$	158.03	Mn_2O_3	157.87
$KNaC_4H_4O_6 \cdot 4H_2O$(酒石酸钾钠)	282.22	$Mn_2P_2O_7$	283.82
KNO_3	101.10	Mn_3O_4	228.81
KNO_2	85.10	N	14.01
KOH	56.10	N_2	28.01
Li	6.941	Na	22.99
LiCl	42.39	$NaBiO_3$	279.97
LiOH	23.95	NaBr	102.89
Li_2CO_3	73.89	$NaBrO_3$	150.89
Li_2O	29.88	$NaCHO_2$(甲酸钠)	68.01
Mg	24.30	$NaC_2H_3O_2$(乙酸钠)	82.03
$MgCl_2$	95.21	NaCl	58.44
$MgCl_2 \cdot 6H_2O$	203.30	NaClO	74.44
$MgCO_3$	84.31	NaCN	49.01
MgC_2O_4	112.32	$NaHCO_3$	84.01
$MgCO_3NH_4AsO_4$	181.26	NaH_2PO_4	119.98
$MgNH_4PO_4$	137.31	$NaH_2PO_4 \cdot H_2O$	137.99
$Mg(NO_3)_2 \cdot 6H_2O$	256.41	NaI	149.89
MgO	40.30	$NaNO_3$	84.99
$Mg(OH)_2$	58.32	$NaNO_2$	69.00
$MgSO_4$	120.37	NaOH	40.00
$MgSO_4 \cdot 7H_2O$	246.48	$Na_2B_4O_7$	201.22

续表

化学式	$M_B/(g \cdot mol^{-1})$	化学式	$M_B/(g \cdot mol^{-1})$
$Na_2B_4O_7 \cdot 10H_2O$	381.37	$(NH_4)_2C_2O_4 \cdot H_2O$	142.11
Na_2CO_3	105.99	$(NH_4)_2HPO_4$	132.06
$Na_2C_2O_4$	134.00	$(NH_4)_2MoO_4$	196.01
$Na_2CO_3 \cdot 10H_2O$	286.14	$(NH_4)_3PO_4 \cdot 12MoO_3$	1876.32
$Na_2H_2Y \cdot 2H_2O$	372.24	$(NH_4)_2PtCl_6$	443.87
Na_2HAsO_3	169.91	$(NH_4)_2S$	68.14
Na_2HPO_4	141.96	$(NH_4)_2SO_4$	132.14
$Na_2HPO_4 \cdot 12H_2O$	358.14	Ni	58.34
$Na_2HY(EDTA 钠)$	336.21	$NiC_8H_{14}O_4N_4$（丁二酮肟镍）	288.56
Na_2O	61.98	$NiCl_2 \cdot 6H_2O$	237.34
Na_2O_2	77.98	$Ni(NO_3)_2 \cdot 6H_2O$	290.44
Na_2S	78.05	NiO	74.34
$Na_2S \cdot 9H_2O$	240.18	NiS	90.41
Na_2SO_4	142.04	$NiSO_4 \cdot 7H_2O$	280.51
Na_2SO_3	126.04	NO_3^-	62.00
$Na_2S_2O_3$	158.11	O	16.00
$Na_2S_2O_3 \cdot 5H_2O$	248.19	OH^-	17.01
Na_3AsO_4	207.89	O_2	32.00
Na_3AsO_3	191.89	P	30.97
Na_3PO_4	163.94	P_2O_5	141.94
$Na_3PO_4 \cdot 12H_2O$	380.12	Pb	207.20
$NC_2H_3O_2 \cdot 3H_2O$	136.08	$Pb(C_2H_3O_2)_2$	325.29
NH_3	17.03	$Pb(C_2H_3O_2)_2 \cdot 3H_2O$	379.34
NH_4^+	18.04	$PbCl_2$	278.11
$NH_4C_2H_3O_2$（乙酸铵）	77.08	$PbCO_3$	267.21
NH_4Cl	53.49	PbC_2O_4	295.22
NH_4HCO_3	79.06	$PbCrO_4$	323.19
$NH_4H_2PO_4$	115.03	PbI_2	461.01
NH_4NO_3	80.04	$Pb(IO_3)_2$	557.00
NH_4VO_3	116.98	$Pb(NO_3)_2$	331.21
$(NH_4)_2CO_3$	96.09	PbO	223.20
$(NH_4)_2C_2O_4$	124.10	PbO_2	239.20

化学式	$M_B/(g \cdot mol^{-1})$	化学式	$M_B/(g \cdot mol^{-1})$
PbS	239.27	$SrSO_4$	183.68
$PbSO_4$	303.26	$Sr_3(PO_4)_2$	452.08
Pb_2O_3	462.40	Th	232.04
Pb_3O_4	685.60	$ThCl_4$	373.85
$Pb_3(PO_4)_2$	811.54	$Th(C_2O_4)_2 \cdot 6H_2O$	516.17
PO_4^{3-}	94.97	$Th(NO_3)_4$	480.06
S	32.07	$Th(NO_3)_4 \cdot 4H_2O$	552.11
Sb	121.78	$Th(SO_4)_2$	424.16
$SbCl_5$	299.02	$Th(SO_4)_2 \cdot 9H_2O$	586.30
$SbCl_3$	228.12	Ti	47.88
Sb_2O_5	323.52	$TiCl_4$	189.69
Sb_2O_3	291.52	$TiCl_3$	154.24
Si	28.09	TiO_2	79.88
$SiCl_4$	169.90	$TiOSO_4$	159.94
SiF_4	104.08	U	238.03
SiO_2	60.08	U_3O_8	842.08
Sn	118.71	UCl_4	379.84
$SnCl_2$	189.62	UF_4	314.02
$SnCl_2 \cdot 2H_2O$	225.65	$UO_2(C_2H_3O_2)_2$	388.12
SnO_2	150.71	$UO_2(C_2H_3O_2)_2 \cdot 2H_2O$	424.15
SnS	150.78	UO_3	286.03
SnS_2	182.84	V	50.94
SO_2	64.06	V_2O_5	181.88
SO_3	80.06	VO_2	82.94
SO_4^{2-}	96.06	W	183.84
Sr	87.62	WO_3	231.85
$SrCl_2 \cdot 6H_2O$	266.62	Zn	65.39
$SrCO_3$	147.63	$Zn(C_2H_3O_2)_2$	183.48
SrC_2O_4	175.64	$Zn(C_2H_3O_2)_2 \cdot 2H_2O$	219.51
$Sr(NO_3)_2$	211.63	$ZnCl_2$	136.30
$Sr(NO_3)_2 \cdot 4H_2O$	283.69	$ZnCO_3$	125.40
SrO	103.62	ZnC_2O_4	153.41

化学式	$M_B/(g \cdot mol^{-1})$	化学式	$M_B/(g \cdot mol^{-1})$
$Zn(NO_3)_2$	189.40	Zr	91.22
$Zn(NO_3)_2 \cdot 6H_2O$	297.49	$Zr(NO_3)_4$	339.24
ZnO	81.39	$Zr(NO_3)_4 \cdot 5H_2O$	429.32
ZnS	97.46	ZrO_2	123.22
$ZnSO_4$	161.45	$ZrOCl_2 \cdot 8H_2O$	322.25
$ZnSO_4 \cdot 7H_2O$	287.56	$Zr(SO_4)_2$	283.35
$Zn_2P_2O_7$	304.72		

12.11　常见共沸混合物

12.11.1　与水形成的二元共沸物（水沸点 $100\,℃$）

溶剂	沸点/℃	共沸点/℃	$w(H_2O)/\%$
氯仿	61.2	56.1	2.5
四氯化碳	77	66	4
苯	80.4	69.2	8.8
二氯乙烷	83.7	72.0	19.5
乙醇	78.3	78.1	4.4
乙酸乙酯	77.1	70.4	6.1
异丙醇	82.4	80.4	12.1
甲苯	110.5	84.1	13.5
正丙醇	97.2	87.7	28.3
二甲苯	137~40.5	92.0	35.0
正丁醇	117.7	92.2	37.5
吡啶	115.5	92.5	40.6
氯乙醇	129.0	97.8	59.0
丙烯腈	78.0	70.0	13.0
乙腈	82.0	76.0	16.0
异丁醇	108.4	89.9	33.2
异戊醇	131.0	95.1	49.6
正戊醇	138.3	95.4	44.7

12.11.2　常见有机溶剂间的共沸混合物

共沸混合物	组分的沸点/℃	共沸物的组成质量比	共沸物的沸点/℃
乙醇-乙酸乙酯	78.3,78	30∶70	72
乙醇-苯	78.3,80.9	32∶68	68.2
乙醇-氯仿	78.3,61.2	7∶93	59.4
乙醇-四氯化碳	78.3,77	16∶84	64.9
乙酸乙酯-四氯化碳	78,77	43∶57	75
甲醇-四氯化碳	64.7,77	21∶79	55.7
甲醇-苯	64.7,80.9	39∶61	48.3
氯仿-丙酮	61.2,56.4	80∶20	64.7
甲苯-乙酸	110.6,118.5	72∶28	105.4
乙醇-苯-水	78.3,80.6,100	19∶74∶7	64.9

12.12　常用试剂的物理常数

常用试剂	沸点/℃	折光率 n_D^{20}	相对密度 d_4^{20}	熔点/℃
无水乙醇	78.5	1.3611	0.7893	—
无水乙醚	34.51	1.3526	0.7138	—
丙酮	56.2	1.3588	0.7899	—
无水甲醇	65.15	1.3288	0.7914	—
苯	80.1	1.5011	0.8765	5.5
甲苯	110.6	1.4961	0.8669	—
环己烷	80.7	1.4262	0.7785	6.5
正己烷	68.7	1.3748	0.6593	—
异丙醇	82.5	0.3772	0.7854	—
四氢呋喃	66	1.4071	0.8892	—
二氧六环	101.5	1.4224	1.0336	12
甲乙酮	79.6	1.3788	0.8049	—
乙酸乙酯	77	1.3723	0.9006	—
二氯甲烷	39.7	1.4241	1.3167	—
三氯甲烷	61.2	1.4455	1.4984	—
四氯化碳	76.8	1.4603	1.6037	—
1,2-二氯乙烷	83.4	1.4448	1.2531	—
硝基苯	210.8	1.5499	1.1983	—
吡啶	115	1.5101	0.9831	—
甲酰胺	210.5(分解)	1.4475	1.1333	2.5
N,N-二甲基甲酰胺	153	1.4304	0.9487	—
二硫化碳	46.3	1.6279	1.2700	—
二甲亚砜	189	1.4783	1.0954	18.5

12.13　不同温度下水的饱和蒸气压
（×10²Pa，0～50℃）

温度/℃	0.0	0.2	0.4	0.6	0.8
0	6.105	6.195	6.286	6.379	6.473
1	6.567	6.663	6.759	6.858	6.958
2	7.058	7.159	7.262	7.366	7.473
3	7.579	7.687	7.797	7.907	8.019
4	8.134	8.249	8.365	8.483	8.603
5	8.723	8.846	8.970	9.095	9.222
6	9.350	9.481	9.611	9.745	9.881
7	10.016	10.155	10.295	10.436	10.580
8	10.726	10.872	11.022	11.172	11.324
9	11.478	11.635	11.792	11.952	12.114
10	12.278	12.443	12.610	12.779	12.951
11	13.124	13.300	13.478	13.658	13.839
12	14.023	14.210	14.397	14.587	14.779
13	14.973	15.171	15.369	15.572	15.776
14	15.981	16.191	16.401	16.615	16.831
15	17.049	17.269	17.493	17.719	17.947
16	18.177	18.410	18.648	18.886	19.128
17	19.372	19.618	19.869	20.121	20.377
18	20.634	20.896	21.160	21.426	21.694
19	21.968	22.245	22.523	22.805	23.090
20	23.378	23.669	23.963	24.261	24.561
21	24.865	25.171	25.482	25.797	26.114
22	26.434	26.758	27.086	27.418	27.751
23	28.088	28.430	28.775	29.124	29.478
24	29.834	30.195	30.560	30.928	31.299
25	31.672	32.049	32.432	32.820	33.213
26	33.609	34.009	34.413	34.820	35.232
27	35.649	36.070	36.496	36.925	37.358
28	37.796	38.237	38.683	39.135	39.593

温度/℃	0.0	0.2	0.4	0.6	0.8
29	40.054	40.519	40.990	41.466	41.945
30	42.429	42.918	43.411	43.908	44.412
31	44.923	45.439	45.958	46.482	47.011
32	47.547	48.087	48.632	49.184	49.740
33	50.301	50.869	51.441	52.020	52.605
34	53.193	53.788	54.390	54.997	55.609
35	54.895	56.854	57.485	58.122	58.766
36	59.412	60.067	60.727	61.395	62.070
37	62.751	63.437	64.131	64.831	65.537
38	66.251	66.969	67.693	68.425	69.166
39	69.917	70.673	71.434	72.202	72.977
40	73.759	74.54	75.34	76.14	76.95
41	77.78	78.61	79.43	80.29	81.14
42	81.99	82.85	83.73	84.61	85.49
43	86.39	87.30	88.21	89.14	90.07
44	91.00	91.95	92.91	93.87	94.85
45	95.83	96.82	97.81	98.82	99.83
46	100.86	101.90	102.94	103.99	105.06
47	106.12	107.20	108.30	109.39	110.48
48	111.60	112.74	113.88	115.03	161.18
49	117.35	118.52	119.71	120.91	122.11
50	123.34	124.6	125.8	127.0	128.4

主要参考文献

北京大学化学系分析化学教学组. 1998. 基础分析化学实验. 北京:北京大学出版社

北京师范大学. 1994. 无机化学实验. 北京:高等教育出版社

蔡炳新,陈贻文. 2001. 基础化学实验. 北京:科学出版社

陈长水,刘汉兰,关光日. 1998. 微型有机化学实验. 北京:化学工业出版社

赤堀四郎[日],木村健儿郎监修[日]. 1988. 无机化学实验. 北京:科学普及出版社

邓珍灵. 2002. 现代分析化学实验. 长沙:中南大学出版社

古凤才,肖衍繁. 2000. 基础化学实验教程. 北京:科学出版社

胡满成,张昕. 2001. 化学实验基础. 北京:科学出版社

焦家俊. 2000. 有机化学实验. 上海:上海交通大学出版社

李合生. 1999. 植物生理学实验. 北京:高等教育出版社

李兆陇等. 2001. 有机化学实验. 北京:清华大学出版社

刘约权等. 1999. 实验化学. 北京:高等教育出版社

陆根中,王中庸. 1992. 无机化学实验教学指导书. 北京:高等教育出版社

吕苏琴,张春荣,揭念芹. 2001. 基础化学实验. 北京:科学出版社

罗志刚. 2002. 基础化学实验技术. 广州:华南理工大学出版社

马礼敦. 2002. 高等结构分析. 上海:复旦大学出版社

南京大学化学实验教学组. 1999. 大学化学实验. 北京:高等教育出版社

南京大学无机与分析化学实验编写组. 1998. 无机及分析化学实验. 3 版. 北京:高等教育出版社

邱光正等. 2000. 大学基础化学实验. 济南:山东大学出版社

石杰. 2003. 仪器分析. 2 版. 郑州:郑州大学出版社

史启祯,肖新亮. 1995. 无机化学与化学分析实验. 北京:高等教育出版社

苏孝志,陈耀华. 1994. 普通化学. 北京:农业出版社

王福来. 2001. 有机化学实验. 武汉:武汉大学出版社

吴泳. 1999. 大学化学新体系实验. 北京:科学出版社

武汉大学. 2002. 分析化学实验. 4 版. 北京:高等教育出版社

武汉大学化学系无机化学教研室. 1997. 无机化学实验. 武汉:武汉大学出版社

武汉大学化学与分子科学学院实验中心. 2002. 无机化学实验. 武汉:武汉大学出版社

武汉大学化学与分子科学学院无机及分析化学实验组. 2001. 无机及分析化学实验. 2 版. 武汉:武汉大学
出版社

奚关根,赵长宏,高建宝. 1995. 有机化学实验. 上海:华东理工大学出版社

喻德忠,蔡汝秀,潘祖亭. 2002. 纳米级氧化铁的合成及其对六价铬的吸附性能研究. 武汉大学学报(理学
版)

曾昭琼. 2000. 有机化学实验. 3 版. 北京:高等教育出版社

张剑荣,戚苓,方惠群. 1999. 仪器分析实验. 北京:科学出版社

张勇,胡忠鲠. 2000. 现代化学基础实验. 北京:科学出版社

赵建庄,高岩. 2003. 有机化学实验. 北京:高等教育出版社

浙江大学分析化学教研组. 2000. 分析化学实验. 北京:高等教育出版社

郑春生,杨南,李梅等. 2001. 基础化学实验——无机及分析化学实验部分. 天津:南开大学出版社

钟红梅,杨延钊,张卫民等. 2002. 回流法制备纳米氧化铁的研究. 山东大学学报(理学版)

周宁怀,王德琳. 1999. 微型有机化学实验. 北京:科学出版社

朱红,朱英. 2002. 综合性与设计性化学实验. 北京:中国矿业大学出版社

左演声,陈文哲,梁伟. 2000. 材料现代分析方法. 北京:北京工业大学出版社

Elder J W,Abbruzzesse J,Murray J,et al. 1976. J. Chem. Ed. 53,43

Sawyer D T,Heineman W R,Beebe J M. 1984. Chemistry experiments for instrumental method. New York: John Wiley and Sons,Inc

Zechmcister L,Cholnoky L V. 1927. Justus Liebig's Annalen der Chemie,454,54